全国特种设备无损检测人员资格考核统编教材

射 线 检 测

（第二版）

中国特种设备检验协会组织编写

主编　强天鹏

中国劳动社会保障出版社

图书在版编目（CIP）数据

射线检测/强天鹏主编. —2版. —北京：中国劳动社会保障出版社，2007
全国特种设备无损检测人员资格考核统编教材
ISBN 978 – 7 – 5045 – 5896 – 1

Ⅰ. 射… Ⅱ. 强… Ⅲ. 射线检验-技术培训-教材 Ⅳ. TG115.28

中国版本图书馆 CIP 数据核字（2007）第 050950 号

中国劳动社会保障出版社出版发行

（北京市惠新东街 1 号 邮政编码：100029）

出版人：张梦欣

*

北京鑫海金澳胶印有限公司印刷装订 新华书店经销
787 毫米 × 1092 毫米 16 开本 17 印张 387 千字
2007 年 4 月第 2 版 2025 年 6 月第 25 次印刷
定价：65.00 元

营销中心电话：400–606–6496
出版社网址：http://www.class.com.cn

版权专有 侵权必究

如有印装差错，请与本社联系调换：（010）81211666
我社将与版权执法机关配合，大力打击盗印、销售和使用盗版图书活动，敬请广大读者协助举报，经查实将给予举报者奖励。
举报电话：（010）64954652

《全国特种设备无损检测人员资格考核统编教材》
编审委员会名单

主　任　　宋继红

副主任　　林树青、王晓雷、沈　钢、强天鹏

委　员　　郑世才、李　衍、顾阆如、姚志忠、宋志哲、
　　　　　胡学知、李　伟、张　平、周志伟、邢兆辉、
　　　　　郑　晖、张　明、阎建芳、解应龙、蒋仕良、
　　　　　许遵言、袁　榕、侯少华、张志超、郭伟灿、
　　　　　毛小虎、韩建荒、陈玉宝、邱　扬、高迎峰、
　　　　　姚　力、夏福勇、张路根

内容提要

本书是由中国特种设备检验协会组织编写的射线检测人员资格考核的统编培训教材，按照全国特种设备射线检测人员资格考核大纲编写。

本书共分 9 章，系统地介绍了射线检测的基本理论、技术、工艺、装备和防护等方面的知识。主要内容有，射线检测的物理基础、射线检测的设备和器材、射线照相质量的影响因素、射线透照工艺、暗室处理技术、射线照相底片的评定、辐射防护、其他射线检测方法和技术、射线检测的质量管理。

本书的特点是，既注重理论和实际应用的结合，又紧跟科技发展，及时介绍国内外射线检测理论的新观点和技术装备研究的新成果。本书除作为特种设备射线检测人员资格考核培训教材外，也可供企业生产一线人员、质量管理人员、安全监察人员、研究机构、大专院校相关专业师生学习使用。

前 言

无损检测是在现代科学基础上产生和发展的检测技术，它借助先进的技术和仪器设备，在不损坏、不改变被检测对象理化状态的情况下，对被检测对象的内部及表面的结构、性质、状态进行高灵敏度和高可靠性的检查和测试，借以评判它们的连续性、完整性、安全性以及其他性能指标。作为一种有效的检测手段，无损检测在我国已广泛应用于经济建设的各个领域，例如特种设备的制造检测和在用检验，以及机械、冶金、石油天然气、化工、航空航天、船舶、铁道、电力、核工业、兵器、煤炭、有色金属、建筑等行业。尤其在保证承压类特种设备产品质量和使用安全方面，无损检测技术显得特别重要。

无损检测应用的正确性和有效性，一方面取决于所采用的技术和装备的水平，另一方面更重要的是取决于检测人员的知识水平和判断能力。无损检测人员所承担的职责要求他们具备相应的无损检测理论知识和技术素质。因此，必须制订一定的规则和程序，对特种设备无损检测人员进行培训和考核，鉴定他们是否具备这种资格。国家特种设备安全监督管理部门对无损检测人员培训和考核十分重视。在20世纪80年代，就组织成立了锅炉压力容器无损检测人员资格鉴定考核机构，制定了无损检测人员考核规则，开展了培训和人员资格考核工作。1990年，全国锅炉压力容器无损检测人员资格鉴定考核委员会组织编写了无损检测人员资格考核培训教材。多年的实践证明，该套教材的使用，对系统地进行知识和技能培训、严格地实施考核鉴定制度，对提高我国无损检测人员的水平，保证无损检测技术的正确应用，发挥了重要作用。

无损检测技术的发展日新月异，随着时间的推移，第一版教材的内容已显得陈旧，无法满足培训考核的需要。为保证我国特种设备无损检测人员的考核工作质量，使我国无损检测技术培训跟上国际水平，全国特种设备无损检测人员资格考核委员会决定编写第二版特种设备无损检测资格考核统编教材。

第二版教材的编写工作是由中国特种设备检验协会牵头，在全国特种设备无损检测人员资格考核委员会的直接领导下进行的。由国内无损检测专家担纲，以无损检测人员资格考核大纲为依据，紧扣 JB/T 4730—2005《承压设备无损检测》，全面系统地体现了无损检测技术的进步和特种设备无损检测的特点与要求。教材编写以Ⅱ、Ⅲ级检测人员的培训内容为主体，注重体现Ⅲ级所要求的深度和广度，强调实际应用，增加典型应用实例、典型案例的介绍，并力图反映无损检测技术发展的最新动态、满足特种设备行业的实际要求。在内容安排上，全套教材在充实理论基础的前提下，突出理论、工艺和应用之间的联系，使之更加实用。第二版教材共计5种：《承压类特种设备无损检测相关知识》《射线检测》《磁粉检测》《渗透检测》《超声检测》。上述教材写出后经过试用和反复修改，由中国劳动社会保障出版社出版。

  第二版教材的出版不仅给报考特种设备无损检测Ⅱ、Ⅲ级人员资格考核的广大考生提供了一套具有权威性、实用性、科学性的教材，同时也为无损检测行业的技术人员、特种设备质量管理人员、大专院校相关专业的师生提供了有价值的参考书。

  第二版教材的编写工作得到了有关领导、专家和全国无损检测人员资格考核委员会考评人员的大力支持和帮助，并提出了宝贵意见，在此表示衷心感谢！由于时间仓促、水平有限，书中内容若有不妥和错误之处，热切希望广大读者不吝赐教。

《全国特种设备无损检测人员资格考核统编教材》编审委员会
2007年3月30日

编写说明

受全国特种设备无损检测人员资格考核委员会的委托，我们承担了全国特种设备无损检测人员资格考核统编教材《射线检测》第二版的编写工作。

由于国内外射线检测技术突飞猛进，新理论、新设备、新材料和新工艺不断涌现，技术标准也已更新，所以1990年第一版教材的绝大部分内容需要重新撰写。在此次编写中，我们贯彻以下原则，一是严格按照全国特种设备无损检测人员资格考核大纲编写；二是突出特种设备射线检测的特点，注重理论和实际应用的结合；三是紧跟科技发展，及时介绍全国内外射线检测理论新观点和技术装备研究的新成果；四是紧密结合特种设备无损检测新标准，将JB/T 4730.2—2005《承压设备无损检测——射线检测》贯彻其中，在技术、设备、器材、工艺等方面均按照新标准编写。

在编写过程中，我们认真听取了各方面的意见，初稿写出后曾多次试用和反复修改，在内容的深度、广度及结构方面仔细斟酌，使之更适合射线检测Ⅱ级、Ⅲ级人员资格培训考核使用。第二版采用两种字体编排。宋体字为Ⅱ、Ⅲ级射线检测人员考核所共同要求的内容；楷体字为Ⅲ级射线检测人员考核所增加的内容，Ⅱ级射线检测人员可选学。

本书除了用作全国特种设备射线检测人员资格考核指定教材外，还可供企业、研究机构的无损检测技术人员、以及大专院校无损检测专业师生学习参考。

本书由强天鹏任主编，各章撰稿人员如下：

第一章	强天鹏	第二章	顾阆如 强天鹏	第三章	强天鹏 李衍
第四章	李衍 强天鹏	第五章	强天鹏	第六章	强天鹏
第七章	强天鹏 徐长发	第八章	强天鹏 郑世才	第九章	强天鹏

唐明智、袁彪、李宏富、王永丰、鲍应龙参与了部分节段的编写工作。

限于编者水平，错误和疏漏在所难免，敬请读者批评指正。

意见请寄：全国特种设备无损检测人员资格考核委员会秘书处，北京朝阳区和平街西苑2号楼A511室，邮编：100013。

《射线检测》编写组

目 录

第1章 射线检测的物理基础 ……………………………………………………（1）
　1.1 原子与原子结构 ………………………………………………………………（1）
　　1.1.1 元素与原子 ……………………………………………………………（1）
　　1.1.2 核外电子运动规律 ……………………………………………………（2）
　　1.1.3 原子核结构 ……………………………………………………………（4）
　1.2 射线的种类和性质 ……………………………………………………………（5）
　　1.2.1 X射线和γ射线的性质 …………………………………………………（5）
　　1.2.2 X射线的产生及其特点 …………………………………………………（6）
　　1.2.3 γ射线的产生及其特点 …………………………………………………（8）
　　1.2.4 波粒二象性 ……………………………………………………………（9）
　　1.2.5 射线的种类 ……………………………………………………………（10）
　　1.2.6 关于标识X射线的进一步讨论 …………………………………………（10）
　　1.2.7 工业检测常用放射性同位素的特性 …………………………………（11）
　1.3 射线与物质的相互作用 ………………………………………………………（14）
　　1.3.1 光电效应 ………………………………………………………………（14）
　　1.3.2 康普顿效应 ……………………………………………………………（15）
　　1.3.3 电子对效应 ……………………………………………………………（16）
　　1.3.4 瑞利散射 ………………………………………………………………（17）
　　1.3.5 各种相互作用发生的相对概率 ………………………………………（17）
　　1.3.6 窄束、单色射线的强度衰减规律 ……………………………………（18）
　　1.3.7 宽束、多色射线的强度衰减规律 ……………………………………（20）
　　1.3.8 连续X射线吸收（衰减）系数测试和吸收（衰减）曲线 ……………（22）
　　1.3.9 截面与吸收系数 ………………………………………………………（24）
　　1.3.10 带电粒子与物质的相互作用 …………………………………………（25）
　1.4 射线照相法的原理与特点 ……………………………………………………（25）
　　1.4.1 射线照相法的原理 ……………………………………………………（26）
　　1.4.2 射线照相法的特点 ……………………………………………………（27）

第2章 射线检测的设备和器材 …………………………………………………（28）
　2.1 X射线机 ………………………………………………………………………（28）
　　2.1.1 X射线机的种类和特点 …………………………………………………（28）

I

射线检测

  2.1.2 X 射线管 …………………………………………………………………（30）
  2.1.3 高压发生电路 ……………………………………………………………（36）
  2.1.4 X 射线机的基本结构 ……………………………………………………（39）
  2.1.5 X 射线机的主要技术条件 ………………………………………………（42）
  2.1.6 X 射线机的使用与维护 …………………………………………………（44）
2.2 γ 射线机 ……………………………………………………………………………（46）
  2.2.1 γ 射线源的主要特性参数 ………………………………………………（46）
  2.2.2 γ 射线探伤设备的特点 …………………………………………………（47）
  2.2.3 γ 射线探伤设备的分类与结构 …………………………………………（47）
  2.2.4 γ 射线探伤机的操作 ……………………………………………………（50）
  2.2.5 γ 射线探伤设备的维护及故障排除 ……………………………………（52）
2.3 射线照相胶片 ……………………………………………………………………（53）
  2.3.1 射线照相胶片的构造与特点 ……………………………………………（53）
  2.3.2 感光原理及潜影的形成 …………………………………………………（54）
  2.3.3 底片黑度 …………………………………………………………………（55）
  2.3.4 射线胶片的特性 …………………………………………………………（55）
  2.3.5 卤化银粒度对胶片性能的影响 …………………………………………（60）
  2.3.6 胶片的光谱感光度 ………………………………………………………（60）
  2.3.7 工业射线胶片系统的分类 ………………………………………………（60）
  2.3.8 颗粒度 σ_D 的测量 ………………………………………………………（61）
  2.3.9 胶片的使用与保管 ………………………………………………………（62）
2.4 射线照相辅助设备器材 …………………………………………………………（62）
  2.4.1 黑度计（光学密度计）…………………………………………………（62）
  2.4.2 增感屏 ……………………………………………………………………（63）
  2.4.3 像质计 ……………………………………………………………………（66）
  2.4.4 其他照相辅助器材 ………………………………………………………（70）

第 3 章 射线照相质量的影响因素 ………………………………………………（72）
3.1 射线照相灵敏度的影响因素 ……………………………………………………（72）
  3.1.1 概述 ………………………………………………………………………（72）
  3.1.2 射线照相对比度 …………………………………………………………（73）
  3.1.3 射线照相清晰度 …………………………………………………………（75）
  3.1.4 射线照相颗粒度 …………………………………………………………（79）
3.2 灵敏度和缺陷检出的有关研究 …………………………………………………（80）
  3.2.1 最小可见对比度 $\Delta D_{\min}$ ………………………………………………（80）
  3.2.2 射线底片黑度与灵敏度 …………………………………………………（80）
  3.2.3 缺陷检出试验 ……………………………………………………………（82）
  3.2.4 几何因素对小缺陷对比度的影响 ………………………………………（85）

3.2.5　不同缺陷的灵敏度关系公式 ……………………………………………（90）
　　　3.2.6　射线照相裂纹检出研究的总结 ……………………………………（93）
　　　3.2.7　信噪比 …………………………………………………………………（96）

第4章　射线透照工艺 …………………………………………………………（99）
4.1　透照工艺条件的选择 ………………………………………………………（99）
　　　4.1.1　射线源和能量的选择 …………………………………………………（99）
　　　4.1.2　焦距的选择 ……………………………………………………………（101）
　　　4.1.3　曝光量的选择与修正 …………………………………………………（104）
4.2　透照方式的选择和一次透照长度的计算 …………………………………（107）
　　　4.2.1　透照方式的选择 ………………………………………………………（107）
　　　4.2.2　一次透照长度的计算 …………………………………………………（109）
4.3　曝光曲线的制作及应用 ……………………………………………………（115）
　　　4.3.1　曝光曲线的构成和使用条件 …………………………………………（116）
　　　4.3.2　曝光曲线的制作 ………………………………………………………（117）
　　　4.3.3　曝光曲线的使用 ………………………………………………………（118）
4.4　散射线的控制 ………………………………………………………………（121）
　　　4.4.1　散射线的来源和分类 …………………………………………………（121）
　　　4.4.2　散射比的影响因素 ……………………………………………………（121）
　　　4.4.3　散射线的控制措施 ……………………………………………………（122）
4.5　焊缝透照常规工艺 …………………………………………………………（124）
　　　4.5.1　透照工艺的分类和内容 ………………………………………………（124）
　　　4.5.2　焊缝透照专用工艺卡示例 ……………………………………………（125）
　　　4.5.3　焊缝透照的基本操作 …………………………………………………（128）
4.6　射线透照技术和工艺研究 …………………………………………………（129）
　　　4.6.1　大厚度比试件的透照技术 ……………………………………………（129）
　　　4.6.2　安放式接管管座焊缝的射线照相技术要点 …………………………（131）
　　　4.6.3　管子－管板角接焊缝的射线照相技术要点 …………………………（131）
　　　4.6.4　小径管的透照技术与工艺 ……………………………………………（132）
　　　4.6.5　球罐γ射线全景曝光工艺 ……………………………………………（136）

第5章　暗室处理技术 …………………………………………………………（141）
5.1　暗室基本知识 ………………………………………………………………（141）
　　　5.1.1　暗室布置知识 …………………………………………………………（141）
　　　5.1.2　暗室设备器材使用知识 ………………………………………………（142）
　　　5.1.3　配液注意事项 …………………………………………………………（142）
　　　5.1.4　胶片处理程序和操作要点 ……………………………………………（143）
　　　5.1.5　胶片处理的药液配方 …………………………………………………（143）

射线检测

  5.1.6 控制使用单位的胶片处理条件的方法 ………………………………… (145)
5.2 暗室处理技术 ……………………………………………………………………… (145)
  5.2.1 显影 ……………………………………………………………………… (145)
  5.2.2 停显 ……………………………………………………………………… (149)
  5.2.3 定影 ……………………………………………………………………… (149)
  5.2.4 水洗和干燥 ……………………………………………………………… (151)
5.3 自动洗片机 ………………………………………………………………………… (151)

第6章 射线照相底片的评定 ………………………………………………………… (154)
6.1 评片工作的基本要求 ……………………………………………………………… (154)
  6.1.1 底片质量要求 …………………………………………………………… (154)
  6.1.2 环境设备条件要求 ……………………………………………………… (156)
  6.1.3 人员条件要求 …………………………………………………………… (157)
  6.1.4 与评片基本要求相关的知识 …………………………………………… (157)
6.2 评片基本知识 ……………………………………………………………………… (159)
  6.2.1 观片的基本操作 ………………………………………………………… (159)
  6.2.2 投影的基本概念 ………………………………………………………… (159)
  6.2.3 焊接的基本知识 ………………………………………………………… (161)
  6.2.4 焊接缺陷的危害性及分类 ……………………………………………… (164)
6.3 底片影像分析 ……………………………………………………………………… (168)
  6.3.1 焊接缺陷影像 …………………………………………………………… (169)
  6.3.2 常见伪缺陷影像及识别方法 …………………………………………… (170)
  6.3.3 表面几何影像的识别 …………………………………………………… (171)
  6.3.4 底片影像分析要点 ……………………………………………………… (171)
6.4 焊接接头的质量等级评定 ………………………………………………………… (173)
  6.4.1 焊接接头质量分级规定评说 …………………………………………… (174)
  6.4.2 射线照相检验的记录与报告 …………………………………………… (174)

第7章 辐射防护 ……………………………………………………………………… (176)
7.1 辐射量的定义、单位与标准 ……………………………………………………… (176)
  7.1.1 描述电离辐射的常用辐射量和单位 …………………………………… (176)
  7.1.2 描述辐射防护的常用辐射量和单位 …………………………………… (180)
7.2 剂量测定方法和仪器 ……………………………………………………………… (184)
  7.2.1 辐射监测的内容及分类 ………………………………………………… (184)
  7.2.2 剂量测定仪器的工作原理 ……………………………………………… (185)
  7.2.3 剂量仪器的选择及其校准 ……………………………………………… (186)
  7.2.4 场所辐射监测仪器 ……………………………………………………… (187)
  7.2.5 个人剂量监测仪器 ……………………………………………………… (188)

7.3 辐射防护的原则、标准和辐射损伤机理 …………………………………… (189)
   7.3.1 辐射防护的目的和基本原则 ……………………………………… (189)
   7.3.2 剂量限值规定 ……………………………………………………… (190)
   7.3.3 辐射损伤的机理 …………………………………………………… (191)
7.4 辐射防护的基本方法和防护计算 ……………………………………………… (193)
   7.4.1 辐射防护的基本方法 ……………………………………………… (193)
   7.4.2 照射量的计算 ……………………………………………………… (194)
   7.4.3 防护计算 …………………………………………………………… (195)
   7.4.4 屏蔽防护常用材料 ………………………………………………… (199)

第8章 其他射线检测方法和技术 ………………………………………………… (201)

8.1 高能射线照相 …………………………………………………………………… (201)
   8.1.1 电子回旋加速器和电子直线加速器 ……………………………… (201)
   8.1.2 高能射线照相的特点 ……………………………………………… (202)
   8.1.3 高能射线照相的几个技术数据 …………………………………… (203)
   8.1.4 直线加速器的结构、原理及操作 ………………………………… (204)
   8.1.5 高能射线的辐射防护 ……………………………………………… (206)
8.2 射线实时成像检测技术 ………………………………………………………… (206)
   8.2.1 射线实时成像检测系统的进展 …………………………………… (207)
   8.2.2 射线实时成像检测系统的图像特性 ……………………………… (208)
   8.2.3 射线实时成像检测技术的工艺要点 ……………………………… (209)
   8.2.4 图像增强器射线实时成像系统的优点和局限性 ………………… (211)
8.3 数字化射线成像技术 …………………………………………………………… (211)
   8.3.1 计算机射线照相技术（CR） ……………………………………… (211)
   8.3.2 线阵列扫描成像技术（LDA） …………………………………… (212)
   8.3.3 数字平板直接成像技术（DR） …………………………………… (215)
   8.3.4 关于数字化射线成像技术的进一步知识 ………………………… (217)
8.4 X射线层析照相（X—CT） …………………………………………………… (223)
8.5 中子射线照相 …………………………………………………………………… (224)
   8.5.1 中子射线照相的原理 ……………………………………………… (224)
   8.5.2 中子射线照相设备 ………………………………………………… (226)
   8.5.3 中子射线照相应用简介 …………………………………………… (228)

第9章 射线检测的质量管理 ……………………………………………………… (229)

9.1 全面质量管理 …………………………………………………………………… (229)
9.2 射线检测人员的管理 …………………………………………………………… (229)
   9.2.1 人力资源配备和储备 ……………………………………………… (229)
   9.2.2 人员资格管理 ……………………………………………………… (230)

                9.2.3 人员培训与考核 ………………………………………………………………… (230)
                9.2.4 人员技术业绩档案 ……………………………………………………………… (230)
        9.3 射线检测设备及器材的管理 ……………………………………………………………… (231)
                9.3.1 仪器设备材料采购管理 …………………………………………………………… (231)
                9.3.2 仪器设备档案 ……………………………………………………………………… (231)
                9.3.3 仪器设备使用管理 ………………………………………………………………… (232)
                9.3.4 仪器设备的检定校准 ……………………………………………………………… (233)
                9.3.5 消耗材料的管理 …………………………………………………………………… (233)
        9.4 射线检测工艺的管理 ……………………………………………………………………… (233)
                9.4.1 工艺规程的制定 …………………………………………………………………… (234)
                9.4.2 检测工艺卡 ………………………………………………………………………… (234)
                9.4.3 工艺纪律的监督与管理 …………………………………………………………… (235)
                9.4.4 新技术、新工艺的鉴定 …………………………………………………………… (235)
                9.4.5 例外检测专用工艺的制定 ………………………………………………………… (235)
        9.5 射线检测报告、底片及原始记录控制和档案管理 ……………………………………… (236)
        9.6 射线检测环境的管理 ……………………………………………………………………… (236)
        9.7 放射防护安全管理 ………………………………………………………………………… (237)
                9.7.1 放射防护法规与标准 ……………………………………………………………… (237)
                9.7.2 放射防护管理责任部门 …………………………………………………………… (237)
                9.7.3 射线装置申请许可制度 …………………………………………………………… (238)
                9.7.4 放射防护培训 ……………………………………………………………………… (238)
                9.7.5 放射工作人员证的管理 …………………………………………………………… (239)
                9.7.6 放射工作人员证的健康管理 ……………………………………………………… (239)
                9.7.7 放射事故管理 ……………………………………………………………………… (240)

附录Ⅰ JB/T 4730 标准中的确定焦距的最小值的诺模图 …………………………………… (241)
附录Ⅱ JB/T 4730 标准中的环向对接焊接接头的透照次数图 ……………………………… (243)
附录Ⅲ JB/T 4730 标准规定的像质计灵敏度值 ……………………………………………… (249)
附录Ⅳ 国内外射线照相检测的部分标准目录 ………………………………………………… (251)

主要参考文献 ……………………………………………………………………………………… (255)

第1章 射线检测的物理基础

1.1 原子与原子结构

1.1.1 元素与原子

世界上一切物质都是由元素构成的。迄今为止,已发现的元素有100多种,其中天然存在的有90多种,人工制造的有10多种。

为了便于表达和书写,每种元素都用一定的符号来表示,这种符号被称作元素符号。元素符号通常采用该元素拉丁文名称第一个字母的大写,或再附加一个小写字母。例如,碳的元素符号是C,钴的元素符号是Co,铁的元素符号是Fe等。

原子是元素的具体存在,是体现元素性质的最小微粒。在化学反应中,原子的种类和性质不会发生变化。

原子的质量极其微小,如氢原子的质量为$1.673×10^{-24}$ g,以常用质量单位来表示很不方便,因此,物理学中采用"原子质量单位",用符号"u"表示,即规定碳同位素$^{12}_{6}C$原子质量的1/12为1 u,而原子量就是某元素的原子的平均质量相对于$^{12}_{6}C$的质量的1/12的比值。照此规定,氢元素的原子量为1,氧元素的原子量为16。

原子是由一个原子核和若干个核外电子组成的。原子核带正电荷,位于原子中心,核外电子带负电荷,绕原子核做高速运动。原子核所带的正电荷与核外电子所带的负电荷相等,所以整个原子对外呈电中性。

电子的质量极轻,为$9.109×10^{-28}$ g,等于氢原子质量的1/1 837。电子带有1个单位负电荷($1.602×10^{-19}$ C)。

在原子中,原子核所带的正电荷数(简称核电荷数)与核外电子所带的负电荷数相等,所以核外电子数就等于核电荷数。不同元素的核电荷数不同,核外电子数也不同。在元素周期表中,元素的次序就是按核电荷数排列的,因此,周期表中的原子序数 Z 等于核电荷数。

原子核仍然可以再分,实验证明,原子核是由两种更小的粒子(即质子和中子)组成的。中子不带电,质子带1个单位正电荷。原子核中有几个质子,就有几个核电荷,因此在数值上有以下关系:

$$质子数 = 核电荷数 = 核外电子数 = 原子序数$$

质子的质量为$1.672\ 6×10^{-24}$ g,中子的质量为$1.674\ 9×10^{-24}$ g,两者的质量几乎相等。用原子质量单位来度量,质子的质量为1.007 277 u,中子的质量为1.008 65 u,都接近于1，而电子太轻，计算原子量时可以忽略不计，由此得以下关系：

相对原子质量＝质子数＋中子数

中子数＝相对原子质量－质子数＝相对原子质量－原子序数 Z

凡是具有一定质子数、中子数并处于特定能量状态的原子或原子核称为核素。核素标准的书写方法是将核子数（质量数）表示在元素符号的左上标位置，核电荷数标于左下角，例如 $^{60}_{27}Co$，即表示核素钴质量数为60，其核电荷数为27，核内有27个质子，而中子数为60－27＝33。在工程应用时可直接书写元素符号和质量数来表示某一核素，例如写为：钴60或Co60。

目前已知的核素有2 000多种，分别属于100多种元素，一种元素可包含有多种核素。同一种元素的原子必定具有相同的核电荷数，即核内的质子数相同，但核内的中子数却可以不同。例如，氢元素有三种原子：^1_1H（氕）；^2_1H（氘）；^3_1H（氚），它们均含有1个电子，1个质子，但中子数分别为0、1、2，原子量分别为1、2、3。又例如 $^{60}_{27}Co$ 和 $^{59}_{27}Co$，它们是钴元素的两种原子，分别含有27个质子、33个中子和27个质子、32个中子。这些质子数相同而中子数不同（或核电荷数相同而相对原子质量不同）的各种原子互为同位素。

核素可分为稳定和不稳定的两类，不稳定的核素又称放射性核素，它能自发地放出某些射线——α、β或γ射线，而变为另一种元素。

放射性核素又可分为天然的和人工制造的两类，前者为自然界存在的矿物，一般 $Z \geqslant 83$ 的许多元素及其化合物具有放射性；获得后者最常用的方法是用高能粒子轰击稳定核素的核，使其变成放射性核素。符合射线检测需要的天然放射性核素稀少，又不易提炼，价格昂贵，所以当前射线检测所用的均为人工放射性核素。

1.1.2 核外电子运动规律

19世纪初，美国科学家道尔顿提出了原子理论，他认为原子是物质存在的最小单元，是不可分割的。

1897年，英国科学家汤姆逊发现了电子，从而否定了原子不可分割的说法。1903年汤姆逊提出一种原子模型，认为正电荷平均分布在整个原子的球形体积中，而电子则平均分布在这些正电荷之间。然而，这种原子模型被卢瑟福的α粒子散射实验否定了。

1911年，英国科学家卢瑟福提出了原子有核模型，认为原子像一个缩小的太阳系，中心有一个几乎占有全部质量且带正电的原子核，核外有若干个带负电的电子绕核运转，如同行星围绕太阳运转一样。这种原子模型得到了人们的公认，但它与古典电磁理论有矛盾，对原子的线状光谱也无法解释，因而存在很多缺陷。

1913年，丹麦科学家玻尔运用量子论思想对原子有核模型做了进一步的发展和完善，提出了原子轨道和能级的概念，并对原子发光机理做出了解释。玻尔的原子理论假设可概括叙述如下：

原子中的电子沿着圆形轨道绕核运行，各条轨道有不同的能量状态，叫做能级，各能级的能值都是确定的。正常情况下电子总是在能级最低的轨道上运行，这时的原子状态称作基态。

当原子从外界吸收一定能量时，电子就由最低能级跳到较高能级，这一过程称作跃迁，这时原子的状态称作激发态。激发态是一种不稳定状态，所以电子将再次跃迁回较低能级，这样，先后两个能级的能值差就会以光能的形式辐射出来，即：

$$h\nu = E'' - E' \tag{1—1}$$

式中　$h\nu$ —— 光量子能量；
　　　E'' —— 较高能级的能值；
　　　E' —— 较低能级的能值。

以氢原子为例：氢原子的能级图如图1—1所示，图中各定态轨道的量子化的能量状态即能级，用主量子数 n 表示。能量单位用电子伏（符号 eV，1 电子伏相当于 1 个电子通过电势差为 1 伏的电场时所获得或减少的能量）。图中最下一条横线是 $n=1$，是离核最近且能量最低的能级，表示氢原子处于基态，如果由外界获得 10.2 eV（即 $E_2 - E_1$）的能量，原子的内能增大，原子中的一个电子就跳到 $n=2$ 的第二个能级，再获得 1.89 eV（即 $E_3 - E_2$）的能量，电子就跳到 $n=3$ 的第三个能级，在后两种情况下，氢原子都处于激发态。基态的氢原子获得 13.6 eV 的能量，电子就能完全脱离核的引力，成为自由电子（即 $E=0$）。受激的电子是不稳定的，它不能在高能级停留太久，接着就跳回较低能级。电子从高能级跃迁到低能级时，内能降低，释放出 1 个光子，如果电子是从第三能级跳到第一能级，则放出的光子应具有 12.09 eV（即 $E_3 - E_1$）的能量。

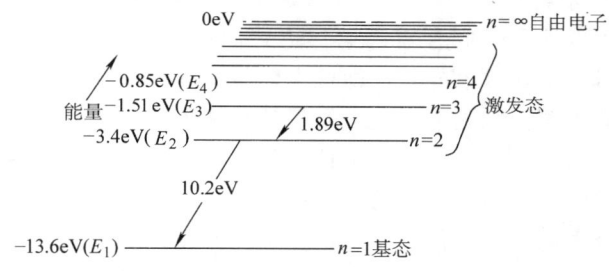

图1—1　氢原子的能级图

现代科学用量子力学研究微观粒子。从量子力学的观点看，玻尔原子理论也存在缺陷。实际上，核外电子并不在固定的轨道上运行，所谓原子轨道只是在三维空间中找到该运动电子的某个区域。由于核外电子任一时刻的位置和动量无法同时准确测出，描述核外电子的运动只能采用统计的方法。把电子在空间出现的概率密度分布用图像表示出来，称作电子云。描述原子轨道和电子云的参数共有三个，即：

1. 主量子数 n。用于确定原子的电子层和轨道能级（各电子层分别用 K、L、M、N… 表示）。

2. 角量子数 l。用于确定每个电子层所包含的分层，同时还代表了电子的角动量和原子轨道形状（各分层分别用 s、p、d、f… 表示）。

3. 磁量子数 m。用于确定原子轨道在空间的伸展方向。此外，还有一个用于确定电子的自旋方向的自旋量子数 m_s。

原子的电子层结构，特别是最外层结构，对元素的化学性质有很大影响。根据元素周期性变化的规律，按元素原子核电荷数递增顺序把元素排列起来，并使具有相同电子层的元素排在同一横行，化学性质相似的各元素处在同一纵行里，就构成了元素周期表。元素周期表是元素周期律的具体表现形式，反映了元素间性质相互联系及其对原子结构的依赖关系。

1.1.3 原子核结构

原子核的半径为 $10^{-13} \sim 10^{-12}$ cm，约为原子半径的万分之一。如果把原子设想成一个直径为 10 m 的球体，那么原子核也只有芝麻那么大，所以说原子内部的绝大部分是空的。

原子核虽小，却占有原子的 99% 以上的质量。通过散射实验可以测定核的近似半径，实验表明核的半径 r 与原子质量数 A 的 1/3 次方成正比。这说明无论哪一种元素，其核的密度是相同的。

正如原子中的电子处于运动中一样，核中的粒子，即质子和中子也处于运动中，因而核具有角动量和磁矩。光谱分析表明，核的角动量和磁矩也是量子化的。

原子核的总质量总是小于它的组成部分的质量和，这是因为其中的一部分质量用于转变成原子核的结合能。即把原子核中粒子结合在一起的吸引力有关的负电位能的质量当量。例如，氢同位素氘的核由 1 个质子和 1 个中子组成，已知两者质量之和为 $m_p + m_n = 2.015\,942$ u，而氘核的实际质量 $m_d = 2.013\,552$ u，质量差值 $m_p + m_n - m_d = 0.002\,390$ u，由质能公式 $E = m_0 c^2$ 可求得相应的能量为 2.225 MeV，这部分能量称为结合能。

在原子核内，带正电的质子间存着库仑斥力，但质子和中子仍能非常紧密地结合在一起，这说明核内存在着一个非常大的力，即核力。核力具有以下性质：

第一，核力与电荷无关，无论中子还是质子都受到核力的作用。

第二，核力是短程力，只有在相邻原子核之间发生作用，因此，一个核子所能相互作用的其他核子数目是有限的，这称为核力的饱和性。

第三，核力比库仑力约大 100 倍，是一种强相互作用。

第四，核力能促成粒子的成对结合（例如，两个自旋相反的质子或中子）以及对对结合（即总自旋为零的一对质子和一对中子的结合）。

根据以上核力的性质以及核力与库仑力之间的竞争，可以定性了解原子核的稳定性。由于核力促成原子核成对结合和对对结合，如果不考虑库仑力，最稳定的应是中子数和质子数相等的那些核，考虑库仑斥力后，则应是包含更多中子的核更稳定。但中子数过多的核又是不稳定的，因为没有足够的质子来与中子配对；质子过多的核也是不稳定的，因为库仑斥力将随之增大。核稳定性与中子数、质子数的关系为：对小质量数的核，$N/Z = 1$ 附近较稳定，这个比值随核质量数的增大而增加；对大质量数的核，$N/Z = 1.6$ 附近的核较稳定。

采用人为的方法，以中子、质子或其他基本粒子作为炮弹轰击原子核，从而改变核内质子或中子的数目，便可以制造出新的核素，也可以使稳定的核素变为不稳定的核素。

现已发现的约 2 000 种核素中，天然存在的有 300 多种，其中有 30 多种是不稳定的；人工制造的有 1 600 多种，其中绝大部分是不稳定的。不稳定的核会自发蜕变，变成另一种核素，同时放出各种射线，这种现象称为放射性衰变。

放射性衰变有多种模式，其中最主要的有：

1. α衰变　放出带 2 个正电荷的氦核，衰变后形成的子核，核电荷数较母核减 2，即在周期表上前移两位，而质量数较母核减少 4。

2. β衰变　包括β⁻衰变、β⁺衰变和轨道电子俘获，其中：

β⁻衰变：母核放出电子，衰变后子核的质量数不变，而核电荷数增加1，即在周期表上后移一位。

轨道电子俘获：母核俘获核外轨道上的一个电子（最常见的是俘获K层电子，称为K俘获），核中的一个质子转为中子，即子核在周期表上前移一位。

3. γ衰变　放出波长很短的电磁辐射。衰变前后核的质量数和电荷数均不发生改变。

γ衰变总是伴随着α衰变或β衰变而发生，母核经α衰变或β衰变到子核的激发态。这种激发态核是不稳定的，它要通过γ衰变过渡到正常态。所以γ射线是原子核由高能级跃迁到低能级而产生的。

1.2　射线的种类和性质

1.2.1　X射线和γ射线的性质

X射线和γ射线与无线电波、红外线、可见光、紫外线等属于同一范畴，都是电磁波，其区别只是在于波长不同以及产生方法不同，因此，X射线和γ射线具有电磁波的共性，同时也具有不同于可见光和无线电波等其他电磁辐射的特性。

从图1—2所示的电磁波谱中可以看到各种电磁辐射所占据的波长范围。

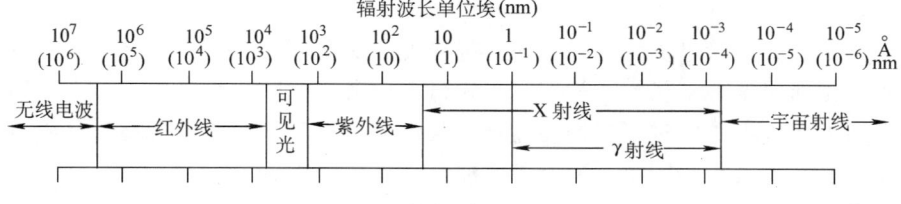

图1—2　电磁波谱

电磁波的波长λ和频率ν以及波速（光速）c的关系式为：

$$\lambda = c/\nu \tag{1—2}$$

X射线和γ射线具有以下性质：

1. 在真空中以光速直线传播。
2. 本身不带电，不受电场和磁场的影响。
3. 在媒质界面上只能发生漫反射，而不能像可见光那样产生镜面反射；X射线和γ射线的折射系数非常接近于1，所以折射的方向改变不明显。
4. 可以发生干涉和衍射现象，但只能在非常小的，例如，晶体组成的光阑中才能发生这种现象。
5. 不可见，能够穿透可见光不能穿透的物质。
6. 在穿透物质过程中，会与物质发生复杂的物理和化学作用，例如，电离作用、荧光作用、热作用以及光化学作用。
7. 具有辐射生物效应，能够杀伤生物细胞，破坏生物组织。

1.2.2 X射线的产生及其特点

X射线是在X射线管中产生的,X射线管是一个具有阴阳两极的真空管,阴极是钨丝,阳极是金属制成的靶。在阴阳两极之间加有很高的直流电压(管电压),当阴极加热到白炽状态时释放出大量电子,这些电子在高压电场中被加速,从阴极飞向阳极(管电流),最终以很大速度撞击在金属靶上,失去所具有的动能,这些动能绝大部分转换为热能,仅有极少一部分转换为X射线向四周辐射。

对X射线管发出的X射线做光谱测定,可以发现X射线谱由两部分组成,一个是波长连续变化的部分,称为连续谱,它的最短波长只与外加电压有关,另一部分是具有分立波长的谱线,这部分谱线要么不出现,一旦出现它的谱峰所对应的波长位置完全取决于靶材料本身,这部分谱线称为标识谱,又称特征谱,标识谱重叠在连续谱之上,如同山丘上的宝塔(见图1—3)。

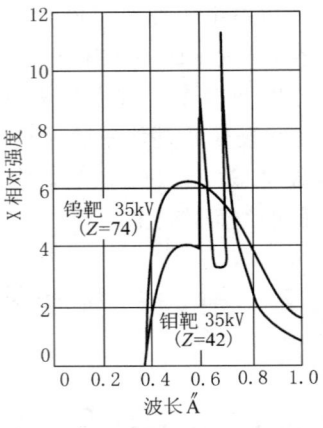

图1—3 X射线谱

1. 连续谱的产生和特点

经典电动力学指出,带电粒子在加速或减速时必然伴随着电磁辐射,当带电粒子与原子相碰撞(更确切地说是与原子核的库仑场相互作用)发生骤然减速时,由此伴随产生的辐射称为韧致辐射。

大量电子(例如当管电流为5 mA时,撞到靶上的电子数目约为3×10^{16}个/s)与靶相撞,相撞前电子初速度各不相同,相撞时减速过程也各不相同。少量电子经一次撞击就失去全部动能,而大部分电子经过多次制动逐步丧失动能,这就使得能量转换过程中所发出的电磁辐射可以具有各种波长,因此,X射线的波谱呈连续分布。

连续谱存在着一个最短波长$\lambda_{\min}$,其数值只依赖于外加电压V而与靶材料无关,如果一个电子在电场中得到动能$E=eV$,与靶一次撞击这些动能全部转换为辐射能,则辐射的波长可按下式计算:

$$E = eV = h\nu = hc/\lambda_{\min} \tag{1—3}$$

$$\lambda_{\min} = \frac{hc}{eV} = \frac{12.4\times10^{-7}}{V} = \frac{12.4}{V} \text{ (Å)} \tag{1—4}$$

式中 h——普朗克常数,$h=6.626\times10^{-34}$ J·s;

c——光速,$c=3\times10^8$ m/s;

e——电子电量,$e=1.6\times10^{-19}$ C;

V——管电压,kV。

连续谱中最大强度对应的波长λ_{IM}与最短波长$\lambda_{\min}$的关系大致为:

$$\lambda_{IM} = 1.5\lambda_{\min}$$

在实际检测中,以最大强度波长λ_{IM}为中心的邻近波段的射线起主要作用。

连续X射线的总强度I_T可用连续谱曲线下所包含的面积表示,即:

$$I_T = \int_{\lambda_{min}}^{\infty} I(\lambda) d\lambda \qquad (1-5)$$

实验证明，I_T 与管电流 i（mA）、管电压 V（kV）、靶材料原子序数 Z 有以下关系：

$$I_T = K_i Z i V^2 \qquad (1-6)$$

式中　K_i——比例常数，$K_i \approx (1.1 \sim 1.4) \times 10^{-6}$。

管电流越大，表明单位时间撞击靶的电子数越多，产生的射线强度也越大；管电压增加时，虽然电子数目未变，但每个电子所获得的能量增大，因而短波成分射线增加，且碰撞发生的能量转换过程增加，因此，射线强度同时增加；靶材料的原子序数越高，核库仑场越强，韧致辐射作用越强，射线强度也会增加，所以靶一般采用高原子序数的钨制作。上述关系如图1—3和图1—4所示。

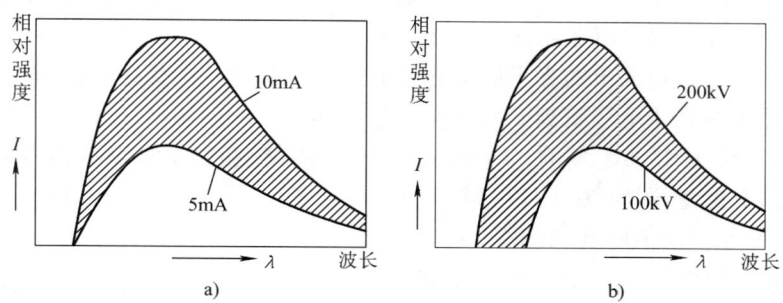

图1—4　X射线谱
a）不同管电流　b）不同管电压

X射线的产生效率 η 等于连续射线的总强度 I_T 与管电压 V 和管电流 i 的乘积之比，即：

$$\eta = \frac{I_T}{Vi} = \frac{K_i i Z V^2}{Vi} = K_i Z V \qquad (1-7)$$

可见，X射线的产生效率与管电压和靶材料原子序数成正比。在其他条件相同的情况下，管电压越高，X射线产生效率越高；管电压的高压波形越接近恒压，X射线产生效率也越高。当电压为100 kV时，X射线的转换效率约为1%，而产生4 MeV高能X射线的加速器，其转换效率约为36%。

由于输入能量的绝大部分转换为热能，所以X射线管必须有良好的冷却装置，以保证阳极不会被烧坏。

2. 标识谱的产生和特点

当X射线管两端所加的电压超过某个临界值 V_k 时，波谱曲线上除连续谱外，还将在特定波长位置出现强度很大的线状谱线，这种线状谱的波长只依赖于阳极靶面的材料，而与管电压和管电流无关，因此，把这种标识靶材料特征的波谱称为标识谱，V_k 称为激发电压。不同靶材的激发电压各不相同，如图1—3所示，管电压35 kV时，低于钨的激发电压（$V_k = 69.51$ kV），高于钼的激发电压（$V_k = 20.0$ kV），所以，钼靶的波谱上有标识谱而钨靶的波谱上没有标识谱。

标识谱的产生机理是：如果X射线管的管电压超过 V_k，阴极发射的电子可以获得足够的能量，它与阳极靶相撞时，可以把靶原子的内层电子逐出壳层之外，使该原子处于激发态。此时外层电子将向内层跃迁，同时放出1个光子，光子的能量等于发生跃迁的两能级能值之差。K_α 标志射线是 L 层电子跃迁至 K 层放出的，K_β 标志射线则是 N 层电子跃迁至 K 层放出的……L、M 等各壳层也可发生标志辐射，但其能量小，通常被 X 射线管管壁吸收，所以 X 射线波谱中最常见的是 K 系标识谱。

标志 X 射线强度只占 X 射线总强度的极少一部分，能量也很低，所以在工业射线检测中，标识谱不起作用。

1.2.3 γ射线的产生及其特点

γ射线是放射性同位素经过 α 衰变或 β 衰变后，在激发态向稳定态过渡的过程中从原子核内发出的，这一过程称作 γ 衰变，又称 γ 跃迁。γ 跃迁是核内能级之间的跃迁，与原子的核外电子的跃迁一样，都可以放出光子，光子的能量等于跃迁前后两能级能值之差。不同的是，原子的核外电子跃迁放出的光子能量在几电子伏到几千电子伏之间。而核内能级的跃迁放出的 γ 光子能量在几千电子伏到十几兆电子伏之间。

以放射性同位素 Co60 为例，Co60 经过一次 β⁻ 衰变成为处于 2.5 MeV 激发态的 Ni60，随后放出能量分别为 1.17 MeV 和 1.33 MeV 的两种 γ 射线而跃迁到基态。

由此可见，γ 射线的能量是由放射性同位素的种类所决定的。一种放射性同位素可能放出许多种能量的 γ 射线，对此取其所辐射出的所有能量的平均值作为该同位素的辐射能量。例如：Co60 的平均能为 $(1.17+1.33)/2=1.25$ MeV。

γ射线的能谱为线状谱，谱线只出现在特定波长的若干点上，如图 1—5 所示。

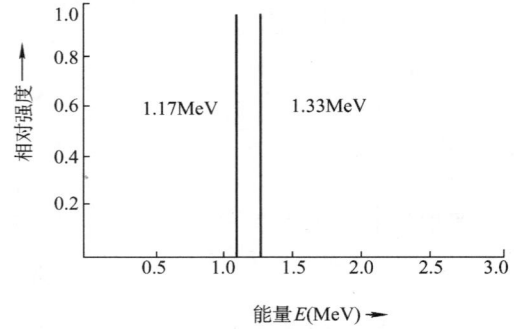

图 1—5　Co60 的 γ 射线的线状能谱

放射性同位素的原子核衰变是自发进行的，对于任意一个放射性核，它何时衰变具有偶然性，不可预测，但对于足够多的放射性核的集合，它的衰变规律服从统计规律，是十分确定的。

设在 dt 时间内发生的核衰变数目为 $-dN$，它必定正比于当时存在的原子核数 N，也显然正比于时间 dt，即：

$$-dN = \lambda N dt \tag{1—8}$$

式中 λ 是比例系数，称作衰变常数，dN 代表 N 的减小量，所以前面要加负号，设 $t=0$ 时原子核的数目为 N_0，则式（1—8）积分后得：

$$N = N_0 e^{-\lambda T} \tag{1—9}$$

即放射性同位素的衰变服从指数规律。

衰变常数 λ 反映了放射性物质的固有属性，λ 值越大，说明该物质越不稳定，衰变得越快。

放射性同位素衰变掉原有核数一半所需时间，称为半衰期，用 $T_{1/2}$ 表示。当 $T=T_{1/2}$ 时，$N=N_0/2$，由式（1—9）可得：

$$N_0/2 = N_0 e^{-\lambda T_{1/2}}$$

$$T_{1/2} = \frac{\ln 2}{\lambda} = \frac{0.693}{\lambda} \tag{1—10}$$

$T_{1/2}$ 也反映了放射性物质的固有属性，λ 越大，$T_{1/2}$ 越小。

【例】 已知 Co60 放射性同位素的半衰期为 5.3 年，其衰变常数是多少？8 年后其放射强度衰变到初始强度的百分之几？

解：由式（1—10） $T_{1/2} = 0.693/\lambda$

得：$\lambda = 0.693/T_{1/2} = 0.693/5.3 = 0.131/$年

由式（1—9） $N = N_0 e^{-\lambda T}$

得：$N/N_0 e^{-0.131 \times 8} = 0.35$

答：Co60 的衰变常数为 0.131/年。

8 年后其放射强度衰变到初始强度的 35%。

1.2.4 波粒二象性

微观粒子，即光子、电子、中子、质子以及所有基本粒子，在运动中既表现出波动性，又表现出粒子性，这个性质称为微观粒子的波粒二象性。

光的粒子性表现在光具有量子化的能量，同时还具有动量，光的动量是光子的运动质量和速度的乘积。光的波动性表现在光具有波长和频率，当光通过狭缝时，会产生衍射现象。

描述光子能量 E 和动量 P 的公式分别为

$$E = h\nu \tag{1—11}$$

$$P = h/\lambda \tag{1—12}$$

式中　h——普朗克常数，$h = 6.626 \times 10^{-34}$ J·Hz^{-1}；

　　　ν——频率，Hz；

　　　λ——波长，m。

以上两式中，等式左边是光的粒子性，等式右边是光的波动性，通过普朗克常数两者被定量联系起来。

在以后的章节中，叙述射线的光子能量、光电效应、康普顿效应、电子对效应是从粒子性角度讨论的，而叙述射线的波长、频率、相干散射等是从波动性角度讨论的。

德布罗意在光的波粒二象性的启发下，提出了一切实物粒子在运动中都具有波粒二象性的假设，当质量为 m 的粒子，以速度 v 匀速运动时，其能量 E，动量 P，波长 λ 和频率 v 的相应关系为：

$$E = h\nu = mc^2 \tag{1—13}$$

$$P = h/\lambda = mv \tag{1—14}$$

德布罗意假设在电子衍射实验中得到证实，按上式可计算出 10 keV 的电子波长约为 0.12Å。

实物粒子的波称作物质波，与光子对应的电磁波是有差别的，例如，光在真空中的速度只有一个，即光速，而电子或中子可以具有任何小于光速的速度。在质量方面，光子静止质量为零，而电子和中子均有质量。在与物质相互作用的过程中，光子和实物粒子的表现也存在着本质上的差别。

1.2.5 射线的种类

物理学上的射线又称为辐射,是指由微观粒子组成的束流,按照波粒二象性的观点,也可以看做是一束波。常见的射线除前述的 X 射线和 γ 射线外,还有电子射线和 β 射线,质子射线和 α 射线以及中子射线等。

1. 电子射线和 β 射线

电子射线和 β 射线都是由电子组成的,电子射线是利用加速器或者其他高压电场加速电子获得的,而 β 射线是 β 衰变过程中从原子核内发出的。

2. 质子射线和 α 射线

质子射线和 α 射线都是带正电的粒子流,质子射线可通过加速器获得。α 射线是放射性同位素在 α 衰变过程中从原子核内发出的,α 粒子就是氦的原子核 ^4_2He。

3. 中子射线

中子射线是一束中子流。可以通过放射性同位素、加速器或核反应堆获得中子射线。

上述各种射线中,质子射线和 α 射线,电子射线和 β 射线,均属带电粒子组成的射线,它们对物质的穿透能力很弱,例如,能量为 4 MeV 的 α 粒子,在空气中的射程仅为 2.5 cm,而同样能量的 β 粒子,射程也仅为 15 cm,所以不能用来探测材料的内部缺陷。

X 射线、γ 射线和中子射线均不带电,因而对物质具有很强的穿透能力。X 射线和 γ 射线是目前工业射线检测的主要手段。中子射线与物质的相互作用不同于 X 射线和 γ 射线,它容易穿透某些高原子序数的材料而难于透过某些低原子序数的材料,因此,中子射线检测适用于一些特殊材料和场合。

本教材主要内容是以 X 射线和 γ 射线为手段的射线检测。在以下章节中,凡未指明种类的射线均是指 X 射线和 γ 射线。

1.2.6 关于标识 X 射线的进一步讨论

更精细的研究证明,在原子的每个电子壳层上(除 K 层外)都有几个能量相近的亚层组成,L 层是由 LⅠ、LⅡ、LⅢ 三个亚层组成;M 层是由 MⅠ、MⅡ、MⅢ、MⅣ、MⅤ 五个亚层组成;N 层是由 NⅠ、NⅡ、NⅢ、NⅣ、NⅤ、NⅥ、NⅦ 七个亚层组成等。每个亚层中的电子都有确定的结合能,表 1—1 列出了钨原子各亚层的结合能值。图 1—6 所示为钨靶的电子跃迁示意图,图 1—7 所示为钨的 X 射线谱。

表 1—1   钨($Z=74$)的结合能(keV)

壳层	K	LⅠ	LⅡ	LⅢ	MⅠ	MⅡ	MⅢ	MⅣ	MⅤ
结合能	69.51	12.09	11.54	10.20	2.81	2.57	2.27	1.88	1.80

钨的 X 射线谱中的标识射线主要是 K 系跃迁辐射。当钨的 K 层电子被击脱,此空位可由来自 L、M、N 等壳层电子以多种方式填充,在发生跃迁时其多余能量将以光子形式放

出，光子能量等于发生跃迁的两能级值之差。例如，当 K 空位由 LⅢ 电子填充时，称为 LⅢ－K 跃迁，其辐射的光子能量应为 69.510－10.200＝59.310 keV，这就是表 1—2 中的 K_{α_1} 射线。高能级电子填充 K 空位时出现的射线称为钨的 K 系射线。但是，并不是所有能级之间都能发生这种跃迁，量子力学理论证明许多跃迁是被禁止的，仅有符合某些选择法则的跃迁才是允许的。例如，LⅢ 及 LⅡ 与 K 之间的跃迁产生 K_{α_1} 及 K_{α_2} 级，但并不发生 LⅠ 向 K 的跃迁。在钨的 K 系中，有四条主要的线，其中 K_{α_1} 与 K_{α_2} 线是一对相近的双重线，能量几乎相等；能量较高的双重线 K_{β_2} 及 K_{β_1} 相隔不到 2 keV。

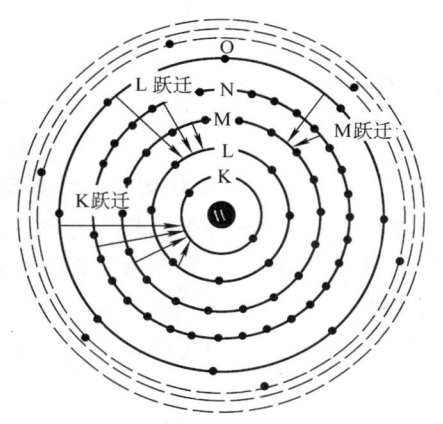 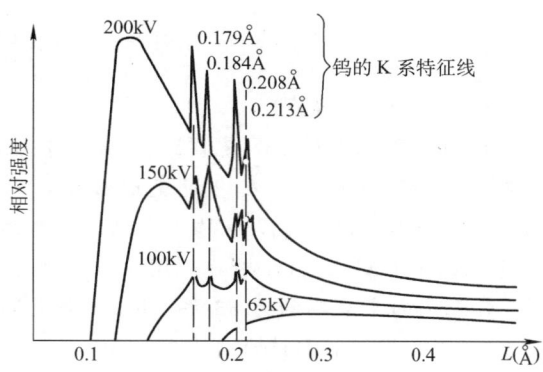

图 1—6 钨靶的电子跃迁示意图　　图 1—7 钨在较高管电压时的 X 射能谱

表 1—2　　　　　　　　　钨的主要特征射线

跃迁	符号	光子能量（keV）	波长（Å）	跃迁	符号	光子能量（keV）	波长（Å）
NⅢ－K	K_{β_1}	69.089	0.179 42	NⅣ－LⅡ	L_{γ_1}	11.284	1.098 58
NⅡ－K	K_{β_2}	67.236	0.184 37	NⅤ－LⅢ	L_{β_1}	9.961	1.244 49
LⅢ－K	K_{α_1}	59.310	0.209 01	MⅣ－LⅡ	L_{β_2}	9.671	1.281 19
LⅡ－K	K_{α_2}	57.972	0.213 83	MⅤ－LⅢ	L_{α_1}	8.369	1.476 46
				MⅣ－LⅢ	L_{α_2}	8.333	1.487 62

1.2.7　工业检测常用放射性同位素的特性

1. Co60（钴 60）

人工放射性同位素 Co60，是由稳定同位素 Co59 被中子照射后形成的。中子进入 Co59 原子核内的过剩能量，在中子俘获的瞬间以 γ 射线发射出来，其反应式为：

$$^{59}_{27}\text{Co} + n \rightarrow ^{60}_{27}\text{Co} + \gamma$$

由上述反应所形成的同位素是不稳定的，它放出 β 粒子而变成同位素 Ni60（镍），即：

$$^{60}_{27}\text{Co} \rightarrow ^{60}_{28}\text{Ni} + \beta$$

受激状态的 Ni60 在连续放出 2 个各带有 1.17 和 1.33 MeV 的 γ 射线光子后，转变为稳定状态。

图 1—8a 所示为 Co60 蜕变图，Co60 半衰期为 5.3 年，K_γ 照射量率常数为 1.32 R·m/(h·Ci)，实际比活度约为 50 Ci/g（1 850×10⁹ Bq/g）。钴具有铁磁性，故可借助磁工具实现远距离操作。

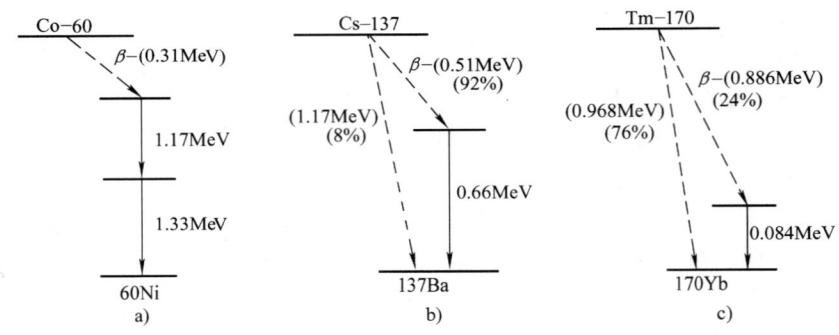

图 1—8　放射性同位素衰变示意图
a) Co60　b) Cs137　c) Tm170

2. Cs137（铯 137）

放射性同位素 Cs137 是 U235（铀）分裂时的一种产物，当 U235 核分裂时，约有 6.3% 的裂变产物为 Cs137，在 β 蜕变过程中，约有 92% 的 Cs137 核转变为受激状态的 Ba137（钡），约有 8% 的 Cs137 核转变为稳定状态的 Ba137，受激状态的钡转变为稳定状态时放出能量为 0.661 MeV 的 γ 射线。图 1—8b 所示为 Cs137 的蜕变图。

Cs137 的半衰期约为 33 年，K_γ 照射量率常数为 0.32 R·m²/(h·Ci)，实际比活度约 25 Ci/g（925×10^9 Bq/g）。

实际使用的放射源是 Cs137 的盐——CsCl，其液化温度约 28℃。为防止液体泄漏造成污染，通常使用双层不锈钢壳将铯源严格密封起来。

3. Ir192（铱 192）

人工放射性同位素 Ir192 是 Ir191 俘获热中子而得：

$$^{191}_{77}\mathrm{Ir} + n \rightarrow ^{192}_{77}\mathrm{Ir} + \gamma$$

自然界中铱是 Ir191 和 Ir193 的混合物，含量分别为 38.5% 和 61.5%。Ir193 俘获热中子后转变成放射性同位素 Ir194，其半衰期仅 20 h，因此，经过一定的时间后，可以忽略其放射强度。Ir192 经上述反应释放出 0.057 MeV 能量的 γ 射线，半衰期为 1.42 min，此状态下的铱 Ir192 仍不稳定，其中 96% 的核素经 β 衰变过渡到 $^{192}_{78}$Pt（铂），另外 4% 经 K 俘获过渡到 $^{192}_{76}$Os（锇）。从不稳定状态过渡到稳定状态放射出多种不同能量的 γ 射线。在射线照相中发挥主要作用的射线能量及相对强度见表 1—3。

表 1—3　　　　　　　　Ir192 主要能谱线及相对强度

辐射能量（MeV）	0.296	0.308	0.346	0.468	0.604
相对强度（%）	34.6	35.77	100	58	8

Ir192 半衰期为 74.4 天，K_γ 常数为 0.472 R·m²/(h·Ci)，实际比活度约 350 Ci/g，（$13\,000 \times 10^9$ Bq/g）。图 1—9 所示为 Ir192 蜕变图。

4. Tm170（铥 170）

当热中子照射稳定同位素 $^{169}_{69}$Tm 时，就形成人工放射性同位素 $^{170}_{69}$Tm。在蜕变时约 76% 的 $^{170}_{69}$Tm 核放射出最大能量为 0.968 MeV 的 β 粒子而形成稳定的同位素 Yb170（镱），约有 24% 的 Tm170 核放出最大能量为 0.886 MeV 的 β 粒子而形成处于受激状态的 Yb170。在转变到稳定状态时，约有 3% 放出能量为 0.084 MeV 的 γ 射线，约有 5% 通过内转换发射 K 层轨道

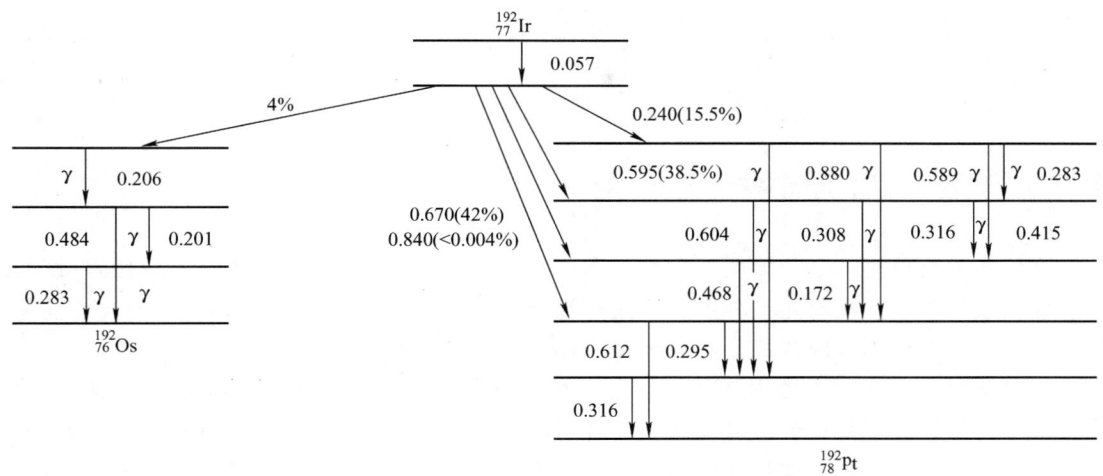

图 1—9 Ir192 蜕变图

电子，随后发生电子跃迁发射出 52 KeV 的特征 X 射线，图 1—8c 所示为 Tm170 的蜕变图。

Tm170 的半衰期为 128 天，K_γ 照射量率常数为 0.001 4 R·m²/(h·Ci)，实际比活度为 1 000 Ci/g（370 000×10⁹ Bq/g）。由于 Tm170 γ 射线有较低的能量，可用作薄金属及轻金属的透照。

5. Se75（硒 75）

将元素 Se74 或其化合物，放入反应堆中受中子照射，通过中子俘获反应得 Se75，取出后可直接应用或经过化学处理后使用。Se75 原子质量数为 75，其核中含质子数为 34，中子数为 41，半衰期为 120.4 天，比活度为 1.45×10^4 Ci/g，Kr 常数为 0.204 R·m²/(h·Ci)。

Se75 衰变方式为轨道电子俘获，即原子核俘获一个核外电子变成原子序数 33 的 As75（砷 75），随即放出 γ 射线。

Se75 能谱如图 1—10 所示，主要能谱线有 9 根，能量分别为 0.066、0.097、0.121、0.136、0.199、0.265、0.280、0.304、0.401（MeV），其中对照相起作用的强度较高的有 4 根线，其相对强度见表 1—4。

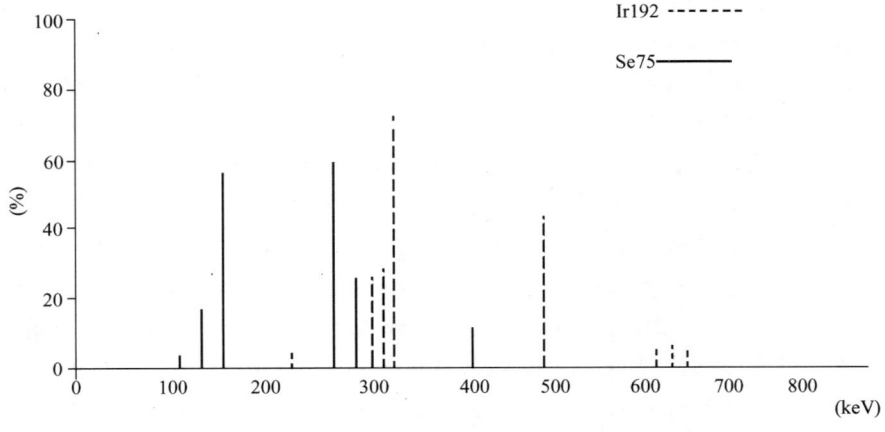

图 1—10 Se75 能谱与 Ir192 能谱

表 1—4　　　　　　　　　　Se75 主要能谱线及相对强度

辐射能量（MeV）	0.121	0.136	0.265	0.280
相对强度（%）	27.4	93.1	100	42.9

1.3　射线与物质的相互作用

射线通过物质时，会与物质发生相互作用而使强度减弱。导致强度减弱的原因可分为两种，即吸收与散射。吸收是一种能量转换，光子的能量被物质吸收后变为其他形式的能量；散射会使光子的运动方向改变，其效果等于在束流中移去入射光子。

在 X 射线与 γ 射线能量范围内，光子与物质作用的主要形式有：光电效应、康普顿效应、电子对效应。当光子能量较低时，还必须考虑瑞利散射。除此以外，还存在一些其他形式的相互作用，例如，光致核反应和核共振反应，因其发生概率极小，所以不做介绍。

射线通过物质时的强度衰减遵循指数规律，衰减情况不仅与吸收物质的性质和厚度有关，而且还取决于辐射自身的性质。

1.3.1　光电效应

当光子与物质原子的束缚电子作用时，光子把全部能量转移给某个束缚电子，使之发射出去，而光子本身则消失掉，这一过程称为光电效应。光电效应发射出的电子叫光电子，该过程如图 1—11 所示。

原子吸收了光子的全部能量，其中一部分消耗于光电子脱离原子束缚所需的电离能（电子在原子中的逸出能），另一部分就作为光电子的动能。所以，发生光电效应的前提条件是光子能量必须大于电子的逸出能。释放出来的光电子能量 E_e 与入射光子能量 $h\nu$ 以及电子所在壳层的逸出能 E_i 之间有如下关系：

$$E_e = h\nu - E_i \tag{1—15}$$

光电效应的发生概率与射线能量和物质原子序数有关，它随着光子能量增大而减小，随着原子序数 Z 的增大而增大。

光子打在自由电子上不能产生光电效应，这是因为动量守恒不能满足。在光电效应过程中，除了入射光子外，还需有一个第三者参加，这个第三者就是原子核，严格地讲是发射光电子之后剩余下来的整个原子，它带走一些反冲能量，这些能量非常小，但由于它的参加，动量和能量守恒才能满足。电子在原子中束缚越紧，就越容易使原子核参加上述过程，发生光电效应的概率就越大，所以 K 壳层上发生光电效应的概率最大，L 层次之，M、N 层更次之。如果入射光子能量超过 K 层结合能，大约 80% 光电吸收发生在 K 层电子上。

发生光电效应时，从内壳上打出电子，在此壳层上就留下空位，并使原子处于激发态，这种激发态是不稳定的，退激的过程有两种，一种是外层电子向内层跃迁，来填补空位，使原子恢复到较低能量状态，例如，从 K 层打出电子后，L 层的电子可以跃迁到 K 层，两个壳层能量之差，就是跃迁时释放出来的能量，这能量以标识 X 射线（又称次级 X 射线，荧光 X 射线）的形式释放，另一种过程是原子的激发能也可以交给外壳层电子，使它从原子中发射出来，这种电子称为俄歇电子，如图1—12所示。因此，在发射光电子的同时，还伴随着原子发射次级X射线和俄歇电子。

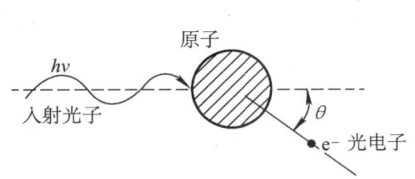

图1—11 光电效应的示意图　　　　图1—12 特征X射线和俄歇电子的发射示意图

光电效应的发生概率可用光电截面来表示，光电截面 $\sigma_{ph} \propto Z^5$，且有 $\sigma_{ph} \propto 1/h\nu \sim (1/h\nu)^{7/2}$。图1—13所示给出了不同吸收物质的光电截面与光子能量的关系，也称光电吸收曲线。如图1—13所示，随着入射光子能量增大，σ_{ph} 变小。

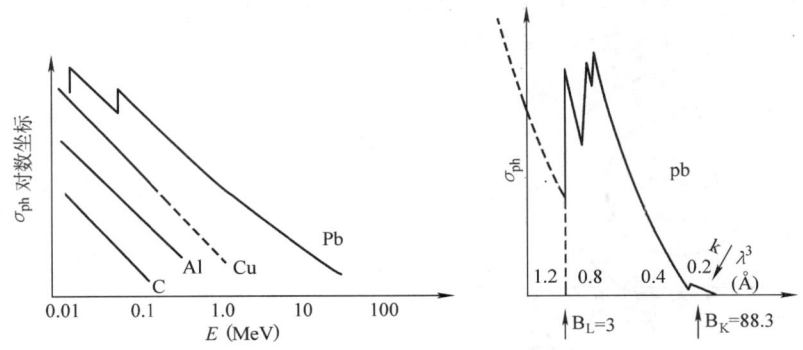

图1—13 原子的光电截面与入射光子能量的关系

在 $h\nu < 100$ keV 时，光电截面显示出特征性的锯齿状结构。这种尖锐的突变，称为吸收限，它是在入射光子能与K、L、M层电子的结合能相一致时出现的。当光子能量逐渐增加到等于某一层电子的结合能时，这一壳层电子就对光电作用有贡献，因而 σ_{ph} 就阶跃升高，然后又随能量的增加而下降，例如，铅的吸收曲线上，K吸收限在88.3 keV，而L层有三个吸收限，M层有五个吸收限。

1.3.2 康普顿效应

在康普顿效应中，光子与电子发生非弹性碰撞，一部分能量转移给电子，使它成为反冲电子，而散射光子的能量和运动方向发生变化，如图1—14所示。$h\nu$ 和 $h\nu'$ 为入射和散射光子能量，θ 为散射光子与入射光子方向间夹角，称为散射角，φ 为反冲电子的反冲角。

康普顿效应总是发生在自由电子或原子的束缚最小的外层电子上，入射光子的能量和动量由反冲电子和散射光子两者之间进行分配，散射角越大，散射光子的能量越小，当散射角 θ 为180°时，散射光子能量最小。

康普顿效应的发生概率大致与物质原子序数成正比，与光子能量成反比。

由动量和能量守恒定律可以推导出散射光子和反冲电子的能量和散射角关系。设入射光

子能量为 $E=h\nu$，波长为 λ，散射光子能量为 $E'=h\nu'$，波长为 λ'，反冲电子的动能为 E_e，有关计算式如下：

$$E_e = h\nu - h\nu' \tag{1—16}$$

$$E' = \frac{E}{1+\dfrac{E}{m_0 c^2}(1-\cos\theta)} \tag{1—17}$$

$$\cot\varphi = \left(1+\frac{E}{m_0 c^2}\right)\tan\frac{\theta}{2} \tag{1—18}$$

$$\Delta\lambda = \lambda' - \lambda = \frac{h}{m_0 c}(1-\cos\theta) = 0.0242\times(1-\cos\theta) \tag{1—19}$$

式中　h——普朗克常数；
　　　c——光速；
　　　m_0——电子静止质量，$m_0 = 9.11\times10^{-31}$ kg。

康普顿散射截面与入射光子的能量关系如图 1—15 所示，当入射光子能量增加时，康普顿散射截面下降，但下降速度比光电截面慢。

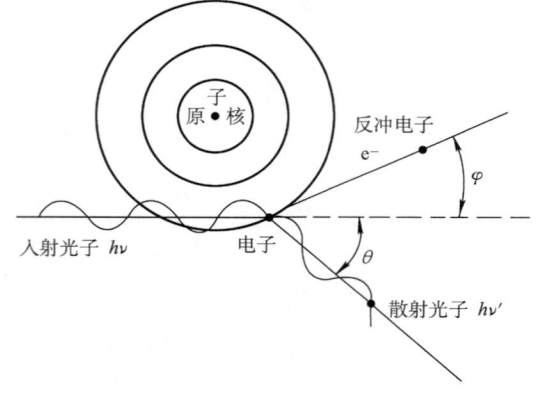
图 1—14　康普顿效应的示意图

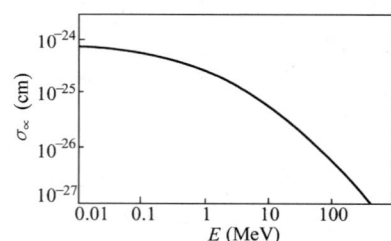
图 1—15　电子的康普顿散射截面与入射光子能量的关系

1.3.3　电子对效应

当光子从原子核旁经过时，在原子核的库仑场作用下，光子转化为 1 个正电子和 1 个负电子，这种过程称为电子对效应，如图 1—16 所示。

根据能量守恒定律，只有当入射光子能量 $h\nu$ 大于 $2m_0 c^2$，即 $h\nu>1.02$ MeV 时，才能发生电子对效应，入射光子的能量除一部分转变为正负电子对的静止质量（1.02 MeV）外，其余就作为它们的动能。

与光电效应相似，电子对效应除涉及入射光子和电子对外，必须有一个第三者——原子核参加，才能满足动量和能量守恒。

电子对效应产生的快速正电子和电子一样，在吸收物质中通过电离损失和辐射损失消耗能量，很快被慢化，然后与吸收物质中 1 个电子相互转化为 2 个能量为 0.51 MeV 的光子，这种现象称电子对湮没。

电子对效应截面是入射光子能量和吸收物质原子序数的函数，当 $h\nu$ 稍大于 $2m_0c^2$ 时，$\sigma_p \propto Z^2 E$。当 $h\nu \gg 2m_0c^2$ 时，$\sigma_p \propto Z^2 \ln E$。

由此可见，在能量较低时，σ_p 随光子能量线性增加，在高能时，σ_p 随光子能量变化则缓慢一些。不论在高能区还是低能区，都有 $\sigma_p \propto Z^2$。如图 1—17 所示给出了 σ_p 与光子能量的对应关系。

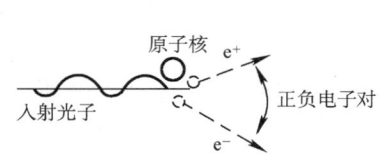

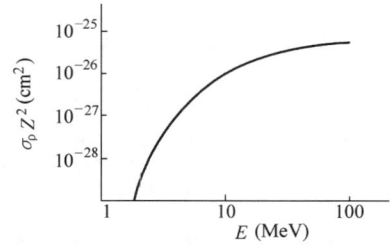

图 1—16　在原子核库仑场中的电子对效应　　图 1—17　电子对效应截面与能量的关系

1.3.4　瑞利散射

瑞利散射是入射光子和束缚较牢固的内层轨道电子发生的弹性散射过程（也称为电子的共振散射）。在此过程中，1 个束缚电子吸收入射光子而跃迁到高能级，随即又放出 1 个能量约等于入射光子能量的散射光子，由于束缚电子未脱离原子，故反冲体是整个原子，从而光子的能量损失可忽略不计。

瑞利散射是相干散射的一种。相干散射是指散射线与入射线具有相同的波长，从而能够发生干涉的散射过程。

瑞利散射的概率和物质的原子序数及入射光子的能量有关，大致与物质原子序数 Z 的平方成正比，并随入射光子能量的增大而急剧减小。当入射光子能量在 200 keV 以下时，瑞利散射的影响不可忽略。

1.3.5　各种相互作用发生的相对概率

光电效应、康普顿效应、电子对效应的发生概率与物质的原子序数和入射光子能量有关，对于不同物质和不同能量区域，这三种效应的相对重要性不同，图 1—18 所示为各种效应占优势的区域。

由图中可以看出：
1. 对于低能量射线和原子序数高的物质，光电效应占优势。
2. 对于中等能量射线和原子序数低的物质，康普顿效应占优势。
3. 对于高能量射线和原子序数高的物质，电子对效应占优势。

如图 1—19 所示的是射线与铁相互作用时，各种效应的发生概率，由图中可看出：当光子能量为 10 keV 时，光电效应占绝对优势。随着能量的增大，光电效应逐渐减小，而康普顿效应的影响却逐渐增大。稍过 100 keV，两种效应相等，瑞利散射在此能量附近发生概率达到最大，但也不超过 10%。在 1 MeV 左右，射线强度的衰减几乎都是康普顿效应造成的。光子能量继续增大，由电子对效应引起的吸收逐渐增大，在 10 MeV 左右，电子对效应与康普顿效应作用大致相等，超过 10 MeV 以后，电子对效应的概率越来越大。

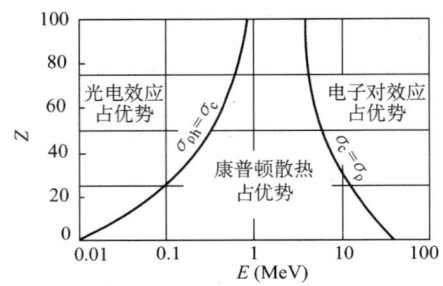

图 1—18　按光子能量和原子序数来表示的三种相互作用占优势的区域

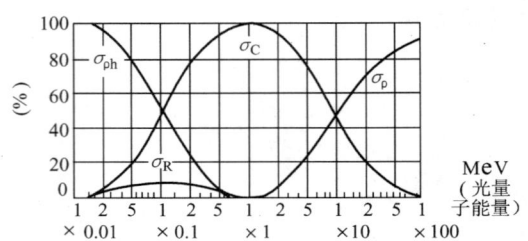

图 1—19　铁中各种效应的发生概率

各种效应对射线照相质量产生不同的影响，例如，光电效应和电子对效应引起的吸收有利于提高照相对比度，而康普顿效应产生的散射线则会降低对比度。轻金属试件照相质量往往比重金属试件照相质量差；使用 1 MeV 左右能量的射线照相，其对比度往往不如较低能量射线或更高能量射线，这些都是康普顿效应的影响造成的。

射线与物质相互作用导致强度的减弱以及能量转化示意图，如图 1—20 所示。

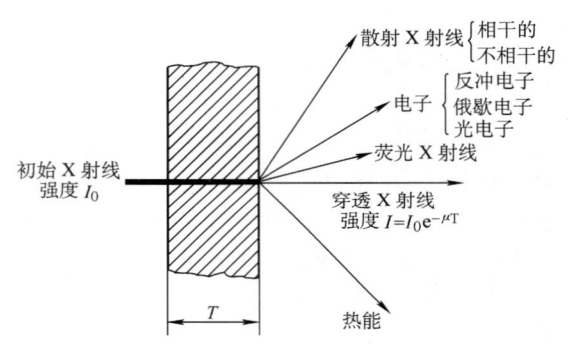

图 1—20　X 射线与物质相互作用示意

1.3.6　窄束、单色射线的强度衰减规律

由以上讨论可知，射线通过一定厚度物质时，有些光子与物质发生相互作用，有些则没有。如果光子与物质发生的相互作用是光电效应和电子对效应，则光子被物质吸收；如果光子与物质发生康普顿效应，则光子被散射。散射光子也可能穿过物质层，这样，穿过物质层的射线通常由两部分组成：一部分是未与物质发生相互作用的光子，其能量和方向均未变化，称为透射线；另一部分是发生过一次或多次康普顿效应的光子，其能量和方向都发生了改变，称为散射线。

所谓窄束射线是指不包括散射成分的射线束，通过物质后的射线束，仅由未与物质发生相互作用的光子组成。"窄束"一词是从实验时通过准直器得到细小的辐射束流而得名，作为专用术语的描述并不含有几何学上"细小"的意义，即使射束有一定宽度，只要其中没有散射成分，便可称为"窄束"。

所谓"单色"是指由单一波长电磁波组成的射线，或者说，由相同能量光子组成的辐射束流，又称为单能辐射。

采用如图1—21所示的装置，在单能辐射源与探测器之间放置两个准直器，在两个准直器之间放置吸收物质，便可通过试验测出窄束单色射线的强度衰减情况。

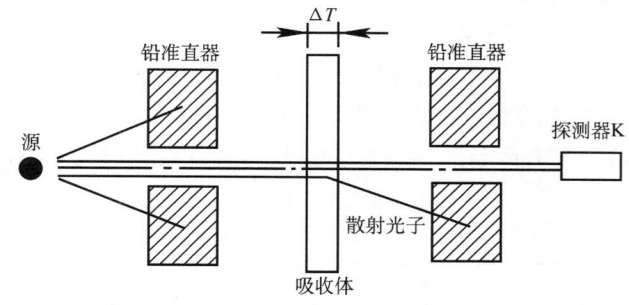

图1—21　获得窄束辐射的装置示意图

当吸收物质不存在时，探测器K记录的辐射强度为I_0，称为辐射的原始强度或入射强度。放置厚度为ΔT的薄层物质后，K点的辐射强度变为I，称为一次透射射线强度。以ΔI表示强度的变化量，即$I-I_0=-\Delta I$，负号表示强度在减弱。用不同种类和厚度的吸收物质和不同能量的射线实验，可发现以下关系：

$$-\Delta I=\mu I_0\Delta T \tag{1—20}$$

即射线通过薄层物质时强度减弱与物质厚度及辐射初始强度成正比，同时与μ的数值有关，μ称为线衰减系数。

对式（1—20）积分，并设$T=0$时，$I=I_0$，即可得窄束单色射线强度衰减公式：

$$I=I_0 e^{-\mu T} \tag{1—21}$$

式中的T为穿透物质的厚度。

线衰减系数μ的意义是射线通过单位厚度物质时，与物质相互作用的概率。它与射线能量、物质的原子序数和密度有关。对于同一种物质，射线能量不同时衰减系数不同。对于同一能量的射线，通过不同物质时，其衰减系数也不同。

由于射线强度衰减是几个效应共同作用的结果，所以，线衰减系数可写为：

$$\mu=\mu_{ph}+\mu_c+\mu_p+\mu_R \tag{1—22}$$

式中　μ_{ph}——光电效应线衰减系数；

μ_c——康普顿效应线衰减系数；

μ_p——电子对效应线衰减系数；

μ_R——瑞利散射线衰减系数。

μ大致与物质密度ρ成正比；对于原子序数Z，存在以下关系：$\mu_{ph}\propto Z^5$，$\mu_c\propto Z$，$\mu_p\propto Z^2$；对于射线能量$h\nu$，存在以下关系：$\mu_{ph}\propto (h\nu)^{-3.5}$，$\mu_c\propto (h\nu)^{-1}$，$\mu_p\propto \ln(h\nu)$。

令$\mu_m=\mu/\rho$，称为质量衰减系数。质量衰减系数的优点是μ_m值不受物质密度和物理状态的影响。例如，水和水蒸气的μ_m值是一样的。当吸收物质是混合物和化合物时，可按下式求得其质量衰减μ_m：

$$\mu_m = \mu/\rho = \mu_{m1}\alpha_1 + \mu_{m2}\alpha_2 + \cdots = \left(\frac{\mu_1}{\rho_1}\right)\alpha_1 + \left(\frac{\mu_2}{\rho_2}\right)\alpha_2 + \cdots \quad (1\text{—}23)$$

式中 μ_{m_1}、$\mu_{m_2}\cdots$——各组成元素的质量衰减系数；

α_1、$\alpha_2\cdots$——各组成元素的含量百分比；

ρ——为混合物的密度。

表1—5列出部分元素的线衰减系数。

在实际应用中，经常使用半价层来描述某种能量射线的穿透能力或某种射线的衰减作用程度。半价层是指使入射射线强度减少一半的吸收物质厚度，用符号 $T_{1/2}$ 表示，由式（1—21）得，当 $T=T_{1/2}$ 时，$I/I_0=1/2$，则有 $e^{-\mu T_{1/2}}=1/2$，两边取自然对数，有：

$$T_{1/2} = 0.693/\mu \quad (1\text{—}24)$$

表1—5　　几种材料的线衰减系数（cm^{-1}）

射线能量 MeV	水	碳	铝	铁	铜	铅
0.25	0.121	0.26	0.29	0.80	0.91	2.7
0.50	0.095	0.20	0.22	0.665	0.70	1.8
1.0	0.069	0.15	0.16	0.469	0.50	0.8
1.5	0.058	0.12	0.132	0.370	0.41	0.58
2.0	0.050	0.10	0.116	0.313	0.35	0.524
3.0	0.041	0.83	0.100	0.270	0.295	0.482
5.0	0.030	0.067	0.075	0.244	0.284	0.494
7.0	0.025	0.061	0.068	0.233	0.273	0.53
10.0	0.022	0.054	0.061	0.214	0.272	0.6

利用式（1—21）和式（1—24）可进行一些计算。

【例】 已知某窄束单能射线穿过20 mm的钢后，强度减弱到原来的20%，求该射线在钢中的线衰减系数。

解1：由式（1—21）$I = I_0 e^{-\mu T}$

已知 $I/I_0 = 0.20$，$T = 2$ cm，则有

$$e^{-\mu \times 2} = 0.2$$
$$\mu = -\ln 0.2/2 = 0.80 \text{（cm}^{-1}\text{）}$$

解2：设射线穿过 n 个半价层，则存在以下关系式：

$$\frac{1}{2^n} = 0.2, \quad n = \frac{\lg 5}{\lg 2} = 2.32, \quad T_{1/2} = \frac{2}{2.32} = 0.86 \text{（cm）}$$

由式（1—24）$T_{1/2} = 0.639/\mu$，得

$$\mu = 0.693/T_{1/2} = 0.80 \text{（cm}^{-1}\text{）}$$

1.3.7　宽束、多色射线的强度衰减规律

工业检测中应用的射线，不可能是"窄束、单色"射线，到达探测器的束流中，总是包含有散射线的成分，这样的射线称为"宽束"射线。束流中的光子往往也不具有相同能量。

例如，常用的放射性同位素发出的 γ 射线是几种乃至十几种能量光子的组合，属"多色"射线，而 X 射线的波长更是连续变化的，称为"白色"射线。宽束多色射线通过物质时，强度衰减具有一些不同于窄束单色射线的特点，因此，式（1—21）不适用于宽束多色射线。

1. 散射线和散射比

射线在穿透物质过程中与物质相互作用，除了直线前进的透射射线外，还有散射线，以及荧光 X 射线、光电子、反冲电子、俄歇电子等，向各个方向射出，其中各种电子穿透物质能力很弱，很容易被物质本身或空气吸收，而荧光 X 射线能量较低，例如，铁的 $K_{\beta 1}$ 荧光 X 射线的能量约为 7 keV，也很容易被吸收，一般不会造成影响。所以对射线照相产生影响的散射线主要来自康普顿效应，在较低能量范围，则是来自相干散射。

应用宽束射线时，一次透射射线 I_p 和散射射线 I_s 同时到达探测器，设到达探测器的射线总强度为 I，则有：

$$I = I_p + I_s = I_p(1 + I_s/I_p) = I_p(1 + n) \tag{1—25}$$

这里 $n = I_s/I_p$，称作散射比，散射比 n 的大小与射线能量、穿透物质种类、穿透厚度等诸多因素有关。

2. 平均衰减系数

如果射线束不是由单一能量的光子组成，而是由几种不同能量的光子组成，那么它通过物质时的强度衰减将变得更复杂，因为光子的能量不同，其衰减系数也不同，与物质相互作用强度减弱的程度也不同。

设一束多色射线的初始强度为 I_0，其中不同能量的光子束流强度分别为 I_{01}、$I_{02}\cdots$，在物质中的衰减系数分别为 (μ_1)、$(\mu_2)\cdots$，一次透过射线的总强度为 I，不同能量射线的分强度为 I_1、$I_2\cdots$，则以下关系式成立：

$$I_0 = I_{01} + I_{02} + I_{03} + \cdots$$
$$I = I_1 + I_2 + I_3 + \cdots$$

其中　$I_1 = I_{01} e^{-\mu_1 T}$，$I_2 = I_{02} e^{-\mu_2 T}$，$I_3 = I_{03} e^{-\mu_3 T}$，$\cdots$

考虑总的强度衰减结果，可以归纳得到以下关系式：

$$I = I_0 e^{-\bar{\mu} T} \tag{1—26}$$

即为多色射线强度衰减公式，式中 $\bar{\mu}$ 称为平均衰减系数，可根据试验数据计算得出。

多色射线穿透物质过程中，能量较低的射线分量强度衰减多而能量较高的射线分量强度衰减相对较少，这样，透射射线的平均能量将高于初始射线的平均能量，此过程被称为多色射线穿透物质过程的线质硬化现象。随着穿透厚度的增加，线质逐渐变硬，平均衰减系数 $\bar{\mu}$ 的数值逐渐减小，而平均半价层 $T_{1/2}$ 值将逐渐增大。

图 1—22 所示为连续 X 射线穿透物质前后强度变化情况，由图中可以看出，波长较长部分射线强度衰减较大，从而使透射射线的平均波长变短。

3. 宽束、多色射线强度衰减规律

综上所述，对于宽束、多色射线其强度衰减公式可写为：

$$I = I_0 e^{-\bar{\mu} T}(1 + n) \tag{1—27}$$

式中　I——透射射线强度，为一次透射射线 I_p 和散射射线 I_s 强度之和；
　　　I_0——初始射线强度；

$\bar{\mu}$——平均衰减系数；
T——穿透物质的厚度；
n——散射比。

1.3.8 连续 X 射线吸收（衰减）系数测试和吸收（衰减）曲线

以下为日本学者进行的一次连续 X 射线吸收系数测试。测试的透照布置如图 1—23 所示，在 X 射线机窗口使用了光阑，且把吸收 X 射线的试件紧贴在光阑上，而探测器却置于较远位置。这是一种获得窄束射线的简易透照布置，由于与试件作用产生的散射线有一定偏转角而不能到达探测器，所以探测器所接收的射线可近似认为是窄束射线。

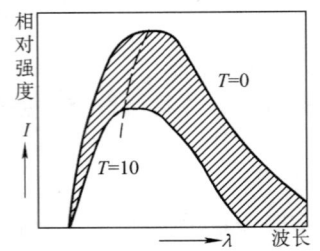
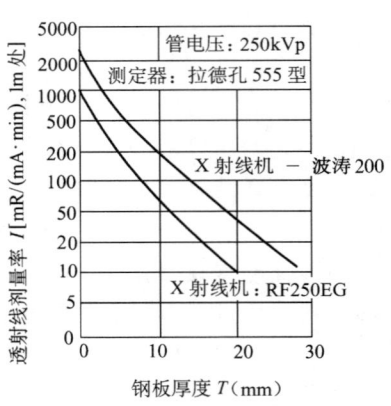

图 1—22 连续谱射线穿过物体后强度分布的变化　　图 1—23 简易窄束透照布置

图 1—24 所示为根据测试结果绘制的吸收曲线，表 1—6 列出了一些测试数据和计算数据。

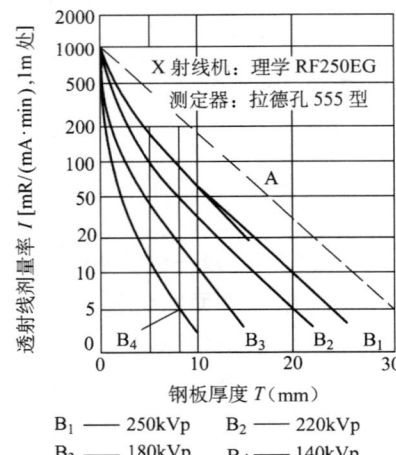

图 1—24 吸收曲线

1. 吸收曲线

以吸收物质的厚度作为横坐标，射线的剂量率或相对强度作为纵坐标，可以绘出射线强度衰减曲线，又称为吸收曲线。

图 1—24 所示坐标系称为半对数坐标系，吸收曲线方程为 $\ln(I/I_0) = -\mu T$。对窄束单色射线，线衰减系数 μ 为常数，所以吸收曲线为一直线（如图中虚线 A），其斜率为 μ。而

对于多色射线，线衰减系数 μ 是一个变量，为穿透厚度 T 的函数，又因为 μ 随 T 的增大而减小，所以吸收曲线为一条向上凹的曲线（如图曲线 B），曲线上任意一点切线的斜率即为该点对应的穿透厚度上射线的线衰减系数 μ，如要求某一穿透厚度范围内射线的平均衰减系数 $\bar{\mu}$，可以用直线连接对应于厚度 T_1 和 T_2 的吸收曲线的两点，该直线的斜率就是平均衰减系数 $\bar{\mu}$，计算公式为：

$$\bar{\mu} = -\frac{\ln I_2 - \ln I_1}{T_2 - T_1} = -2.3 \frac{\lg I_2 - \lg I_1}{T_2 - T_1} \tag{1—28}$$

对于宽束多色射线，其吸收曲线方程应为 $\ln I/I_0 = \mu T + \ln(1+n)$，其位置应在曲线 B 的右上方，因 μ 和 n 均是 T 的函数，曲线的形状会有所改变，弯曲得更大一些。

2. X 射线机对测试结果的影响

图 1—24 所示还反映了不同 X 射线机对吸收曲线测试结果的影响。

图 1—24 右图所示的两条曲线是两种 X 射线机的透射线的剂量率。可以看到，即使是同一管电压和管电流，穿透同样厚度的钢板，如果 X 射线机不同，其透射线的剂量率将有很大差异，之所以如此，是由于不同 X 射线机的高压发生方式不同，X 射线管和 X 射线机结构的自吸收不同等原因造成的。因此，吸收曲线的测试数据不能随意用于不同种类的 X 射线机上去。

3. 连续 X 射线吸收系数和半价层

由表 1—6 中的数据可以看出，X 射线的吸收系数随穿透厚度的增大而减小，半价层厚度随穿透厚度的增大而增大，这说明连续 X 射线的吸收系数不是恒定的，线质在穿透试件的过程中逐渐硬化，当穿透厚度增大到一定程度后，吸收系数随穿透厚度的变化不明显了，这说明射线束中波长较长的成分几乎吸收殆尽。钢板厚度与吸收系数和关系曲线如图 1—25 所示。

表 1—6   半衰减层、吸收系数和有效能量

试样厚度 T_1 (mm)	透照线剂量率 I_1	$\dfrac{I_1}{2}$	与 $\dfrac{I_1}{2}$ 相应的试件厚度 T_2	半衰减层 $T_{1/2}=T_2-T_1$ (mm)	吸收系数 $\bar{\mu}_1$ (cm^{-1})	有效能量 V_1 kV$_{eff}$
0	1 300	650	0.9	0.9	7.7	64
1	630	315	3.1	2.1	3.3	94
5	190	95	8.2	3.2	2.2	117
10	66	33	13.7	3.7	1.9	130
20	10.6	5.3	23.8	3.8	1.8	135

X 射线机：RF—250EG；管电压：250 kVp；透照线剂量率单位：mR/(mA·min)（1 m 处）

表 1—6 是没有散射线情况的数据，如果有散射线存在，可以推测半价层厚度的变化趋势仍是相似的，即半价层厚度仍然随穿透厚度的增大而增加，在厚度很大时，半价层的厚度不再随穿透厚度的增大而增加。

4. 连续 X 射线的有效能量

如果连续 X 射线在某一穿透厚度范围内的平均衰减系数 $\bar{\mu}$ 与某一能量的单色射线的衰减系数 μ 的数值相同，则可用此单色射线的能量值来表示连续 X 射线的平均能量，称为有效能量。由表 1—6 和图 1—26 可以看出，连续 X 射线的有效能量随穿透厚度的增大而增大。

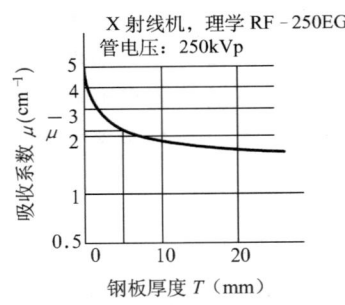

图 1—25　钢板厚度和吸收系数 $\bar{\mu}$ 的关系

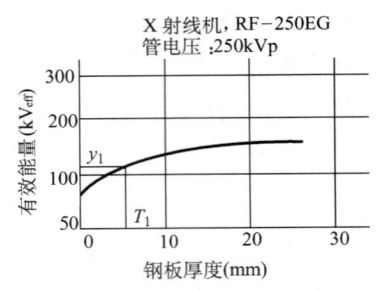

图 1—26　钢板厚度与有效能量的关系

1.3.9　截面与吸收系数

射线与物质相互作用的概率可用截面这个物理量来表示，截面的定义是：

$$\sigma = \Delta I/(IN\Delta t) \tag{1—29}$$

式中　ΔI——发生相互作用的光子数；

　　　I——入射光子数；

　　　N——物质单位体积的原子数；

　　　Δt——靶厚度；

　　　$N\Delta t$——靶物质单位面积的原子数。

式（1—29）表示强度为 I 的光子穿过单位体积内靶原子数为 N，靶厚度为 Δt 的物质时有 ΔI 个光子与物质发生了相互作用。因此，σ 具有面积量纲，所以称它为"截面"，一般用 10^{-24} cm^2 作为截面单位，称为靶恩，符号为 b。

$$1\ b = 10^{-24}\ cm^2$$

射线与物质相互作用有多种方式；因此，也有各种作用截面，即：光电效应截面 σ_{ph}、康普顿效应截面 σ_c、电子对效应截面 σ_p。射线与物质相互作用的总截面是各部分截面之和，即：

$$\sigma = \sigma_{ph} + \sigma_c + \sigma_p \tag{1—30}$$

射线穿透厚度为 dT 的物质，其强度变化为 dI，按照截面的定义，应有以下关系：

$$-dI = \sigma N I dT \tag{1—31}$$

解这个方程，并利用初始条件（$T=0$ 时，$I=I_0$），得：

$$I = I_0 e^{-\sigma NT} \tag{1—32}$$

上式表明，窄束射线通过物质时，其强度的衰减遵循指数规律。

令 $\mu = \sigma N$，则上式可改写为：

$$I = I_0 e^{-\mu T}$$

此即式（1—21），μ 即线衰减系数。

因为 $N = (\rho/A) N_A$，其中 A 为原子量，N_A 为阿佛伽德罗常数，所以有：

$$\mu = (\rho/A) N_A \sigma$$

和质量衰减系数：

$$\mu_m = \mu/\rho = N_A \sigma / A$$

由于三种效应的截面都随入射光子能量 $h\nu$ 和吸收物质的原子序数 Z 而变化，因而衰减系数 μ（或 μ_m）也就随 $h\nu$ 和 Z 而变化。

由此可见，σ 描述的是单个光子与单个原子相互作用的概率，而 μ 描述的是射线与大量原子的集合，即物质相互作用的概率。

1.3.10 带电粒子与物质的相互作用

物质原子或分子受外界影响失去或得到电子从而成为带电离子的过程称作电离。凡具有足够动能并能直接或间接引起物质电离的粒子，统称为电离辐射，又可简称为辐射。电离辐射包括带电粒子辐射（如正、负电子和 β 粒子，质子和 α 粒子等）和不带电粒子辐射（如 X、γ 光子和中子等）。

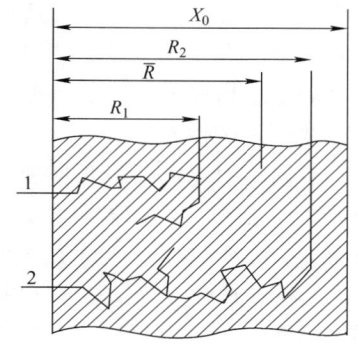

图1—27　β粒子在物质中的径迹

带电粒子电离主要是由具有足够动能的带电粒子本身与原子核外电子的碰撞而引起的，所以带电粒子电离称直接致电离辐射。不带电粒子也能使物质电离，但不带电粒子引起的物质电离，主要是由其所产生的次级电子所引起的，而它们本身造成的电离，与其所产生的次级带电粒子所引起的电离相比微乎其微，几乎可以忽略。因此，不带电粒子的电离辐射又称为间接致电离辐射。电离辐射可以是由一种电离粒子组成的辐射，也可以是由两者或两者以上电离粒子混合组成的辐射。

由于带电粒子容易与物质原子的核外电子发生相互作用，导致其很快失去动能，所以带电粒子穿透物质能力很弱。带电粒子在物质中的射程是有限的，此点与光子等不带电粒子截然不同。图1—27所示为 β 粒子在固体物质中的径迹图。由图可见，β 粒子的射程 R 是有限值，其路程径迹十分曲折，经过的路程长度大大超过射程。了解这一特性，有助于理解射线照相过程中有关电子作用的一些现象，例如，潜影的形成、增感过程和固有不清晰度的产生等。

1.4　射线照相法的原理与特点

射线检测是工业无损检测的一个重要专业门类。射线检测最主要的应用是探测试件内部的宏观几何缺陷（探伤）。按照不同特征（例如，使用的射线种类、记录的器材、工艺和技术特点等）可将射线检测分为多种不同的方法。

在本教材中，射线照相法是指用 X 射线或 γ 射线穿透试件，以胶片作为记录信息的器材的无损检测方法，该方法是最基本，应用最广泛的一种射线检测方法，也是射线检测专业培训的主要内容。至于其他射线检测方法和技术（不同种类射线，不同与物质相互作用过程，不同记录信息的方法），将在第8章做介绍。

1.4.1 射线照相法的原理

射线在穿透物体过程中会与物质发生相互作用,因吸收和散射而使其强度减弱。强度衰减程度取决于物质的衰减系数和射线在物质中穿越的厚度。如果被透照物体(试件)的局部存在缺陷,且构成缺陷的物质的衰减系数又不同于试件,该局部区域的透过射线强度就会与周围产生差异。把胶片放在适当位置使其在透过射线的作用下感光,经暗室处理后得到底片。底片上各点的黑化程度取决于射线照射量(又称曝光量,等于射线强度乘以照射时间),由于缺陷部位和完好部位的透射射线强度不同,底片上相应部位就会出现黑度差异。底片上相邻区域的黑度差定义为"对比度"。把底片放在观片灯光屏上借助透过光线观察,可以看到由对比度构成的不同形状的影像,评片人员据此判断缺陷情况并评价试件质量。

对缺陷引起的射线强度变化情况可作定量分析如图1—28所示,在试件内部有一小缺陷,试件厚度为 T,线衰减系数为 μ;缺陷在射线透过方向的尺寸为 ΔT,线衰减系数为 μ';入射线强度为 I_0,一次透射射线强度分别是 I_p(完好部位)和 I_p'(缺陷部位),散射比为 n,透射射线总强度为 I,则由1.3节可知,有:

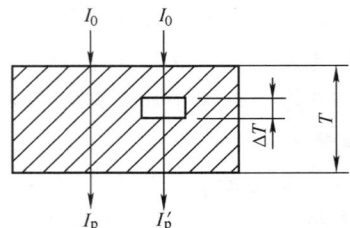

图1—28 射线检测基本原理

$$I = (1+n)I_0 e^{-\mu T} \tag{1}$$

$$I_p = I_0 e^{-\mu T} \tag{2}$$

$$I_p' = I_0 e^{-\mu(T-\Delta T) - \mu'\Delta T} \tag{3}$$

$$\Delta I = I_p' - I_p = I_0 e^{-\mu T}(e^{(\mu-\mu')\Delta T} - 1) \tag{4}$$

ΔI 为缺陷与其附近的辐射强度差值,I 为背景辐射强度,取两者之比即(4)/(1)得:

$$\frac{\Delta I}{I} = \frac{e^{(\mu-\mu')\Delta T} - 1}{1+n} \tag{5}$$

而 $e^{(\mu-\mu')\Delta T}$ 可展为级数:

$$e^{(\mu-\mu')\Delta T} = 1 + (\mu-\mu')\Delta T + \frac{[(\mu-\mu')\Delta T]^2}{2!} + \cdots + \frac{[(\mu-\mu')\Delta T]^n}{n!}$$

近似取级数前两项代入(5),得:

$$\frac{\Delta I}{I} = \frac{(\mu-\mu')\Delta T}{1+n} \tag{1—33}$$

如果缺陷介质的 μ' 值与 μ 相比极小,则 μ' 可以忽略(例如 μ 为钢的衰减系数,而 μ' 为空气的衰减系数),式(1—33)可写作:

$$\frac{\Delta I}{I} = \frac{\mu\Delta T}{1+n} \tag{1—34}$$

因为射线强度差异是底片产生对比度的根本原因,所以把 $\Delta I/I$ 称为主因对比度。由式(1—34)可以看出,影响主因对比度的因素是透照厚度、线衰减系数和散射比。

1.4.2 射线照相法的特点

　　射线照相法在锅炉、压力容器的制造检验和在用检验中得到广泛的应用，它的检测对象是各种熔化焊接方法（电弧焊、气体保护焊、电渣焊、气焊等）的对接接头。也能检查铸钢件，在特殊情况下也可用于检测角焊缝或其他一些特殊结构试件。它一般不适宜钢板、钢管、锻件的检测，也较少用于钎焊、摩擦焊等焊接方法的接头的检测。

　　射线照相法用底片作为记录介质，可以直接得到缺陷的直观图像，且可以长期保存。通过观察底片能够比较准确地判断出缺陷的性质、数量、尺寸和位置。

　　射线照相法容易检出那些形成局部厚度差的缺陷。对气孔和夹渣之类缺陷有很高的检出率，对裂纹类缺陷的检出率则受透照角度的影响。它不能检出垂直照射方向的薄层缺陷，例如钢板的分层。

　　射线照相所能检出的缺陷高度尺寸与透照厚度有关，可以达到透照厚度的1%，甚至更小。所能检出的长度和宽度尺寸分别为毫米数量级和亚毫米数量级，甚至更小。

　　射线照相法检测薄工件没有困难，几乎不存在检测厚度下限，但检测厚度上限受射线穿透能力的限制。而穿透能力取决于射线光子能量。420 kV 的 X 射线机能穿透的钢厚度约 80 mm，$Co60\gamma$ 射线穿透的钢厚度约 150 mm。更大厚度的试件则需要使用特殊的设备——加速器，其最大穿透厚度可达到 400 mm 以上。

　　射线照相法几乎适用于所有材料，在钢、钛、铜、铝等金属材料上使用均能得到良好的效果，该方法对试件的形状、表面粗糙度没有严格要求，材料晶粒度对其不产生影响。

　　射线照相法检测成本较高，检测速度较慢。射线对人体有伤害，需要采取防护措施。

第 2 章 射线检测的设备和器材

2.1 X 射线机

X 射线机是高电压精密仪器，为了正确使用和充分发挥仪器的功能，顺利完成射线照相工作，应了解和掌握它的原理、结构及使用性能。

2.1.1 X 射线机的种类和特点

1. X 射线机的分类

工业检测用的 X 射线机按照其结构、使用功能、工作频率及绝缘介质种类等可以分为以下几种：

（1）按结构划分

1）携带式 X 射线机　这是一种体积小、质量轻、便于携带、适用于高空和野外作业的 X 射线机。它采用结构简单的半波自整流线路，X 射线管和高压发生部分共同装在射线机头内，控制箱通过一根多芯的低压电缆将其连接在一起，其构成如图 2—1 所示。

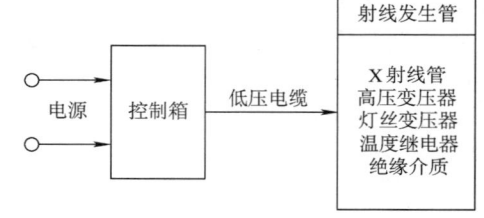

图 2—1　携带式 X 射线机结构图

2）移动式 X 射线机　这是一种体积和质量都比较大，安装在移动小车上，用于固定或半固定场合使用的 X 射线机。它的高压发生部分（一般是两个对称的高压发生器）和 X 射线管是分开的，其间用高压电缆连接，为了提高工作效率，一般采用强制油循环冷却，其构成如图 2—2 所示。

（2）按使用性能划分

1）定向 X 射线机　这是一种普及型、使用最多的 X 射线机，其机头产生的 X 射线辐射方向为 40°左右的圆锥角，一般用于定向单张摄片。

2）周向 X 射线机　这种 X 射线机产生的 X 射线束向 360°方向辐射，主要用于大口径管道和容器环焊缝摄片。

3）管道爬行器　这是为了解决很长的管道环焊缝摄片而设计生产的一种装在爬行装置上的 X 射线机。该机在管道内爬行时，用一根长电缆提供电力和传输控制信号，利用焊缝外放置的一个小同位素 γ 射源确定位置，使 X 射线机在管道内爬行到预定位置进行摄片。

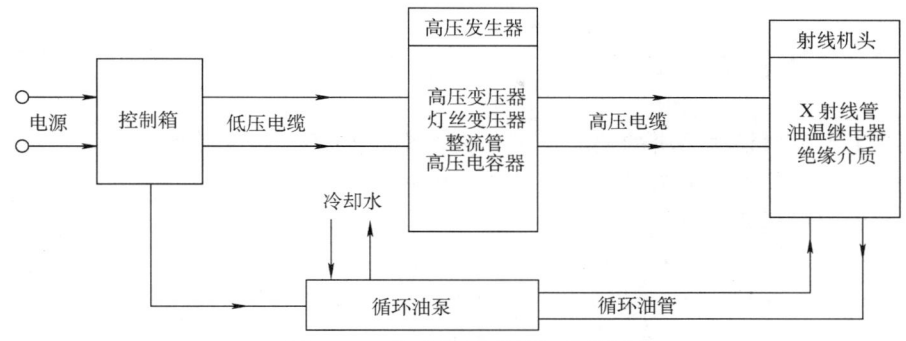

图 2—2　移动式 X 射线机结构图

（3）按频率划分　按供给 X 射线管高压部分交流电的频率划分，可分为工频（50～60 Hz）X 射线机、变频（300～800 Hz）X 射线机以及恒频（约 200 Hz）X 射线机。在同样电流、电压条件下，恒频机穿透能力最强、功耗最小、效率最高，变频机次之，工频机较差。

（4）按绝缘介质种类划分　可分为绝缘介质为变压器油的油绝缘 X 射线机和绝缘介质为 SF_6 的气绝缘 X 射线机。

2. 携带式 X 射线机的技术进展

携带式 X 射线机的技术发展主要在机头小型化、轻量化、操作自动化和使用可靠性等方面。

(1) 射线机头的小型化和轻量化

1）用 SF_6 气体代替变压器油，不仅大大减轻了绝缘介质的质量，而且由于 SF_6 的绝缘性能优于变压器油，使得高压元件之间的绝缘距离缩短，从而减小了机头尺寸。

2）提高 X 射线管的工作频率，可减小变压器的铁心尺寸，使高压变压器的质量减轻，同时还提高了 X 射线管的输出强度。

3）在满足 X 射线机散射剂量的规定的前提下，对机头筒体、射线窗口等不同位置的屏蔽采用局部衬不同厚度的铅板的方法，亦可减轻机头质量。

4）缩小 X 射线管的尺寸，用金属陶瓷管代替玻璃管，并采用阳极接地电路，整机尺寸可相应缩小。

由于采取以上有效措施，变频和恒频气绝缘 X 射线机的机头质量比老式的工频油绝缘 X 射线机的机头质量可减轻 1/3～1/2，而穿透能力却有所提高。

(2) 提高操作自动化程度和使用可靠性　将计算机技术应用于 X 射线机的操作，可进一步提高操作过程的自动化程度，如安装计算机操作系统，实现自动试机、间隙休息、按给定的曝光条件工作等多种功能。采用了语言报警提示，各部分工作参数用中文、数字和波形显示，并能一机通用，自动识别不同型号的射线机头等功能。此外，还研制了一种曝光计时器，即用一种外形尺寸为 500 mm×120 mm×80 mm 的软垫电离器（后面有 1 mm 厚的铅板防止背向散射的干扰），把它放在被检试件后面，紧靠暗袋，接受穿透工件后的 X 射线，产生相应的电信号达到规定量后，反馈到控制箱切断高压，从而有效地控制胶片接受的射线剂量，保证底片的黑度达到同一性。

2.1.2 X射线管

X射线管是X射线探伤机的核心部件,熟悉它的内部结构和技术性能,有助于检测人员正确使用和操作X射线探伤设备,延长其使用寿命。

1. X射线管的结构和种类

(1) 普通X射线管的结构 普通X射线管的基本结构是一个真空度为 $1.33\times10^{-4}\sim1.33\times10^{-5}$ Pa ($10^{-6}\sim10^{-7}$ mmHg) 的二极管,由阴极(即灯丝)、阳极(即金属靶)和保持其真空度的玻璃外壳构成,如图2—3所示。

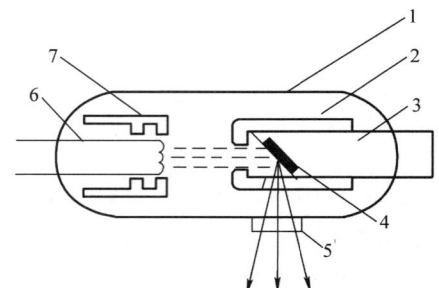

图2—3 X射线管示意图
1—玻璃外壳 2—阳极罩 3—阳极体
4—阳极靶 5—窗口 6—灯丝 7—阴极罩

1) 阴极 X射线管的阴极是发射电子和聚集电子的部件,由发射电子的灯丝(一般用钨制作)和聚集电子的凹面阴极头(用铜制作)组成。阴极形状可分为圆焦点和线焦点两大类:圆焦点阴极的灯丝绕成平面螺旋形,装在井式凹槽阴极头内;线焦点阴极的灯丝绕成螺旋管形,装在阴极头的条形槽内,如图2—4所示。

有的X射线管阴极头有两组灯丝,可产生两个大小不同的焦点,通过电流也不一样,以适合不同的用途。

阴极的工作过程是:当阴极通电后,灯丝被加热、发射电子,阴极头上的电场将电子聚集成一束。在X射线管两端高压所建立的强电场作用下,电子飞向阳极,轰击靶面,产生X射线。

2) 阳极 X射线管的阳极是产生X射线的部分,由阳极靶、阳极体和阳极罩三部分构成,如图2—5所示。

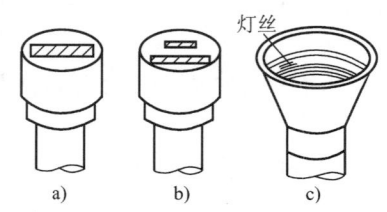

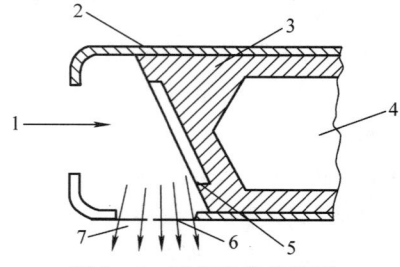

图2—4 X射线管的阴极
a) 线焦点阴极 b) 双线焦点阴极 c) 圆焦点阴极

图2—5 X射线管的阳极
1—电子入射方向 2—阳极罩 3—阳极体
4—冷却油空腔 5—阳极靶 6—窗口 7—射线束

由于高速运动的电子撞击阳极靶时只有约1%的动能转换为X射线,其他绝大部分均转化为热能,使靶面温度升高,同时X射线的强度与阳极靶材的原子序数有关,所以一般工业用X射线管的阳极靶常选用原子序数大、耐高温的钨来制造,软X射线管则选用钼靶。

阳极体的作用是支承靶面,传送靶上的热量,避免钨靶烧坏,因此,阳极体采用热导率大的无氧铜制成。

从阴极飞出的电子在撞击阳极靶时，会产生大量的二次电子，如落到 X 射线管的玻璃壳内壁上使玻璃壳带电，将对飞向阳极的电子束产生不良影响，用铜制的阳极罩可以吸收这些二次电子，从而防止这种影响。阳极罩的另一作用是吸收一部分散乱射线。

在阳极罩正对靶面的斜面处开有能使 X 射线通过的窗口，其上常装有几毫米厚的铍。

由于 X 射线管能量转换率很低，电子的能量约有 99% 转换为热能传给阳极靶，因此，X 射线管工作时阳极的冷却十分重要。如冷却不及时，阳极过热会排出气体、降低管子的真空度，严重过热可使靶面熔化以至龟裂脱落，使整个管子不能工作。

X 射线管的冷却方式一般有以下三种：

①辐射散热式　这种 X 射线管的阳极体是实心的，阳极体尾部伸到管壳外，其上装有金属辐射散热片，作用是增加散热面积，加快冷却速度。这种 X 射线管多用在携带式 X 射线机中，如图 2—6 所示。

②冲油冷却式　这种 X 射线管阳极体做成空腔式，可用外循环油通过阳极体的空腔直接带走靶子上产生的热量，冷却效率比较高。这种 X 射线管多用于移动式 X 射线机中，如图 2—7 所示。

图 2—6　辐射散热　　　　　　图 2—7　冲油冷却

③旋转阳极自然冷却　在大电流的医疗中用 X 射线机，常采用一种旋转阳极式的 X 射线管，其阳极端玻璃壳外有线圈作定子，阳极根部作转子，阳极制成圆盘形，边上有斜角，这种 X 射线管的阳极靶是整个圆盘的圆周。当阳极以高速旋转时，可以很快地散去被电子撞击所发生的热。由于阳极转动非常平稳，焦点可以保持形状和位置的稳定。用旋转阳极制成的 X 射线管，不但可以得到较小的焦点，而且可以通过较大的电流（可增加到静止靶所使用的电流的 10 倍以上），如图 2—8 所示。

3) 外壳　普通 X 射线管的外壳用耐高温的玻璃制成，灯丝导线从阴极端部穿过管壁引出，为了使金属和玻璃相接处不漏气，与玻璃壁接触的金属要求和玻璃有一样的膨胀系数，解决这一问题的办法是采用一种特殊的称为科瓦的铁镍钴合金。

(2) 金属陶瓷管　由于用玻璃作外壳制成的 X 射线管对过热和机械冲击都很敏感，因此，20 世纪 70 年代开发出性能优越的金属陶瓷管。这种射线管有很多特点：

1) 抗震性强，一般不易破碎。

2) 管内真空度高，各项电性能好，管子寿命长。

3) 容易焊装铍窗口。

4) 对 250 kV 以上的管子，金属陶瓷管的尺寸可以做得比玻璃管小得多。

图 2—9～图 2—11 所示为三种不同电压等级的金属陶瓷管。

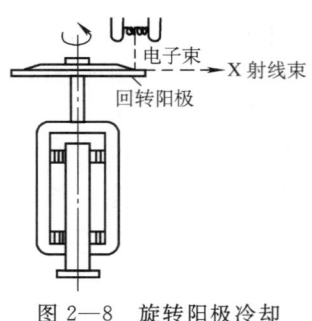

图 2—8 旋转阳极冷却

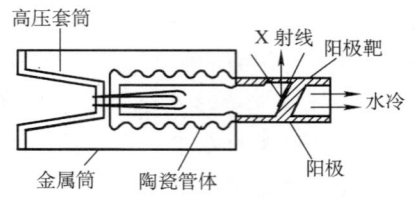

图 2—9 100～160 kV 金属陶瓷 X 射线管

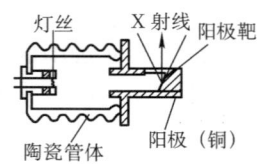

图 2—10 200～300 kV 金属陶瓷 X 射线管

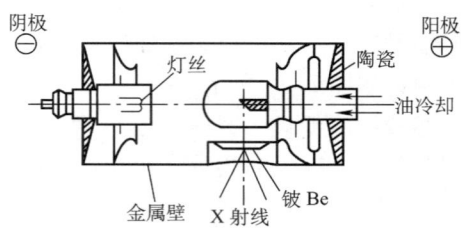

图 2—11 320～470 kV 金属陶瓷 X 射线管

（3）特殊用途的 X 射线管

1）周向辐射 X 射线管 这种 X 射线管可以通过一次曝光完成大直径筒体环焊缝整个圆周的曝光，从而大大提高了工作效率。它的阳极靶有平面阳极和锥体阳极两种。如图 2—12 所示。其中平面阳极制造容易，散热条件好，使用较多，但其射线束中心有倾角，对环焊缝纵向裂纹的检测有一定影响。

2）小焦点 X 射线管 这种 X 射线管通过圆筒式聚焦栅将灯丝发射的电子束聚成很细的一束，可获得

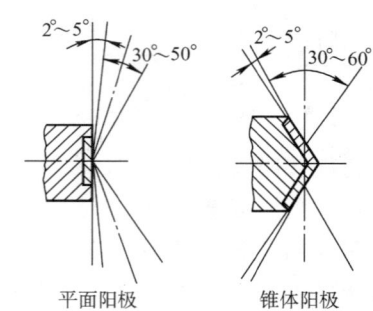

图 2—12 周向辐射 X 射线管阳极靶

小于 0.1 mm 微小焦点。在射线实时成像检测技术中为提高灵敏度，通常采用放大透照布置，这就需要小焦点 X 射线管，放大倍数的选择与 X 射线管焦点尺寸有关，射线源尺寸越小，可选用的放大倍数越大。

3）棒阳极 X 射线管 这种 X 射线管的阳极制成棒状，可伸进小直径筒内对环焊缝作周向曝光。一种典型产品的尺寸：X 射线管总长 280 mm，最大直径 100 mm，棒阳极外径 33 mm，长 49 mm，用水冷却，额定管电压 160 kV，额定管电流 6 mA。

2. X 射线管的技术性能

（1）阴极特性和阳极特性

1）阴极特性 金属热电子发射与发射体的温度关系极大。假定在一定的管电压下，X 射线管阴极发出的电子全部射到阳极上，则饱和电流密度与温度的关系（即 X 射线管的阴极特性）如图 2—13 所示。从图中可以看到，在阴极的工作温度范围内，较小的温度变化就会引起较大的电流变化。

2）阳极特性 阳极特性即 X 射线管的管电压与管电流的关系，如图 2—14 所示。从图

中可以看到，在管电压较低时（10～20 kV），X射线管的管电流随管电压增加而增大，当管电压增加到一定程度后，管电流趋于饱和从而不再增加。这说明在某一恒定的灯丝加热电流下，阴极发射的热电子已经全部到达了阳极，再增加电压亦不可能再增加管电流，也就是说，工业检测用的X射线管工作在电流饱和区。由此可知，对工作在饱和区的X射线管，要改变管电流，只有改变灯丝的加热电流（即改变灯丝的温度）。

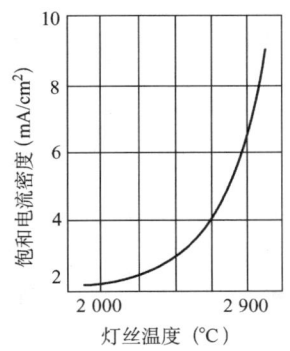

图2—13　管电流与灯丝温度的关系曲线

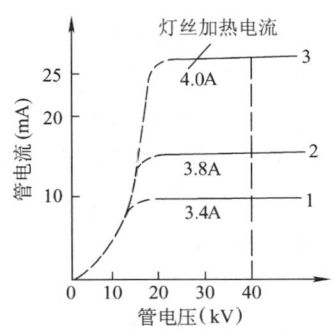

图2—14　X射线管电流与管电压关系曲线

通过对图2—13、图2—14所示两个特性曲线的分析，可以得出如下结论：X射线管的管电流和管电压在工作过程中可以相互独立进行调节。

（2）X射线管的管电压　管电压是指X射线管承载的最大峰值电压，以符号kVp表示。

必须注意的是，在修理时进行的电工测量中，表头指示的是有效值。对于正弦波，存在如下关系：

$$U_{有效值}=0.707U_{峰值}$$

例如，一额定管电压为200 kVp的X射线管折算为有效值应为200×0.707＝141.4（kV），测试中不允许超过，否则会因为击穿而损坏。

管电压是X射线管的重要技术指标，管电压越高，发射的X射线的波长越短，穿透能力就越强。在一定范围内，管电压和穿透能力有近似直线关系，如图2—15所示。

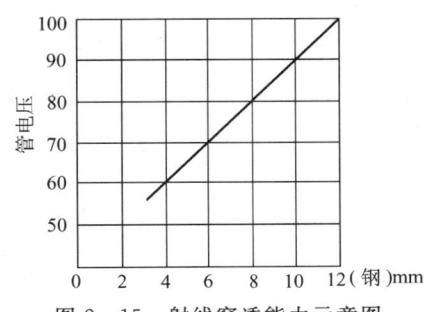

图2—15　射线穿透能力示意图

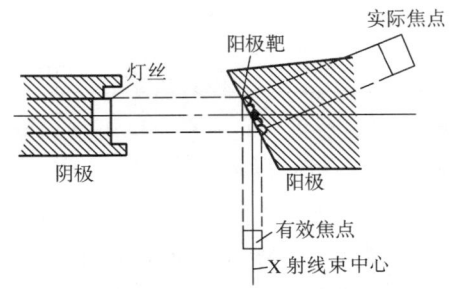

图2—16　实际焦点和有效焦点

（3）X射线管的焦点　焦点是X射线管重要技术指标之一，其数值大小直接影响照相灵敏度。

X射线管焦点的尺寸主要取决于X射线管阴极灯丝的形状和大小、阴极头聚焦槽的形状及灯丝在槽内安装的位置。此外，管电压和管电流对焦点大小也有一定影响。

阳极靶被电子撞击的部分叫做实际焦点，如图2—16所示。

焦点大，有利于散热，可承受较大的管电流；焦点小，照相清晰度好，底片灵敏度高。

实际焦点垂直于管轴线上的正投影叫做有效焦点，探伤机说明书提供的焦点尺寸就是有效焦点。它的形状有三种：即圆焦点（用直径表示）、长方形焦点［用（长＋宽）/2表示］和正方形焦点（用边长表示）。

对斜靶定向X射线管，其有效焦点面积S_o与实际焦点面积S的关系可用下式表示：

$$S_o = S \sin\alpha \tag{2—1}$$

式中　α——靶与垂直管轴线平面的夹角。

一般$\alpha=20°$，所以有近似关系：$S_o=S/3$。

有效焦点尺寸可按照JB/T 8764—1998《工业探伤用X射线管通用技术条件》规定的方法来测量。测量原理如图2—17所示。

焦点照片必须用针孔照相机拍摄，照相机包括射线机和针孔板，针孔照相如图2—18所示，其中针孔板的P、H值见表2—1。

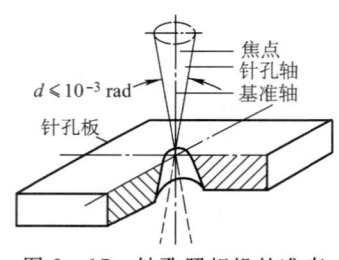

图2—17　针孔照相机的准直

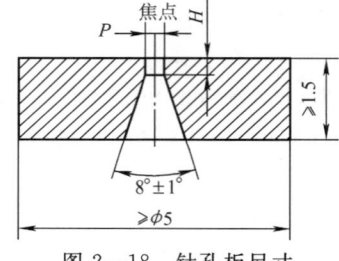

图2—18　针孔板尺寸

表2—1　　　　　　　　　　　　　针孔板尺寸　　　　　　　　　　　　　　　　　　mm

焦点标称f	尺寸	
	直径P	高度H
≤1.0	0.030±0.005	0.075±0.010
>1.1	0.100±0.005	0.500±0.010

针孔板必须用下列材料之一制造：钨、钽、含铂10%的金铂合金、含铼10%的钨铼合金、含铱10%的铂铱合金。

实测X射线管焦点时，应注意以下几方面：

1) 针孔板的入射面与焦点的距离必须使实际焦点范围内的放大倍率变化在基准方向不超过±5%，此距离不许小于100 mm。

2) 采用无增感屏的微粒胶片，胶片必须与基准方向垂直，至针孔板入射面的距离根据放大倍率按表2—2选取。

表 2—2　　　　　　　　　　焦点尺寸与放大倍率

焦点标称值 f	放大倍率 E
≤1.0	≥2
>1.1	≥1

3）测试管电压和测试管电流按表2—3所示选定。

表 2—3　　　　　　　　　实测焦点对应管电压、管电流

额定管电压 U (kV)	测试电压 (kV)	测试电流
≤75	$1U$	对应于焦点标称阳极输入功率的50%管电流
>75~150	75	对应于焦点标称阳极输入功率的50%管电流
>150~200	$U/2$	对应于焦点标称阳极输入功率的50%管电流
>200	$U/2$	额定管电流

4）按规定拍摄的焦点针孔射线照片从背面照明（最低照度215 lx）用5～10倍的内含有0.1 mm刻度的放大镜测量肉眼能看得见的边缘尺寸（对非矩形焦点应取最小外接矩形进行测量）。

5）焦点尺寸的计算

①对焦点标称值不大于3.0的焦点，用放大倍率去除测得的焦点长度和宽度值即得焦点尺寸。

②对焦点标称值大于3.0的焦点，用放大倍率去除测得的焦点长度和宽度值，线焦点的长度值。再乘以修正系数0.7即得焦点尺寸。

（4）辐射场的分布　定向X射线管的阳极靶与管轴线方向呈20°的倾角，因此，发射的X射线束有40°左右的立体锥角，随着角度不同X射线的强度有一定差异，用伦琴计测量，射线强度有如图2—19所示的分布。

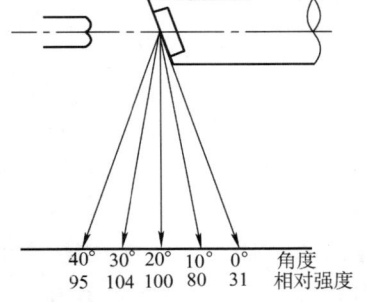

图 2—19　不同角度上X射线的强度分布

从图中可以看到，阴极侧比阳极侧射线强度高，在大约30°辐射角处射线强度最大。但实际上，由于阴极侧射线中包含着较多的软射线成分，所以对具有一定厚度的试件照相，阴极侧部位的底片并不比阳极侧更黑，利用阴极侧射线照相也并不能缩短多少时间。

（5）X射线管的真空度　X射线管必须在高真空度（10^{-6}～10^{-7} mmHg）才能正常工作，故在使用时要特别注意不能使阳极过热。

阳极金属过热时会释放气体，使X射线管的真空度降低，发生气体放电现象。气体放电会影响电子发射，从而使管电流减少。严重放电现象也可能造成管电流突增，这两种情况都可以从毫安表上看出（毫安表指针摆动，严重时指针能打到头，过流继电器动作）。最坏的后果是导致X射线管被击穿。

射线检测

高温下工作的 X 射线管实际上还存在另一种情况，就是高温金属离子也能吸收气体。当管内某些部分受电子轰击时，放出的气体立即被电离，其正离子飞向阴极，撞击灯丝所溅散的金属会吸收一部分气体。这两个过程在 X 射线管工作中是同时存在的，达到平衡时就决定了此时 X 射线管的真空度。

这就是 X 射线机训机的基本原理。对新出厂的或长期不使用的 X 射线机应经严格训机后才能使用。

X 射线管的真空度可以用"高频火花真空测试仪"检查，亦可通过冷高压试验确定其能否使用。

(6) X 射线管的寿命　X 射线管的寿命是指由于灯丝发射能力逐渐降低，射线管的辐射剂量率降为初始值的 80% 时的累积工作时限。玻璃管寿命一般不少于 400 h，金属陶瓷管寿命不少于 500 h。如果使用不当，将使 X 射线管的寿命大大降低。保证 X 射线管使用寿命的措施主要有以下几条：

1) 在送高压前，灯丝必须提前预热、活化。
2) 使用负荷应控制在最高管电压的 90% 以内。
3) 使用过程中一定要保证阳极的冷却，例如，将工作和间息时间设置为 1∶1。
4) 严格按使用说明书要求进行训机。

2.1.3　高压发生电路

高压发生电路是 X 射线管工作的基本电路。按加在 X 射线管两极上的电压波形可分为半波整流、全波整流、倍压整流和恒直流等四种；按高压变压器地电位的接法可分为阳极接地和中间接地两种。

1. 半波整流电路

(1) 半波自整流　图 2—20 所示为中间接地半波自整流电路，这是一种最简单的结构，是便携式 X 射线机普遍使用的一种电路。在这种电路中，X 射线管本身起到整流管的作用，在阳极为正的半周内，有电流通过并产生 X 射线。而阳极为负的半周内无电流通过。图 2—21 所示为半波整流电路中通过 X 射线管的电流波形。

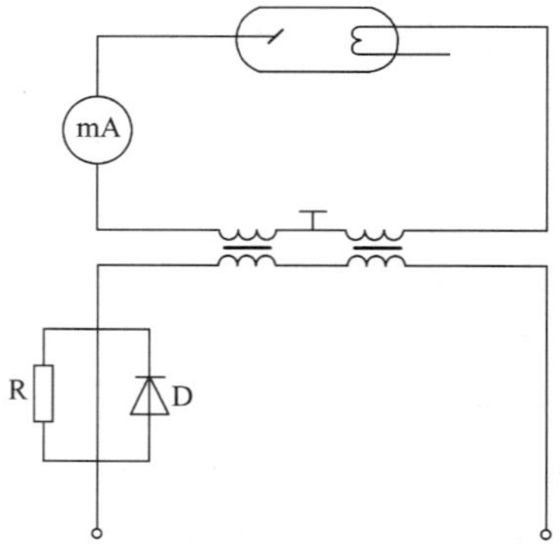

在阳极为负的半周内 X 射线管两端存在一个逆电压。如此时阳极冷却不好，会发射少量电子，在逆电压作用下形成反向电流，产生不良后果。为避免这种现象，常在一次线路上采用逆电压降低装置（R、D 电路）作部分整流，使输入电压成为不对称正弦波，如图 2—22 所示。

图 2—20　带有逆电压降低器的半波自整流线路

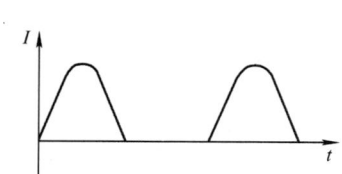

图 2—21 半波整流通过 X 射线管的电流波形

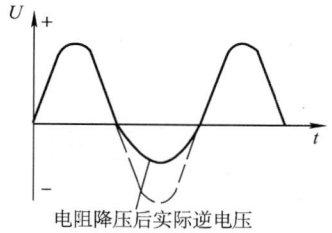

电阻降压后实际逆电压

图 2—22 半波自整流不对称波形图

从图 2—22 所示中可看到 $|U_+|>|U_-|$，通过变压器耦合加在 X 射线管两端的电压也具有上述不对称性，正半周时，电压高，X 射线管导通，产生 X 射线，负半周时，电压低，X 射线管截止。这种低电压可防止或减少反向电流的产生，X 射线管可以很安全地在这种高压自整流电路中工作。老式的油绝缘携带式 X 射线机均采用这种电路。

近年来，在气体冷却携带式 X 射线机中，往往采用阳极接地方式的自整流电路，如图 2—23 所示。

这种电路对高压变压器的绝缘性能要求较高，但因采用阳极接地，故阳极的冷却比较方便，可直接用水冷却或者强制风冷，冷却效率比中间接地要好。

（2）中间接地双管整流半波电路　中间接地双管半波整流电路如图 2—24 所示。电路中两个整流管和 X 射线管串联使用。正半周时，二极管 D1、D2 导通，X 射线管工作；负半周时，二极管 D1、D2 与 X 射线管共同承担反向电压，X 射线管约只承受原反向电压的 1/3，从而避免反向电流的出现。这种电路的优点是高压部分不受逆电压的危害。

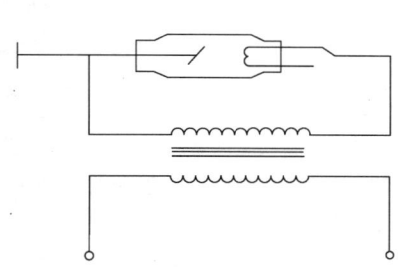

图 2—23 阳极接地自整流电路

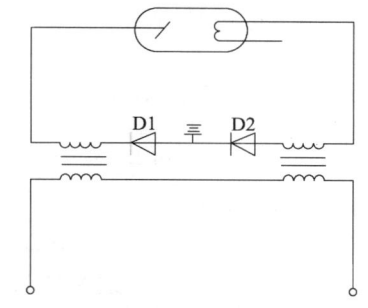

图 2—24 中间接地双管半波整流电路

2. 全波整流电路

（1）双管全波整流电路　双管全波整流电路如图 2—25 所示。该电路的特点是两个整流二极管 D1、D2 交替导通，使 X 射线管在电流正、负两个半周内都工作，大大提高了 X 射线管的工作效率，其输出剂量是半波整流电路的 2 倍。图 2—26 所示为通过 X 射线管的电流波形。

（2）四管桥式整流电路　四管桥式整流电路如图 2—27 所示。该电路的整流方法和效果与双管全波整流电路一样，其优点是由于多用了两个二极管，因此，每个整流管的耐压级别可降低一半，高压变压器的线圈匝数亦可减少一半。

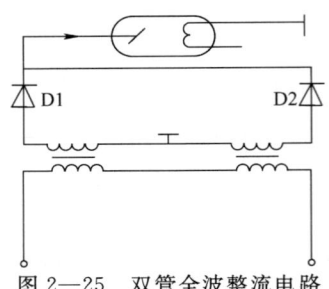

图 2—25 双管全波整流电路

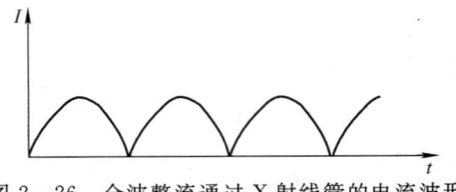

图 2—26 全波整流通过 X 射线管的电流波形

3. 倍压整流电路

图 2—28 所示为单管脉动倍压电路。这种电路的工作原理是：下半周电源 U 通过二极管 D 对电容 C 充电到 U_{max}，上半周电源 U 和电容 C 同相，叠加起来达到倍压的目的，这时 X 射线管两端相当于加上了 2U 的正高压。

图 2—29 所示为这种电路施加于 X 射线管两端的电压波形。

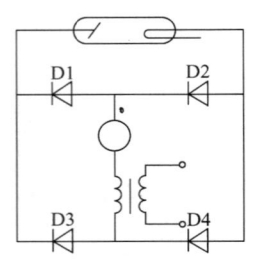

图 2—27 桥式全波整流电路

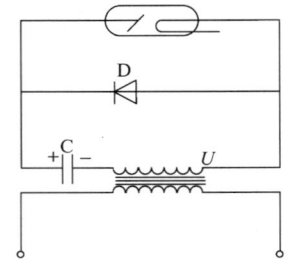

图 2—28 倍压整流电路

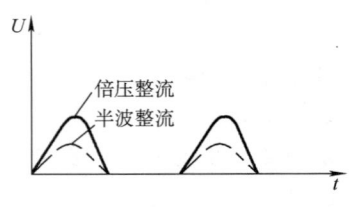

图 2—29 倍压整流施加于 X 射线管的电压波形

4. 全波倍压恒直流电路

图 2—30 所示为全波倍压恒直流电路。它的特点是由两个对称的倍压电路组成。每一部分的工作原理是：上半周电路 U 通过二极管 D1（D1′）对电容 C1（C1′）充电到峰值，下半周通过二极管 D2（D2′）对电容 C2（C2′）充电到 2U，这样 C2 和 C2′叠加起来向 X 射线管两端提供 4U 的正高压，由于电容 C、C′的容量足够大，因此，4U 相当于一个恒压源，使 X 射线管工作时所通过的直流波纹相当平稳，其输出电压波形如图 2—31 所示。这种电路在 400 kV 的大型移动式 X 射线机中较多采用。

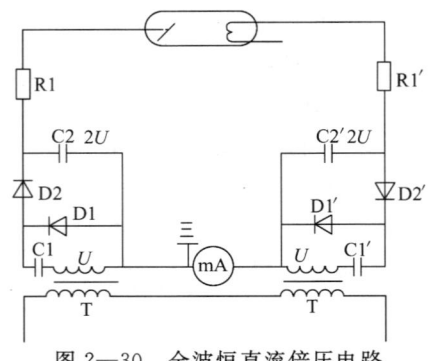

图 2—30 全波恒直流倍压电路

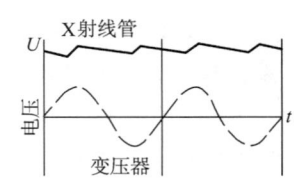

图 2—31 全波倍压恒直流施加于 X 射线管的电压波形

由上述四种电路分析可知，在全波倍压恒直流电路中 X 射线输出剂量最大，在半波整流电路中 X 射线输出剂量最小。

2.1.4　X 射线机的基本结构

一般 X 射线机的结构由四部分组成：高压部分，冷却部分，保护部分和控制部分。本节以工频 X 射线机为例做简单介绍。

1. 高压部分

X 射线机的高压部分包括 X 射线管、高压发生器（高压变压器、灯丝变压器、高压整流管和高压电容）及高压电缆等。

X 射线管已在上节详细介绍，以下介绍其他高压元件。

（1）高压发生器

1）高压变压器　高压变压器的作用是将几百伏的低电压通过变压器提升到 X 射线管工作所需的高电压。它的特点是功率不大（约几千伏安），但输出电压却很高，达几百千伏，因此，高压变压器二次匝数多，线径细。这就要求高压变压器的绝缘性能要好、即使温升较高也不会损坏。

高压变压器的铁心一般用磁导率高的冷轧硅钢片叠成口字形和日字形。绕组选用含杂质少的高强漆包线，层间绝缘材料一般用多层电容纸（对气绝缘 X 射线机则多用聚酯薄膜或热性能更好的聚亚胺薄膜），绕制时要十分注意匝间和层间的绝缘，不得混入灰尘和污物，绕制好的变压器需经真空干燥处理后再使用。

2）灯丝变压器　X 射线机的灯丝变压器是一个降压变压器，其作用是把工频 220 V 电压降到 X 射线管灯丝所需要的十几伏电压，并提供较大的加热电流（约为十几安）。由于灯丝变压器的二次绕组在高压回路里，和 X 射线管的阴极连在一起，所以要采取可靠措施，确保二次绕组和一次绕组间的绝缘。工频油绝缘和恒频气绝缘 X 射线机都有单独的灯丝变压器；而变频气绝缘 X 射线机为减少质量和体积，一般没有单独的灯丝变压器，而是在高压变压器绕组外再绕 6~8 匝加热线圈来提供灯丝加热电流，其结果是灯丝加热电流随着高压变压器的一次侧电压变动而变化，射线机只有在管子上加有一定的工作电压才有管电流。该电路设计时必须妥善考虑 X 射线管的灯丝发射特性和整机工作电压及电流的相互配合。

3）高压整流管　常用的高压整流管有玻璃外壳二极整流管和高压硅堆两种，其中使用高压硅堆可节省灯丝加热变压器，使高压发生器的质量和尺寸减小。

4）高压电容　这是一种金属外壳、耐高压、容量较大的纸介电容。

携带式 X 射线机没有高压整流管和高压电容，所有高压部件均在射线机头内。移动式 X 射线机有单独的高压发生器，内有高压变压器、灯丝变压器、高压整流管和高压电容等。

（2）高压电缆　高压电缆是移动式 X 射线机用来连接高压发生器和 X 射线机头的电缆，它的构造如图 2—32 所示。

高压电缆的构造大体可以分以下几部分（见图 2—32a）：

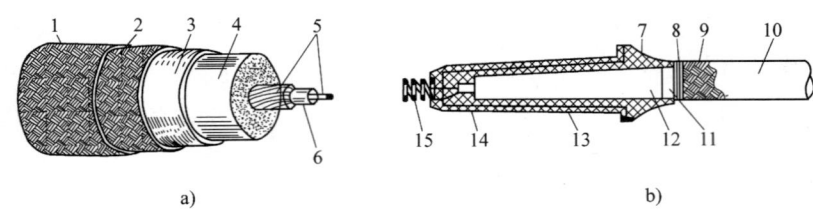

图 2—32 高压电缆的构造

a) 高压电缆解剖图　b) 高压电缆头的结构示意图

1、10—保护层（塑料或棉纱网）　2、9—接地金属网层　3—半导体橡皮层　4—主绝缘层
5—同心芯线　6—绝缘层　7—接地金属罩　8—细铜裸线　11—电缆半导体层
12—电缆主绝缘锥体　13—插头套筒　14—填充料　15—连接触头

1) 保护层　是电缆的最外层，用软塑料或黑色棉纱织物制成。

2) 金属网层　用铜、钢、锡丝多根编织，使用时接地，以保护人身安全。

3) 半导体层　在绝缘橡胶层外面紧贴的一层，外观类似橡胶层，较黑、软。有一定导电功能，可为感应电荷提供通道，消除橡胶层外表面和金属网层之间的电场，避免它们之间因存在空气而发生放电造成的绝缘层老化。

4) 主绝缘层　用来隔离芯线和金属接地网之间的高压。

5) 芯线　一般有两根同心芯线，用来传送阳极电流或灯丝加热电流，由于芯线间电压很低，故同心芯线之间的绝缘层很薄。

6) 薄绝缘层。

7) 电缆头　电缆两端的接头构造如图 2—32b 所示。

2. 冷却部分

冷却是保证 X 射线机正常工作和长期使用的关键。冷却不好，会造成 X 射线管阳极过热而损坏。还会导致高压变压器过热，绝缘性能变坏，耐压强度降低而被击穿。冷却不好还会影响 X 射线管的寿命。所以 X 射线机在设计制造时采取各种措施保证冷却效率。

油绝缘携带式 X 射线机常采用自冷方式。它的冷却是靠机头内部温差和搅拌油泵使油产生对流带走热量，再通过壳体把热量散发出去。

气体冷却 X 射线机用六氟化硫（SF_6）气体作绝缘介质，由于采用了阳极接地电路，X 射线管阳极尾部可伸到机壳外，其上装散热片，并用风扇进行强制风冷。其构造如图 2—33 所示。

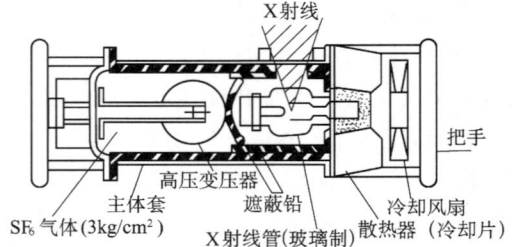

图 2—33　阳极接地气体冷却 X 射线机

移动 X 射线机多采用循环油外冷方式。X 射线管的冷却有单独用油箱，以循环水冷却油箱内的变压器油，再用一油泵将油箱内的变压器油按一定流量注入 X 射线管阳极空腔内冷却靶子，将热量带走，冷却效率较高，其冷却系统由七部分组成：

(1) 冷却水管；

(2) 冷却油管；

(3) 冷却油箱；

(4) 搅拌油泵；

(5) 循环油泵；

(6) 油泵电动机；

(7) 保护继电器（油压和水压开关）。

3. 保护部分

各种电气设备都有保护系统，X 射线机的保护系统主要有：①每一个独立电路的短路过流保护；②X 射线管阳极冷却的保护；③X 射线管的过载保护（过流或过压）；④零位保护；⑤接地保护；⑥其他保护。

(1) 独立电路的短路过流保护　熔丝是最常用的短路过流保护元件，一般串接在电路末端，当流过熔丝的电流超过其额定值时，由于过热而熔化断开，使该电路断电起到保护作用。如目前常用的气体绝缘携带式 X 射线机一般在主电路接一个 15～20 A 的熔丝，在低压电路接一个 2～3 A 的熔丝。

(2) X 射线管阳极冷却的保护　X 射线管阳极冷却的各种保护如图 2—34 所示。

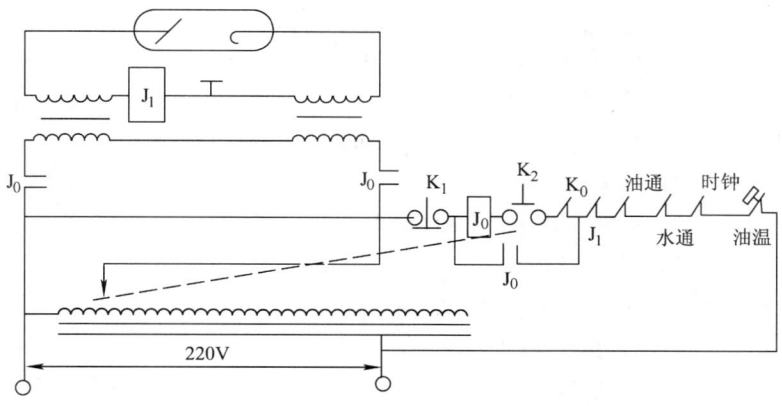

图 2—34　X 射线机保护回路原理图

1) 温控开关　温控开关通常用一种双金属片制成，整定值一般为 (60±5)℃，安放位置在射线机头内和循环油箱内，当温度超过整定值后，会自动切断保护回路，使高压断开。

2) 水通、油通开关　移动式 X 射线机有单独的循环油（水）冷却系统，为保证该系统可靠工作，一般在水管进口处和油箱的回油管口处安有水压和油压开关，当水或者油循环不正常时，这种压力开关自动打开，切断保护回路，使高压断电。

(3) 过载保护　X 射线管的过载保护主要指 X 射线管的管电流超过额定值后的自动保护。一般在高压电路内安装有过流继电器，当管电流超过额定值时过流继电器动作，其常闭接点断开，切断回路，保护 X 射线管不受损坏。

(4) 零位保护　用自耦变压器调高压的 X 射线机，在自耦变压器的起始位置安装了一个零位接触器,它的作用是确保X射线管加高压必须从很低的电压开始,起到保护X射线管的作用。

时间继电器的指针为倒计时行走,在其零点位置往往也安装一个时钟零位开关,以保证曝光结束时,自动切断高压。

(5) 接地保护　主要是对控制箱的外壳进行可靠接地,防止漏电和高压感应电对人体的伤害。

(6) 其他保护　用 SF_6 气体作绝缘介质的 X 射线机,为保证气体的绝缘性能满足要求,在机头内还要装一个气压开关,当 SF_6 气体的压力低于 0.34 MPa 时,气压开关会自动断开,切断高压。

4. 控制部分

控制系统是指X射线管外部工作条件的总控制部分,主要包括管电压的调节、管电流的调节以及各种操作指示。

(1) 管电压调节　X射线机管电压调节一般是通过调整高压变压器的初级侧并联的自耦变压器的电压来实现的,如图 2—35 所示。

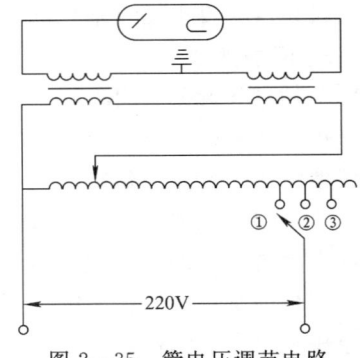

图 2—35　管电压调节电路

自耦变压器一次侧抽三个头和电源电压 220 V 连接,这三个抽头可适应电源电压在 10% 范围内变动,当电源电压高于 220 V 时,用抽头③;当电源电压低于 220 V 时用抽头①;当电源电压 220 V 左右时则用抽头②。自耦变压器的二次侧是和高压变压的初级并联的,滑动触点通过一个炭刷紧压在圆形绕组上,可连续调节炭刷位置从零电压到规定值。

(2) 管电流调节　X射线管管电流调节是通过调节灯丝加热电流 A 来实现的(见图 2—36)。

在灯丝变压器的一次电路内串联一个可调电阻 R1,改变该电阻值的大小,可调节灯丝的加热电流(即调节管电流)。图中 R2 的作用是限制X射线管的起始电流。

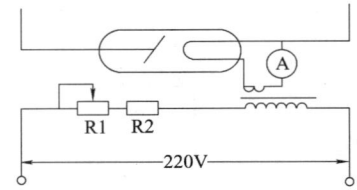

图 2—36　灯丝加热调节电路

(3) 操作指示部分　X射线机的操作指示部分包括:控制箱上的电源开关,高压通断开关,电压、电流调节旋钮,电流、电压指示表头,计时器,各种指示灯等。

2.1.5　X射线机的主要技术条件

X射线机的主要技术条件包括对X射线机的电气性能要求和使用性能要求。

1. 电气性能的一般要求

(1) 输入电流电压波动不应超过额定值±10%,输出电压波动应不大于±2%。

(2) 计时器误差应在 5% 之内。

(3) 温度继电器的整定值为 (60±5)℃。

(4) 低压电路绝缘电阻应大于 2 MΩ。

(5) X射线机应有保护接地,接地电阻不大于 0.5 Ω。

(6) 气绝缘机机头内 SF$_6$ 气压低于 0.34 MPa（20℃）时高压应断开。

(7) 有过压、过流保护装置，超过规定值时，高压应断开。

2. 使用性能的一般要求

(1) X 射线机穿透能力不低于规定值，见表 2—4。

表 2—4　　　　　　　　　　X 射线机穿透力

管电压（kV）		150	200	250	300
管电流（mA）		5	5	5	5
穿透力（钢，mm）	定向机	≥19	≥29	≥39	≥50
	周向机	≥12 锥靶	≥27（平靶）	≥37（平靶）	≥47（平靶）
			≥24（锥靶）	≥34（锥靶）	≥40（锥靶）

(2) 透照灵敏度应不低于 1.8%（对 Q235 钢）。

(3) 产生的 X 射线应在辐射范围内，辐射场不允许有缺圆。周向机辐射场应均匀，中心平面内黑度差小于 0.4，辐射角偏差的规定值±5°。

(4) 允许漏射线剂量率见表 2—5。

表 2—5　　　　　　　　　　允许漏射线剂量率

管电压（kV）	<150	150~200	>200
距焦点 1 m 处泄漏空气比释动能率	≤1 mGy/h	≤2.5 mGy/h	≤5 mGy/h

漏射线剂量率的测试可按图 2—37 规定的方位进行测定。

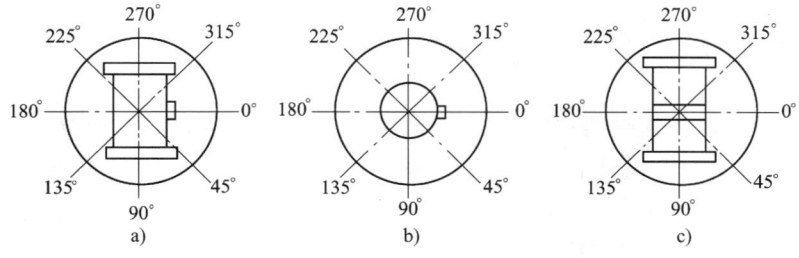

图 2—37　漏射线剂量率测试

a）定向机管头纵向测试方位　b）定向机管头横向测试方位　c）周向机管头测试方位

用不小于表 2—6 规定的铅当量的铅罩屏蔽 X 射线窗口，把剂量计放在距管头 1 m 处测取读数。

表 2—6　　　　　　　　　屏蔽 X 射线窗口铅罩的铅当量

额定管电压（kV）	100	150	200	250	300	350	400
铅当量（mmPb）	1.4	2.1	3.6	6.3	9.3	11.8	14.0

2.1.6　X射线机的使用与维护

正确使用和及时维护X射线机可以延长其使用寿命。

1. X射线机操作程序

各种型号的X射线机控制部分的电路原理有很大差别，它们的操作程序应按设备说明书的要求进行。通常的操作程序为：

（1）通电前准备

1）用电源线、电缆线将控制箱、机头、高压发生器以及冷却系统等可靠连接，保证插头接触良好。

2）检查使用电源电压是否为220 V。

3）控制箱可靠接地。

（2）通电后检查　接通电源后，控制箱面板上的电源指示灯亮，冷却系统开始工作（油绝缘机的油泵工作，气绝缘机的机头风扇转动）。

（3）曝光准备　油绝缘机"kV""mA"调到零位，"时间"调到预定位置，气绝缘机"kV""时间"预置到规定位置。

（4）曝光　按下"高压"通开关，红灯亮，表示高压已接通。

1）对油绝缘机，均匀调节"kV""mA"到规定值。对气绝缘机，调节"kV"到预定值。

2）冷却系统必须可靠工作。

（5）曝光结束

1）对油绝缘机，当蜂鸣器响，应均匀调节"kV""mA"回零，红灯灭，高压切断，时间复位。

2）对气绝缘机，当蜂鸣器响，"kV""mA"灯灭，高压切断，时间复位。

（6）曝光过程　如发现异常，可按下"高压"断开关，切断高压，分析原因后再考虑是否继续进行操作。

2. X射线机使用的注意事项

（1）认真训机　不是连续使用的X射线机都必须按说明书要求进行逐步升高电压的训练，这一过程称之为训机。

训机的方法原则上按说明书要求进行。一般玻璃管X射线机，训机可以从额定管电压的1/3开始，电流从2～3 mA开始，逐步将电压、电流升高达到额定值，在升高压过程中要密切注意电流的变化，如"mA"不稳定，则应降低管电压重新训练，如反复数次仍然不行，则说明该X射线管真空度不良，已不能使用。

管电压的增加速度与停用时间关系见表2—7。

表 2—7　　　　　　　　　　玻璃管训机升压速度规定

停用时间	8～16 h	2～3 天	3～21 天	21 天以上
升压速度	10 kV/30 s	10 kV/60 s	10 kV/2.5 min	10 kV/5 min

金属陶瓷管 X 射线机对训机的要求更加严格,这种 X 射线机控制部分一般都装了延时线路、自动训机线路等,如不按要求进行训机,则高压送不上。其训机规定见表 2—8（250 kV 机）。

表 2—8　　　　　　　　　　金属陶瓷管训机规定

终止使用时间	训机方法
1 天	只需自动训机到使用电压值,若使用电压较前一天高,可自动训机至前一天值后手动按 10 kV/min 升至使用值
2～7 天	手动训机,从最低值开始,按 10 kV/min 升至最高值（到 210 kV 时,需休息 5 min,然后继续训练）。训练完毕,放置在使用值上
7～30 天	手动训机,从最低值开始,每 5 min 升一级,至最高值。每训机 10 min,休息 5 min
30～60 天	手动训机,从最低值开始,每 5 min 升一级,至最高值,每升一级休息 5 min
60 天以上	按上述方法进行,但需增加休息时间和训练次数

(2) 可靠接地　X 射线机是高电压设备,为避免漏电和感应电的影响,控制箱和高压发生器都应可靠接地。

携带式 X 射线机由于工作场所是流动的,无法固定接地,因此,要采用临时接地措施,常用的方法是利用工作场所附近的接地体,亦可采用一根不小于 $\phi 10 \text{ mm} \times 300 \text{ mm}$ 的接地棒,打入土中 250 mm 深（选择较潮湿的地方）便能满足要求。对变频气冷式 X 射线机,严禁用电焊机地线作接地体,因为在电焊机引弧时,可能会发生高频感应电串入击穿控制箱内的半导体元件的事故,造成不必要的损失。

移动式 X 射线机一般应采用固定接地,可参照电气设备接地要求去做,接地电阻应小于 0.5Ω。

(3) 检查电源波动值　电源电压应符合该 X 射线机说明书的要求,其波动值不得超过 $\pm 10\%$ 的额定电压,必要时应加调压器或稳压电源,以保证 X 射线机正常工作。

(4) 提前预热　X 射线机送高压前,灯丝要提前预热 2 min 以上,这对延长 X 射线管使用寿命影响很大。

(5) 全过程冷却　X 射线机在工作过程中要可靠冷却,油绝缘机主要检查循环油泵,冷却水是否正常,气体绝缘机检查机头上的冷却风扇是否工作。

(6) 间息时间　X 射线机一般要求按 1∶1 工作和休息,确保 X 射线管充分冷却,防止过热。

3. X 射线机的维护和保养

为了减少 X 射线机使用故障,应做经常性的维护和保养工作。

(1) X 射线机应摆放在通风干燥处,切忌潮湿、高温、腐蚀等环境,以免降低绝缘性能。

(2) 运输时要采取防震措施，避免因剧烈震动而造成接头松动、高压包移位、X射线管破损等。

(3) 保持清洁，防止尘土、污物造成短路和接触不良。

(4) 保持电缆头接触良好，如因使用时间过长，磨损松动、接触不良，则应及时更换。

(5) 经常检查机头是否漏油（窗口处有气泡）、漏气（压力表示值低于0.34 MPa），应注意及时予以补充，确保绝缘性能满足要求。

2.2 γ射线机

2.2.1 γ射线源的主要特性参数

放射性同位素有2 000多种，但只有那些半衰期较长、比活度较高、能量适宜、取之方便和价格便宜的同位素才适用于检测。目前工业射线照相常用的放射性同位素及其特性参数见表2—9。

表2—9　　　　　　　　　常用γ射线源的特性参数

γ射线源		Co60	Cs137	Ir192	Se75	Tm170	Yb169
主要能量（MeV）		1.17, 1.33	0.661	0.296, 0.308, 0.346, 0.468	0.121, 0.136, 0.265, 0.280	0.084, 0.052	0.063 1, 0.12, 0.193, 0.309
平均能量（MeV）		1.25	0.661	0.355	0.206	0.072	0.156
半衰期		5.27年	33年	74天	120天	128天	32天
K_r常数	$[R \cdot m^2/(h \cdot Ci)]$	1.32	0.32	0.472	0.204	0.001 4	0.125
	$[C \cdot m^2/(kg \cdot h \cdot Bq)]$	9.2×10^{-15}	2.23×10^{-15}	3.29×10^{-15}	1.39×10^{-15}	$0.009\ 7 \times 10^{-15}$	0.87×10^{-15}
比活度		中	小	大	中	大	小
透照厚度（钢mm）		40~200	15~100	10~100	5~40	3~20	3~15
价格		高	高	较低	较高	中	中

放射性活度定义为γ射线源在单位时间内发生的衰变数，单位是贝可（贝可勒尔），符号是Bq。1 Bq表示在1 s的时间内有1个原子核发生衰变。原用的活度单位是居里，符号是Ci，两者的换算关系为：1 Bq=2.7×10^{-11} Ci, 1 Ci=3.7×10^{10} Bq。

对同一种γ射线源，放射性活度大的源在单位时间内将辐射更多的γ射线。但对不同的γ射线源，即使放射性活度相同，也并不表示它们在单位时间内辐射的γ射线光量子数目相同，这是因为，不同的放射性同位素在一个核的衰变中放出的γ射线光量子数目可以不同。例如，Co60 γ射源的每一个核衰变放出2个能量不同的光子，而Tm170衰变时，却不是每个核的衰变都放出γ射线光子，只有总衰变数的8%产生γ射线。所以，放射性活度并不等于γ射线源的强度，但两者存在一定的关系。因此，同一种放射性同位素源，放射性活度大的源其辐射的γ射线强度也大；但对非同种放射性同位素的源则不一定。

放射性比活度定义为单位质量放射源的放射性活度，单位是贝可/克，符号为Bq/g。比活度不仅表示放射源的放射性活度,而且表示了放射源的纯度。实际上,任何 γ 射线源中总伴有一些杂质,不可能完全由放射性核素组成,因此,比活度更能表明 γ 射线源的品质。比活度大意味着在相同活度条件下,该种放射性同位素的源尺寸可以做得更小一些。

2.2.2 γ 射线探伤设备的特点

1. γ 射线探伤设备的优点

(1) 探测厚度大,穿透能力强。对钢工件而言,400 kVX 光机最大穿透厚度仅为 100 mm 左右,而 Co60γ 射线探伤机最大穿透厚度可达 200 mm。

(2) 体积小,质量轻,不用水、电,特别适用于野外作业和在用设备的检测。

(3) 效率高,对环缝和球罐可进行周向曝光和全景曝光。同 X 射线机相比大大提高效率。

(4) 可以连续运行,且不受温度、压力、磁场等外界条件影响。

(5) 设备故障率低,无易损部件。

(6) 与同等穿透力的 X 射线机相比,价格低。

2. γ 射线探伤设备的缺点

(1) γ 射线源都有一定的半衰期,有些半衰期较短的射源,如 Ir192 更换频繁,给使用带来不便。

(2) 辐射能量固定,无法根据试件厚度进行调节,当穿透厚度与能量不适配时,灵敏度下降较严重。

(3) 放射强度随时间减弱,无法进行调节,当源强度较小时,曝光时间过长会感到不方便。

(4) 固有不清晰度比 X 射线大,用同样的器材及透照技术条件,其灵敏度低于 X 射线机。

(5) 对安全防护要求高,管理严格。

2.2.3 γ 射线探伤设备的分类与结构

1. γ 射线探伤设备分类

按所装放射性同位素不同,可分为 Co60γ 射线探伤机、Cs137γ 射线探伤机、Ir192γ 射线探伤机、Se75γ 射线探伤机、Tm170γ 射线探伤机及 Yb169γ 射线探伤机。

按机体结构可分为直通道形式和"S"通道形式。

按使用方式可分为便携式(一个人可单独携带)、移动式(能以适当专用设备移动但不是手提式的)、固定式(固定安装或只能在特定工作区作有限移动)及管道爬行器。

工业 γ 射线探伤主要使用便携式 Ir192γ 射线探伤机、Se75γ 射线探伤机和移动式 Co60γ 射线探伤机;Tm170γ 射线探伤机和 Yb169γ 射线探伤机在轻金属及薄壁工件的探伤具有优势;管道爬行器则专用于管道的对接环焊缝检测。

2. γ射线探伤设备的结构

γ射线探伤设备大体可分为五个部分：源组件、探伤机机体、驱动机构、输源管和附件。

（1）源组件　源组件由放射源物质、包壳和辫子组成。放射源物质装入源包壳内，包壳采用内外两层，里层是铝包壳，外层是不锈钢包壳，并通过等离子焊封口。源包壳可防止放射性污染的扩散。源包壳与源辫子连接多采用冲压方式，可以承受很大的拉力（见图2—38）。

（2）探伤机机体　γ射线机体最主要部分是屏蔽容器，其内部通道设计有"S"形弯通道型和直通道型两种。

所谓"S"通道设计是指其屏蔽材料内通道形状为"S"形，其机体结构如图2—39所示。这种装置是基于辐射是以源为始点以直线向外传播的原理设计的。因为屏蔽体是"S"状，使得射线不能以直线路径从屏蔽体中透射出来，从而达到防护的目的。

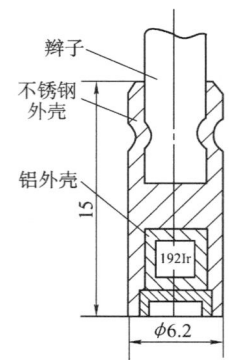

图2—38　源组件结构示意图

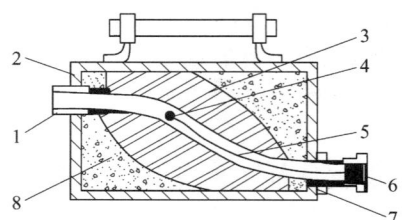

图2—39　S通道γ射线机源容器的基本结构示意图
1—快速连接器　2—外壳　3—贫化铀屏蔽层　4—γ源组件
5—源托　6—安全接插器　7—密封盒　8—聚氨酯填料

直通道型机体比"S"通道机体轻，体积也小，但由于需要解决屏蔽问题，所以结构更复杂一些。在直通道型机中，射线沿通道的泄漏是靠钨制屏蔽柱屏蔽的。前屏蔽柱装在机体内的闭锁装置中。后屏蔽柱一般两节，长50 mm，装在源组件后，与源顶辫成链式连接。由于链式连接源辫的柔韧性不如钢索，所以使用直通道型γ射线探伤机时，对输源管弯曲半径要求更大一些，一般不得小于500 mm，而"S"通道γ射线探伤机输源管弯曲半径则可小一些。

屏蔽容器一般用贫化铀材料制作而成，比铅屏蔽体的体积、质量减小许多。

γ射线机机体上设有各种安全联锁装置可防止操作错误，例如：当源不在安全屏蔽中心位置时锁就锁不上，这时需要用驱动器来调节源的位置使其到达屏蔽中心。因此，该装置能保证源始终处于最佳屏蔽位置。操作时如果控制缆与源辫未连接好，装置可保证使操作者无法将源输出，以避免源失落事故的发生。

装置采用规定程序来保证操作安全可靠，其程序过程如下：

1）只有专用钥匙才能打开安全锁。
2）只有打开安全锁才能旋动选择环。
3）只有选择环到"连接"位置才能卸下端盖。
4）只有卸下端盖才能把控制缆上的阳接头与源辫上的阴接头接上。

5）只有阴阳接头连接无误，选择环才能转动到工作位置，源才能被驱动出来。

以上任一环节未完成或操作程序不对，源就无法输出。这样就防止了意外事故的发生。

（3）驱动机构　驱动机构是一套用来将放射源从机体的屏蔽储藏位置驱动到曝光焦点位置，并能将放射源收回到机体内的装置。

γ射线探伤设备及驱动机构工作情况示意图如图2—40所示。

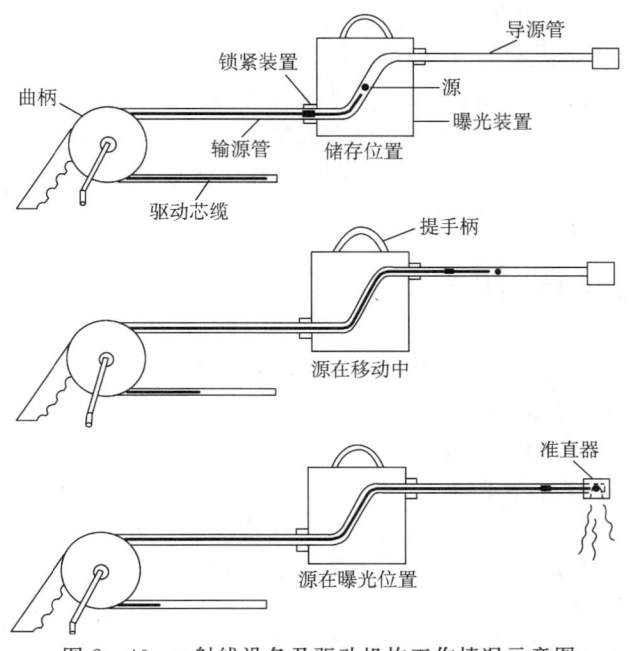

图2—40　γ射线设备及驱动机构工作情况示意图

该装置一般可分为手动驱动和电动驱动两种。手动驱动器包括控制缆导管、连接机体结构与控制手柄。靠摇动手柄来驱动源在输源管中移动，为正确判断源的输送位置，手柄上一般还装有源位指示器以确保源准确到达曝光焦点。

在现场无防护条件下进行γ射线探伤，如用手动驱动器操作，人只能离开源的距离10 m左右，此位置的放射剂量率很高。为了解决这一问题，有些γ射线探伤设备除手动驱动外，还提供了电动驱动器。使用自动控制电动驱动器，可以预置送源延迟时间（以便操作人员发令后有足够时间离开）和预置曝光时间。当延迟时间达到预置时间时，自控电动机启动，将源送到曝光焦点，然后开始计时，当达到预置的曝光时间时，电动机再次启动将源收回到主机屏蔽体内。这样就完成一次拍片，十分安全可靠。

（4）输源管　输源管也称源导管，由一根或多根软管连接一个一头封闭的包塑不锈钢软管制成，其用途是保证源始终在管内移动，其长度根据不同需要可以任意选用，使用时开口的一端接到机体源输出口，封闭的一端放在曝光焦点位置。曝光时要求将源输送到输源管的端头，以保证源与曝光焦点重合。

（5）附件　为了γ射线探伤设备的使用安全和操作方便，一般都配套一些设备附件。常用附件有：

1）各种专用准直器　用于缩小或限制射线照射场范围，减少散射线，降低操作者所受的照射剂量。

2) γ射线监测仪、个人剂量计及音响报警器 用于确保操作人员的安全及确认放射源所在位置，防止放射事故的发生。

3) 各种定位架 用于固定输源管的照相头。定位架有多种形式，每一种定位架都有一定的调节范围并能固定准直器，从而保证放射源位于曝光焦点中心。

4) 专用曝光计算尺 可以根据胶片感光度、源种类、源龄、工件厚度、源活度及焦距，快速算出底片最佳黑度所需的曝光时间。

5) 换源器 因为γ射线源强度会随时间衰减，经过几个半衰期后源的强度减小，曝光时间增加，工作效率下降，这时就需要换源。在换源过程中要把旧源从γ射线机的机体内输送到换源器内，再把新源从换源器内送到γ射线机的机体内。换源器就是用来完成这一过程的设备。它是个椭圆形的有两个I形孔道的由贫化铀为主要屏蔽材料制成的容器，重几十千克。换源器也可用于源的运输和储存。

2.2.4 γ射线探伤机的操作

操作中一旦发生错误有可能导致严重后果，所以γ射线探伤机操作必须特别仔细。γ射线探伤机的操作者必须经过培训，取得《放射工作人员证》才能上岗操作。

1. γ射线检测曝光操作程序

γ射线检测曝光的一般操作程序：

(1) 操作前的准备工作 操作必须由专职射线检测人员进行。操作前应先检查设备有无明显损伤；驱动机构是否灵活，有无卡死现象；输源管有无明显砸扁或损坏现象；个人剂量计及辐射场剂量监测仪表是否能正常工作。在确认无误后方可进行送源操作。

要特别注意，安装探伤机的场所一定要有γ射线剂量仪随时进行监测，每个操作者必须带个人音响报警仪，以便掌握所在位置的剂量水平，有效地保护自己。

(2) 主机安装 主机（探伤机）应放置在距离曝光点不远的适当位置。安放地点应便于输源管铺设且便于操作，安放要保证平稳。

(3) 组装输源管 根据拍片实际情况，确定输源管根数（在满足拍片前提下，采用尽量少的输源管），原则上输源管不得多于3根。

(4) 固定照相头 用定位架把输源管的端头定位并夹紧（用准直器时则将准直器固定）并使输源管的端头部与照相焦点重合。

(5) 铺设输源管 应保证送源操作顺利，同时尽可能考虑有利于人员屏蔽。如果场地宽敞，应使输源管尽量伸直。当输源管不得不弯曲时，弯曲半径应不小于500 mm，较小的弯曲半径可能妨碍控制缆的运动甚至造成卡源事故。

(6) 连接输源管 从屏蔽容器上取下源顶辫，将其插入储存源顶辫管内，把输源管接到主机出口接头上。

(7) 选择驱动机构操作位置（手动操作时） 为了最大限度减少辐射伤害，操作人员应在防护物的后面（或检测控制室内）操作。驱动机构相对屏蔽容器最好成直线，使控制缆尽量放直。控制缆的弯曲半径不得小于1 m，更小的弯曲半径可能妨碍控制缆的运动。

(8) 连接控制缆 按下列顺序把控制缆接到屏蔽容器上：

1) 将锁打开，把选择环从"锁紧"位置转到"连接"位置，防护盖自动弹出；

2）将控制缆连接套向后滑动，打开控制缆连接器上的卡爪，露出控制缆上的阳接头；

3）用大拇指指尖压下弹簧顶锁销，把阴阳接头嵌接好，放开锁销，检验是否连接妥当；

4）收拢卡爪，盖住阴阳接头部件；

5）向前滑动连接套，套住卡爪，并将连接套上的缺口销插入选择环定位环孔内；

6）保持控制缆连接套紧贴在屏蔽装置上的联锁装置上，把选择环从"连接"位置转到"锁紧"位置。

注意：在送源操作开始之前，应一直保持联锁处于"锁紧"位置。

（9）计算曝光时间　根据拍片条件，用计算尺或计算器计算出最佳黑度所需曝光时间。

（10）送出射源　把选择环转到"工作"位置，迅速转动手摇柄（顺时针方向），源从屏蔽容器进入输源管，直到源送到头为止。

注意：射源送出或收回时，应快速轻摇，直到摇不动为止，严禁使劲猛摇，造成软轴移位，齿轮打滑。在用手摇过程中，只要发现移动手柄有困难，就应反向摇动手柄把源收回到屏蔽容器中；然后用γ剂量率仪检测工作场所，确信放射源回到储存位置后，再检查控制缆和输源管的弯曲半径是否太小，校正后再往外送源。

（11）收回射源　当达到要求的曝光时间后，沿逆时针方向迅速转动手柄，使源回到储存位置，用γ剂量率仪确认源已回到储存位。

（12）锁紧选择环　将选择环由"工作"位置转到"锁紧"位置，用锁锁牢。注意：如果选择环不能转到"锁紧"位置，说明源未完全收回，应检查原因。

若使用自动控制电动驱动器则按以下程序操作：

（1）自动控制电动驱动器的安装：将自动控制仪安放平稳，接好控制仪电源线；按控制仪使用说明书的规定，检查仪表有无故障。

（2）按手动方式相同步骤将控制缆和输源管与主机相连，并进行各项检查。

（3）按自动控制仪使用说明书的规定操作仪器，预置启动延迟时间、输源管距离、曝光时间，然后按下"启动"按钮，自控仪将自动完成"送源→曝光→收源"的检测照相过程。

操作过程中，人员可在远离放射源的地方工作，使受照射剂量减少到最低程度。

2．换源操作要点

换源器有两个'I'孔道，一个用于装新源，一个用于回收旧源。换源操作示意图如图2—41所示。

换源的两项内容是：一是将探伤机里的旧源收回到换源器中；二是将换源器里的新源送到探伤机的屏蔽体中。其主要操作步骤如下：

（1）按γ射线探伤机操作步骤把驱动机构与探伤机主机连接。

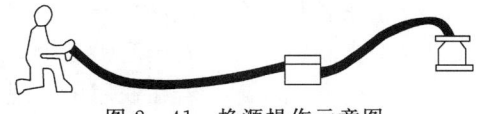

图2—41　换源操作示意图

（2）将不带照相头的输源管分别与主机及换源器相连。

（3）摇动驱动机构手柄，将旧源送入到换源器中。

（4）从旧源辫上取出控制缆上的阳接头，从换源器旧源孔道接头上拆下输源管，将输源管与换源器上新源孔道相接。

（5）将控制缆上阳接头与新源辫的阴接头连接，合上导源管。

（6）摇动驱动机构手柄，将新源拉回到探伤机中。

(7) 按 γ 射线探伤机操作步骤取下驱动机构和输源管,锁上安全联锁,换源工作完成。

注意:在换源操作过程中,必须使用 γ 射线剂量仪表及音响报警仪进行监测。

2.2.5 γ射线探伤设备的维护及故障排除

1. γ射线探伤设备的维护

γ射线探伤机设备一定要有专人负责保管。输源管接头应经常进行擦洗,避免灰尘和砂粒进入。每次使用完毕后应盖好两端"封堵护套"。控制机构部件摇柄、输源导管,软轴应注意清洁,可用柴油清洗泥沙灰尘,待晾干后传送到软管内。齿轮应经常添加润滑剂,以保持手柄手摇时感觉轻松。对输源管应特别注意保护,防止重物砸扁砸坏管子,从而造成卡源事故。

γ射线探伤设备应单独存放在可靠的安全场所。每次使用前均应进行认真检查,如果发现问题,应暂停使用,报专门人员处理。不允许任意拆卸,以免造成放射性事故。

2. γ射线探伤设备的操作故障排除

γ射线探伤设备由于操作不当会引起故障,这类故障及排除方法见表2—10。

表 2—10 γ射线探伤设备的操作故障及排除方法

故障类型	原因分析	排除故障
γ源送出时发生卡堵	1. 输源导管曲率半径过小 2. 控制缆导管曲率半径过小 3. 曝光头与输源导管连接不良	迅速收回,找出原因,排除故障,仔细操作
γ源收回时发生卡堵	1. 输源导管由于现场条件突然变化,发生曲率半径小于规定值的情况 2. 曝光头与输导管连接不良	1. 来回摇动手柄、试图收回 2. 快速上前把输源导管拉直,再收回
摇动手柄突感很轻松,摇动圈数超出规定圈数	输入输出端软管接头与 γ 射线探伤机接头没接好,摇动手柄时软管接头脱落,金属软轴脱在外面	1. 快速拆开摇柄与输送导管连接 2. 用手迅速把金属软轴拉回

3. γ射线探伤设备的机械故障

(1) 安全联锁失灵 安全联锁是由安全锁、防护盖、选择环、锁紧锁、定位爪等零件组成。一般很少出现故障。若在使用中发现有问题时,应首先检查是否严格按照操作程序进行操作,并是否操作到位。如确认存在故障,应通知厂家进行处理。

(2) 机械零件损坏 机械零件损坏是 γ 射线探伤设备故障的主要原因。可能出现的损坏有:阳接头拉断、驱动机构失灵(弹簧片断裂、齿轮的齿损坏、缆绳节距滑变、杂物卡死等原因导致)、控制缆导管及输源管被砸扁变形或更严重的损坏、源外包壳与源座脱开等。

故障后果比较严重的是掉源,即阳接头脖子拉断或阳接头从阴接头中脱出。为防止出现这种故障,阳接头采用高强度合金钢,经调质处理后精加工制成。使用中应定期对接头进行检验。接头的磨损可用连接件卡板检验,卡板检验如图2—42所示。在不强行用力的情况下,接头应无法通过卡板各相应位置,否则应更换连接件。

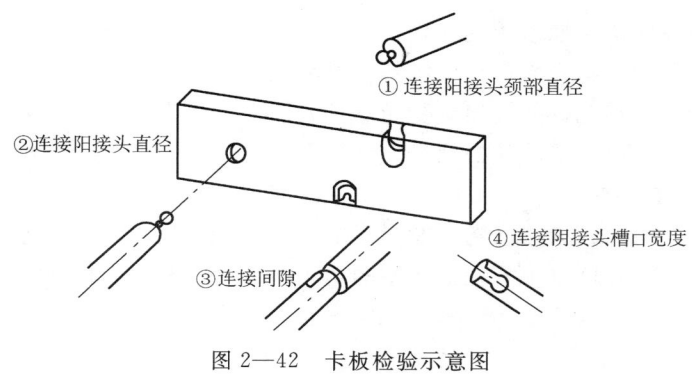

图 2—42 卡板检验示意图

①连接阳接头颈部直径
②连接阳接头直径
③连接间隙
④连接阴接头槽口宽度

（3）机体破碎　γ射线探伤设备的机体都十分坚固，即使从高空跌落，最多只砸坏提手或外层钢壳，不会危及内部高强度的屏蔽套，所以机体破碎的故障概率极小。

2.3　射线照相胶片

2.3.1　射线照相胶片的构造与特点

射线胶片不同于一般的感光胶片，一般感光胶片只在胶片片基的一面涂布感光乳剂层，在片基的另一面涂布反光膜。射线胶片在胶片片基的两面均涂布感光乳剂层，目的是增加卤化银含量以吸收较多的穿透能力很强的 X 射线和 γ 射线，从而提高胶片的感光速度，同时增加底片的黑度。射线胶片的结构如图 2—43 所示，在 0.25～0.3 mm 的厚度中含有七层材料。

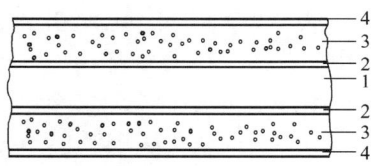

图 2—43　X 光胶片的构造
1—片基　2—结合层
3—乳剂层　4—保护膜

1. 片基

片基是感光乳剂层的支持体，在胶片中起骨架作用，厚度约 0.175～0.20 mm，大多采用醋酸纤维或聚酯材料（涤纶）制作。聚酯片基较薄，韧性好，强度高，更适用于自动冲洗。为改善照明下的观察效果，通常射线胶片片基采用淡蓝色。

2. 结合层（又称黏合层或底膜）

其作用是使感光乳剂层和片基牢固地黏结在一起，防止感光乳剂层在冲洗时从片基上脱下来，结合层由明胶、水、表面活性剂（润湿剂）、树脂（防静电剂）组成。

3. 感光乳剂层（又称感光药膜）

每层厚度约 10～20 μm，通常由溴化银微粒在明胶中的混合体构成。乳剂中加入少量碘化银，可改善感光性能，碘化银含量按物质的量计，一般不大于 5％。此外乳剂中还加进防灰雾剂（羟基四氮唑，苯肼三氮唑等）及某些稳定剂和坚膜剂。

明胶是用动物的皮、骨等组织中的纤维蛋白——骨胶原经处理后制成。明胶可以使卤化银颗粒在乳剂中分布均匀,并对银盐也起一些增感作用。明胶对水有极大的亲和力,因此胶片暗室处理时,药液能均匀地渗透到乳化剂内部与卤化银粒子起作用。

在胶片生产过程中,感光乳剂经化学熟化过程后还要进行物理熟化(二次成熟),以改变卤化银颗粒团的表面状况,并增加接受光量子的能力。感光乳剂中卤化银的含量、卤化银颗粒团的大小、形状,决定了胶片的感光速度。射线胶片中的 Ag 含量大致为 $10\sim20\ g/m^2$。

4. 保护层(又称保护膜)

是一层厚度 $1\sim2\ \mu m$、涂在感光乳剂层上的透明胶质,防止感光剂层受到污损和摩擦,其主要成分是明胶、坚膜剂(甲醛及盐酸萘的衍生物)、防腐剂(苯酚)和防静电剂。为防止胶片粘连,有时在感光乳剂层上还涂布毛面剂。

2.3.2 感光原理及潜影的形成

胶片受到可见光或 X 射线、γ 射线的照射时,在感光乳剂层中会产生眼睛看不到的影像即所谓潜影。

根据葛尔尼(Gurney)和莫特(Mott)创立的潜影理论,在感光乳剂中,AgBr 晶体的缺陷和位错部位构成陷阱,捕捉因吸收了光子,能量提高到晶体导带的可动电子和可动银离子,形成潜影中心。潜影的形成有四个阶段:

1. 光子 (hν) 将 Br^- 离子中的电子逐出,该电子在 AgBr 晶体上移动,陷入捕集中心;(俘获)。

2. 带负电的捕集中心吸引 Ag^+ 离子,电子与 Ag^+ 离子结合生成银原子,形成不稳定的感光中心(离子移动)。

3. 该感光中心捕捉第二个电子(俘获)。

4. 第二个 Ag^+ 离子到达,产生一个稳定的双原子银。形成相对稳定的潜影中心(离子移动)。

由此可见,潜影的产生是银离子接受电子还原为银的过程。

用化学方程式表示,即:

照射前:$AgBr = Ag^+ + Br^-$

照射后:$Br^- + h\nu \rightarrow Br + e$;$Ag^+ + e \rightarrow Ag$

潜影形成过程如图 2—44 所示。图中虚线表示在生成稳定的双原子银之前,每一个步骤都是可逆的。

潜影形成后,如相隔很长时间才显影,得到的影像比及时冲洗得到的影像较淡,此现象称为潜影衰退。潜影衰退实际上是构成潜影中心的银又被空气氧化而变成 Ag^+ 离子的逆变过程。胶片所处的环境温度越高,湿度越大,则氧化作用越加剧,潜影的衰退越厉害。

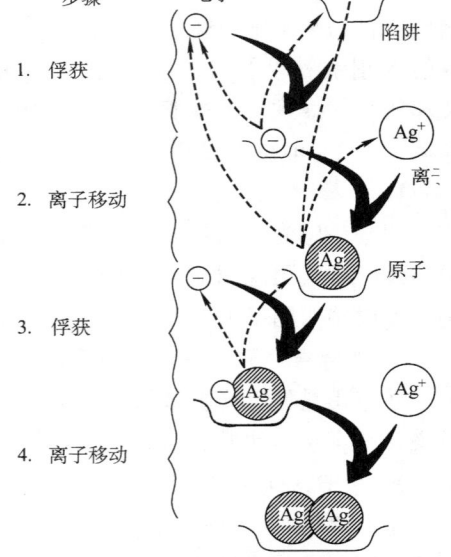

图 2—44 潜影形成示意图

2.3.3 底片黑度

射线穿透被检查试件后照射在胶片上。使胶片产生潜影,经过显影、定影化学处理后,胶片上的潜影成为永久性的可见图像,称为射线底片(简称底片)。底片上的影像是由许多微小的黑色金属银微粒所组成,影像各部位黑化程度大小与该部位被还原的银量多少有关,被还原的银量多的部位比银量少的部位难于透光,底片黑化程度通常用黑度(或称光学密度)D 表示。

黑度 D 定义为照射光强与穿过底片的透射光强之比的常用对数值,即:

$$D = \lg \frac{L_0}{L} \qquad (2-2)$$

式中　L_0——照射光强;
　　　L——透射光强。L_0/L 又称为阻光率。

黑度 D 与照射光强和透射光强关系示意图(见图2—45)。

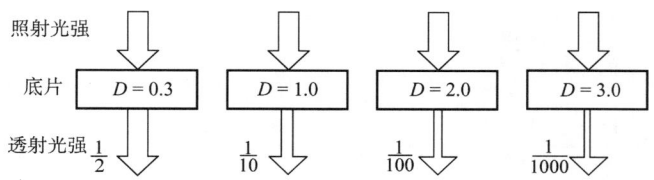

图 2—45　底片黑度不同时,透射光强与照射光强的关系

【例】　已知观片灯亮度为 100 000 cd/m²,用来观察黑度为 3.5 的底片,问透过底片的光强为多少?

解　由式(2.2)得:$L = L_0/10^D = 100\,000/10^{3.5} = 31.6$(cd/m²)

答:透过底片光强为 31.6 cd/m²。

2.3.4 射线胶片的特性

射线胶片的感光特性主要有:感光度(S),灰雾度(D_0),梯度(G),宽容度(L),最大密度(D_{max}),这些特性可在胶片特性曲线上定量表示。

1. 胶片特性曲线

胶片特性曲线是表示相对曝光量与底片黑度之间关系的曲线。在特性曲线图中,横坐标表示 X 射线曝光量的对数值,纵坐标表示胶片显影后所得到的相应黑度。

(1)增感型胶片特性曲线　如图2—46所示成"S"形。增感型胶片的特性曲线由以下几个区段组成:

1)曝光迟钝区(AB):曝光量增加,底片黑度不增加,又称不感光区,当曝光量超过 B 点,才使胶片感光,B 点称为曝光量的阈值。

2)曝光不足区(BC):曝光量增加时,底片黑度只缓慢增加,此区段不能正确表现被透照工件的厚度差和底片密度差的关系。

3）曝光正常区（CD）：黑度值随曝光量对数的增加而呈线性增大，这是射线检测时所要利用的区段。

4）曝光过渡区（DE）：曝光量继续增加时，黑度增加较小，曲线斜率逐渐降低直至 E 点为零。

5）反转区（EF）：也称负感区，曝光极端过度时，黑度反而减小。

（2）非增感型胶片的特性曲线　如图 2—47 所示，非增感型胶片的特性曲线也有曝光迟钝区、曝光不足区和曝光正常区，但其"曝光过渡区"在黑度非常高的区段，大大超过一般观光灯的观察范围，故通常不再描绘在特性曲线上。非增感型胶片无明显的负感区。在常用的黑度范围内，非增感型胶片特性曲线成"J"形。

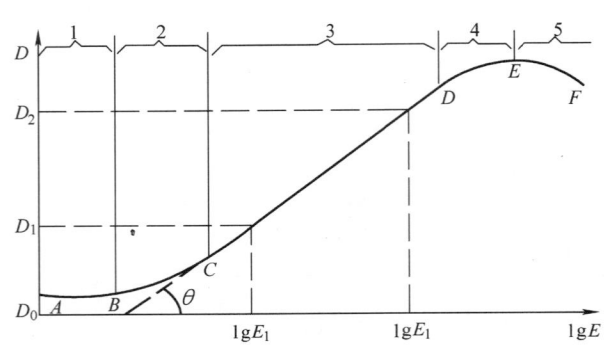

图 2—46　增感型胶片的特性曲线
1—迟钝区　2—曝光不足区　3—曝光正常区
4—曝光过渡区　5—反转区（负感区）

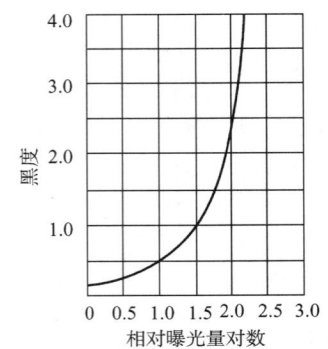

图 2—47　非增感型胶片特性曲线

2. 射线胶片特性参数

以下简述有关射线胶片感光特性参数的一些术语定义、计算方法及其影响因素。

（1）感光度（S）　在特定的曝光、冲洗加工和图像测量条件下，照相材料对透照辐射能响应的一种定量测量。一般把射线底片上产生一定黑度所用曝光量的倒数定义为感光度。ISO 7004 规定：以达到净黑度（不包括胶片灰雾度）为 2.0 时所用曝光量（用戈瑞作单位）的倒数作为该胶片的感光度，即：

$$S = 1/K_s \tag{2-3}$$

式中　K_s——曝光量，以产生比胶片灰雾度 D_0 密度大 2.00 的密度所需的戈瑞数表示。

ISO 7004 对射线感光度分级见表 2—11。

表 2—11　　　　　　　　　ISO 7004 感光度分级表

$\lg K_s$	从	-3.05	-2.95	-2.85	-2.75	-2.65	-2.55	-2.45
	至	-2.96	-2.86	-2.76	-2.66	-2.56	-2.46	-2.36
ISO 感光度		1 000	800	640	500	400	320	250
$\lg K_s$	从	-2.35	-2.25	-2.15	-2.05	-1.95	-1.85	-1.75
	至	-2.26	-2.16	-2.06	-1.96	-1.86	-1.76	-1.66

续表

ISO 感光度		200	160	125	100	80	64	50
$\lg K_s$	从	−1.65	−1.55	−1.45	−1.35	−1.25	−1.15	−1.05
	至	−1.56	−1.46	−1.36	−1.26	−1.16	−1.06	−0.96
ISO 感光度		40	32	25	20	16	12	10

射线胶片感光度与乳剂层中的含银量、明胶成分、增感剂含量以及银盐颗粒大小、形状有关，感光度的测定结果还受到射线能量、显影配方、温度、时间以及增感方式的影响。对同一类型的胶片来说，银盐粒度越粗，其感光度越高。

(2) 灰雾度（D_0） 未经曝光的胶片经显影和定影处理后也会有一定的黑度，此黑度称为灰雾度（D_0），又称为本底灰雾度。在特性曲线上，本底灰雾度指原点至纵轴 A 点的距离。灰雾度小于 0.30 时，对射线底片的影像影响不大；灰雾度过大会损害影像对比度和清晰度，降低灵敏度。

灰雾度由两部分组成，即片基光学密度和胶片乳剂经化学处理后的固有光学密度。通常感光度高的胶片要比感光度低的胶片灰雾度大。保存条件不当和保存时间过长也会使灰雾度增大。此外，底片所显示的灰雾不仅与胶片灰雾特性有关，而且与显影液配方、显影温度、时间等因素有关。

(3) 梯度（G） 胶片的梯度是指胶片对不同曝光量在底片上显示不同黑度差的固有能力。可用胶片特性曲线上某一点切线的斜率表示。此斜率称为胶片梯度 G 或称为胶片反差系数 γ。如图 2—48 所示中特性曲线 B 点的胶片梯度为

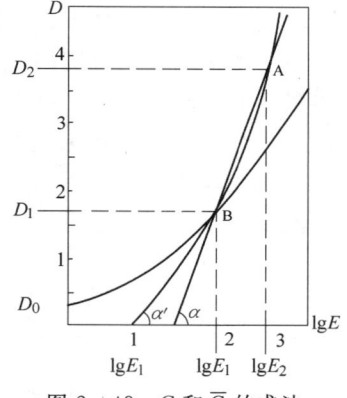

图 2—48 G 和 $\overline{G}$ 的求法

$$G = \tan\alpha' = \frac{D_1}{\lg E_1 - \lg E_1'} \quad (2-4)$$

式中 D_1 —— B 点的黑度值；

E_1 —— B 点对应的曝光量；

E_1' —— 曲线在 B 点的切线与横轴的交点处的曝光量。

由于特性曲线上各点的 G 值不同，所以常用特性曲线上两点连线的斜率来表示称为胶片的平均梯度（$\overline{G}$）或平均反差系数（$\overline{\gamma}$）。如图 2—49 中特性曲线上与 D_2、D_1 相应的 A、B 两点间

$$\overline{G} = \overline{\gamma} = \tan\alpha = \frac{D_2 - D_1}{\lg E_2 - \lg E_1} \quad (2-5)$$

ISO 7004 标准规定：以特性曲线上底片净黑度 1.5（$D_1 = 1.5 + D_0$）和底片净黑度 3.5（$D_2 = 3.5 + D_0$）两点间连线的斜率作为胶片的平均梯度，即

$$\overline{G} = \frac{D_2 - D_1}{\lg E_2 - \lg E_1} = \frac{2.0}{\lg E_2 - \lg E_1} \quad (2-6)$$

式中 D_1 ——比灰雾度大 1.50 的一点的密度；

D_2 ——比灰雾度大 3.50 的一点的密度；

E_1 ——产生 D_1 所需曝光量；

E_2 ——产生 D_2 所需曝光量。

ISO 7004 对平均梯度分级见表 2—12。

表 2—12　　　　　　　　　　　ISO 平均斜率分级

$\lg E_2 - \lg E_2$		ISO$\overline{G}$	$\lg E_2 - \lg E_2$		ISO$\overline{G}$	$\lg E_2 - \lg E_2$		ISO$\overline{G}$
从	至		从	至		从	至	
0.73	0.69	2.8	0.54	0.52	3.8	0.41	0.39	5.0
0.68	0.65	3.0	0.51	0.49	4.0	0.38	0.37	5.3
0.64	0.61	3.2	0.48	0.46	4.2	0.36	0.35	5.6
0.60	0.58	3.4	0.45	0.44	4.5	0.34	0.33	6.0
0.57	0.55	3.6	0.43	0.42	4.8	0.32	0.31	6.3

射线胶片的 G 值与胶片的种类、型号有关。增感型胶片（一种适宜与荧光增感屏联用的胶片）的 G 值在较低的黑度范围内，随黑度的增大而增大，但当黑度超过一定数值，黑度再增大，G 值反而减小。增感型胶片 G 值与黑度 D 的关系如图 2—49 曲线 C 所示。

在射线照相应用范围内，非增感型胶片的 G 值随着黑度的增大而增大。这种胶片的 G 值与黑度的关系如图 2—49 曲线 A 和 B 所示，其中 A 胶片的梯度比 B 胶片更高一些。此外，胶片 G 值的测定结果与显影条件有关，显影配方、时间、温度都会使特性曲线所显示 G 值发生改变。图 2—50 所示为显影温度引起胶片特性曲线改变的情况。由图可见，温度增高，使 G 值明显发生变化。

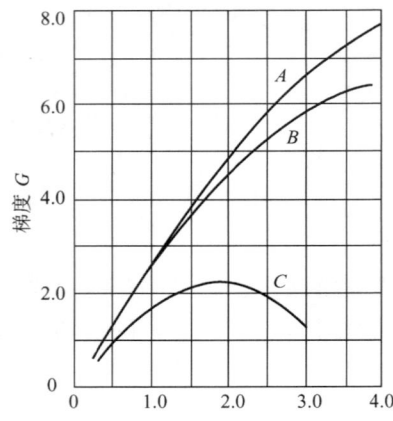

图 2—49　胶片 G 值与黑度 D 的关系

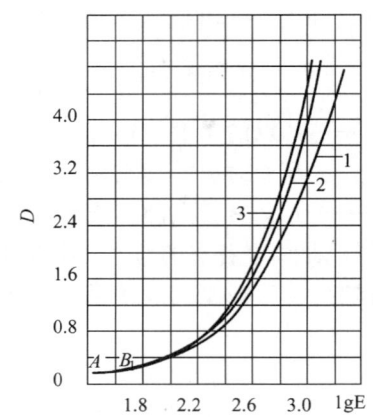

图 2—50　胶片 G 值与显影温度的关系
1—显影温度为 16℃　2—显影温度为 20℃　3—显影温度为 26℃

（4）宽容度（L）　宽容度指胶片有效黑度范围相对应的曝光范围。在胶片特性曲线上，用与黑度为许用下限值和上限值（如 1.5 和 3.5）相应的相对曝光量的倍数表示，即：

$$L = 10^{\lg E_2 - \lg E_1} = E_2/E_1 \tag{2—7}$$

显然梯度大的胶片其宽容度必然小。

3. 胶片特性曲线测试

胶片特性曲线又称感光度曲线，$D-\lg E$ 曲线，或 $H-D$（Hurter—Driffield）曲线。可以通过一系列曝光试验测试获得。

简易的胶片特性曲线测试方法是：选择某一能量的射线按拟定的一系列曝光量对胶片进行曝光，然后测定这些曝光所产生的相应底片黑度值，便可绘出黑度与相对曝光量对数的关系曲线。从此种曲线上可大致了解胶片的梯度特性，比较不同型号胶片的相对感光度大小。

标准的测试方法应按照 ISO 7004《照相—工业射线胶片—用 X 和 γ 射线曝光测定 ISO 感光度和平均斜率》的规定进行，其要点为：

（1）由于胶片的感光速度与射线能量有关，因此，测试时应使用标准射线源。

（2）曝光量的数值应是由仪器实际测出的射线剂量值，曲线的横坐标用射线的剂量单位"戈瑞"的对数值标定。

（3）标准在胶片的样品条件暗室处理条件和散射线屏蔽等方面也作出了一些具体规定。

标准规定了四种测试用的标准射线源：

1）标准射线源（1）（较低能量的 X 射线） 在 X 射线机窗口分别放置厚度为 2 mm 和 3 mm 铜滤板，固定管电流，调节射线机管电压至一定值（约为 120 kV），使放置 3 mm 厚的铜滤板时的射线剂量率为放置 2 mm 厚铜滤板时的射线剂量率的一半（即射线的半价层为 1 mm 厚铜板）。在此种管电流管电压下，在射线机窗口前加置 2 mm 厚铜滤板即成为标准射线源（1）。

2）标准射线源（2）（较高能量的 X 射线） 在 X 射线机窗口分别放置厚度为 8 mm 和 11.5 mm 铜滤板，固定管电流，调节射线机管电压至一定值（约为 220 kV），使放置 11.5 mm 厚铜滤板时的射线剂量率为放置 8 mm 厚铜滤板时射线剂量率的一半（即射线的半价层为 3.5 mm 厚铜板）。在此种管电流管电压下，在射线机窗口加置 8 mm 厚铜滤板即成为标准射线源（2）。

3）标准射线源（3）（Ir192γ 射线源） 在 Ir192γ 射线源前方加置 8 mm 厚铜滤板，即成为标准射线源（3）。

4）标准射线源（4）（Co60γ 射线源） 在 Co60γ 射线源前方加置 8 mm 厚铜滤板，即成为标准射线源（4）。

使用标准射源（1）曝光的胶片不加增感屏，其余标准射源曝光胶片采用铅箔增感，为防止铜滤板产生的前方散射线，应选用较大的透照距离和铅光阑及铅罩；为防止后方散射线，应使用后铅板。

曝光时，必须使用仪器实测剂量或剂量率。

为避免升压过程中线质变化的影响，可使用铅快门。待管电压稳定后，方打开铅快门并计算曝光时间。

各次曝光时按曝光时间递增，时间递增率 $\lg(t_2/t_1)$ 不大于 0.1。

将曝光后的胶片进行暗室处理，测定底片上各次曝光所得到的底片黑度即可绘制胶片特性曲线。

从此种曲线上可求出所测试胶片的感光度和梯度，称为 ISO 感光度和 ISO 平均斜率。

2.3.5 卤化银粒度对胶片性能的影响

卤化银粒度,即感光乳剂中卤化银晶体的平均尺寸,是在感光乳剂制备过程中的物理成熟工艺阶段确定的。工业射线胶片的卤化银颗粒尺寸大约在 $0.5\sim10~\mu m$ 范围内。根据使用性能的要求,通过生产工艺条件控制不同类别的胶片具有不同的粒度。

粒度对胶片的感光特性具有重要的影响。如果其他条件不变,单纯考虑粒度变化的影响,则感光特性有以下变化:随着粒度的增大,胶片的感光度也将提高。

粒度对胶片的使用性能也具有重要影响,卤化银粒度直接影响着显影后的底片颗粒度,从而影响分辨率和信噪比。

2.3.6 胶片的光谱感光度

感光材料对不同波长(不同能量)的可见光或射线表现出不同的敏感性,也就是说,要达到同一黑度,如果使用的射线能量不同,则所需要的曝光量也不同,此特性称为胶片的光谱灵敏度或光谱感光度。

图 2—51 所示为 X 射线的光谱响应曲线。其中实线为连续 X 射线曝光的响应曲线,虚线为单色射线曝光的响应曲线。虚线的转折点对应

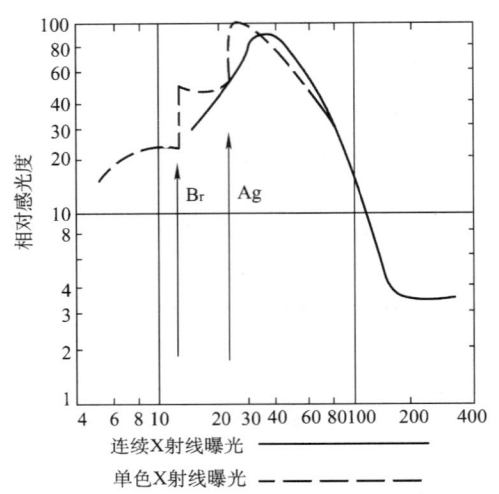

图 2—51　X 射线胶片的相对感光度

于溴化银的 K 吸收不连续点的波长。大约在 30 kV 处感光度有一极大值,当能量大于 200 kV 时,感光度有极小值。极大感光度和极小感光度之比约在 20~50 之间。但在能量大于 200 kV 以后的区间,感光度变化趋于平缓。

2.3.7 工业射线胶片系统的分类

早先的胶片分类以感光特性,即胶片粒度和感光速度为依据来划分胶片类别。分类方法也是粗略的,即大致按粒度将胶片分为微粒、细粒、中粒、粗粒,按感光速度将胶片分为很低、低、中、高速四类。

20 世纪 90 年代中期提出了新的胶片分类方法,其特点是:

1. 以胶片系统而不是以胶片作为分类主体。
2. 以成像特性而不是以感光特性作为分类依据。
3. 以明确的数据指标而不是含混的术语来划分类别。

所谓胶片系统是指包括射线胶片、增感屏(材质、厚度)和冲洗条件(方式、配方、温度、时间)的组合。新的分类方法之所以提出用"胶片系统"取代"胶片"进行分类,是因为评价胶片的特性指标不仅与胶片有关,还受增感屏和冲洗条件影响,所以将三者作为一个

系统进行评价。

胶片分类所依据的成像特性，是指胶片四个特性参数，即 $D=2.0$ 和 $D=4.0$ 时的最小梯度 G_{min}，$D=2.0$ 时的最大颗粒度 $(\sigma_o)_{max}$，及 $D=2.0$ 时的最大梯度噪声比 $(G/\sigma_o)_{max}$（以上黑度 D 指净黑度，即在本底灰雾度 D_o 以上的光学密度）。各类胶片都有明确的数据指标，目前标准规定的各类胶片的特性参数指标见表 2—13。

表 2—13　　　　　　　　　　　　胶片的分类

系统分类	G_{min}		$(\sigma_o)_{max}$	$(G/\sigma_o)_{max}$
	$D=2.0$	$D=4.0$	$D=2.0$	$D=2.0$
T1	4.3	7.4	0.018	270
T2	4.1	6.8	0.028	150
T3	3.8	6.4	0.032	120
T4	3.5	5.0	0.039	100

胶片制造商应说明所生产的工业射线胶片的类别并保证其品质，且应提供其特性数据。至于冲洗条件控制，则由胶片制造商提供预先曝光胶片测试片，用户以本单位的处理设备、化学处理剂和方法冲洗测试片，测出灰雾限值 D_0、速度系数 S_X、对比度系数 C_X，与胶片制造商提供的鉴定证书进行比较，据此判断冲洗条件是否符合要求。

2.3.8　颗粒度 σ_D 的测量

颗粒度 σ_D 定义为射线底片上叠加在工件影像上的黑度随机涨落，其测量方法规定如下：对用于颗粒度测量的胶片样片曝光应使用特定的 X 射线源，即如前所述的标准射线源（2），其铜半值层为 3.5 mm，千伏电压近似为 220 kV。所用的焦距应大于 750 mm。所用的暗盒应保证屏片充分接触，必要时可以使用真空暗盒。可使用前屏厚为 $(0.130±0.013)$ mm，后屏厚为 $(0.250±0.025)$ mm 铅屏。胶片暗盒和铅箔屏如果不均匀或有缺陷，会影响颗粒度测量，所以应仔细挑选暗盒和铅屏。为了减少背散射线的影响，在暗盒后面使用一个厚为 $(6.3±0.8)$ mm 的铅护板。铅护板应超过暗盒各个边至少 25 mm，另外如果能做到在暗盒后至少 2 m 内 X 射线不会遇上除空气外的其他散射物质，则铅护板可去掉。在曝光时和曝光后，以及在冲洗加工之前，胶片应在温度为 $(23±5)$℃、湿度为 $50\%±20\%$ 的条件下保存。在曝光后的 30 min 和 8 h 之间开始冲洗加工胶片。应将未曝光样片和已曝光的样片一起冲洗加工，用以测定片基加灰雾密度。胶片冲洗加工的化学药品和程序应与测定斜率所用一样。

用于颗粒度测量的胶片样片的漫射密度为片基+灰雾密度+$(2.00±0.05)$，在 1.80～2.20 范围内还可以选择测量胶片样片在不同密度级处的三个或更多样品。颗粒度值应以漫射密度表示，需将定向反射光密度经校正后变换成漫射光密度。在片基+灰雾密度+2.00 漫射密度处的颗粒度应从数据点绘制成的平滑曲线中求出。用测微光密度计扫描时，对胶片两面的乳剂层均应记录量值，表面测微光密度计的焦点深度必须包括两面的乳剂层。

测量颗粒度用的测微密度计的出射孔形状为圆形，在样片平面上的有效直径应为

(100±2)μm，而入射孔径形状应近似为圆形，直径不小于出射孔径的1.2倍，且不大于2倍。测微密度计的扫描路径可以是直线或是圆周式。如果是圆周式，路径的半径应不小于16 mm。不管什么方式，总扫描长度应不小于100 mm（3.94 in）。测微密度系统的光谱响应应是可视的。

通过评价不少于三个样品且计算它们的平均值来确定胶片样片的颗粒度。

2.3.9 胶片的使用与保管

胶片的选用，应根据射线照相技术要求及射线的线质、工件厚度、材料种类等条件综合考虑，一般来说：

1. 可按像质要求高低选用，如需要较高的射线照相质量，则需使用梯噪比较大的胶片。
2. 在能满足像质要求的前提下，如需缩短曝光时间，可使用梯噪比较小的胶片。
3. 工件厚度较小、工件材料等效系数较低或射源线质较硬时，可选用梯噪比较大的胶片。
4. 在工作环境温度较高时，宜选用抗潮性能较好的胶片，在工作环境比较干燥时，宜选用抗静电感光性能较好的胶片。

射线胶片使用和保存注意事项如下：

1. 胶片不可接近氨、硫化氢、煤气、乙炔和酸等有害气体，否则会产生灰雾。
2. 裁片时不可把胶片上的衬纸取掉裁切，以防止裁切过程中将胶片划伤。不要多层胶片同时裁切，防止轧刀，擦伤胶片。
3. 装片和取片时，胶片与增感屏应避免摩擦，否则会擦伤，显影后底片上会产生黑线。操作时还应避免胶片受压受曲受折，否则会在底片上出现新月形影像的折痕。
4. 开封后的胶片和装入暗袋的胶片要尽快使用，如工作量较小，一时不能用完，则要采取干燥措施。
5. 胶片宜保存在低温低湿环境中，温度通常以10～15℃最好；湿度应保持在55%～65%之间。湿度高会使胶片与衬纸或增感屏粘在一起，但空气过于干燥，容易使胶片产生静电感光。
6. 胶片应远离热源和射线的影响，在暗室红灯下操作不宜距离过近，暴露时间不宜过长。
7. 胶片应竖放，避免受压。

2.4 射线照相辅助设备器材

2.4.1 黑度计（光学密度计）

黑度计又名光学密度计，或简称密度计。射线照相底片的黑度均用透射式黑度计测量。早期的黑度计是模拟电路指针显示的光电直读式黑度计，现今已很少使用，此处不做介绍。

目前广泛使用的是数字显示黑度计，其结构原理与指针式不同，该类仪器将接收到的模拟光信号转换成数字电信号，进行数据处理后直接在数码显示器显示出底片黑度数值。数显式黑度计有便携式和台式两种，前者比后者体积更小，质量更轻。图 2—52 所示为一种台式黑度计。

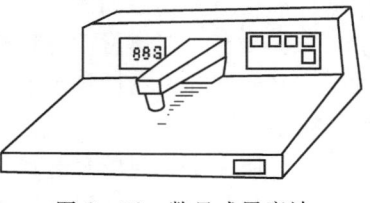

图 2—52　数显式黑度计

黑度计使用前应进行"校零"：光栏上不放底片，按下测量臂，入射光直接照到光传感器，按校零"ZERO"钮，显示 0.00，此时微处理器记下入射光通量 ϕ_0 即完成"校零"。在完成"校零"后，即可正式测量黑度：将底片放于光闸上按下测量臂，入射光透过底片照到传感器，测量出透射光通量 ϕ，最后由微处理器计算出黑度 D，并驱动数码管显示出 D 值。

由黑度公式可知，底片的黑度测量范围内光通量变化很大，当要求黑度测量范围 D 从 0 到 5 时，光传感器接收的光通量变化从 ϕ_0 到 $10^{-5}\phi_0$。为保证精度，需要采用线性好的传感器，偏置电流非常小的高输入阻抗运放及可编程放大器，以及高分辨率的 A/D 转换器。此外，在电路设计时还需考虑解决减少背景光影响，消除 50 Hz 交流电源干扰，抑制直流放大器的零点漂移等问题。目前数显式密度计产品的测量精度可达到在全量程范围内的误差均小于 0.02。

2.4.2　增感屏

目前常用的增感屏有金属增感屏、荧光增感屏和金属荧光增感屏三种。其中以使用金属增感屏所得底片像质最佳，金属荧光增感屏次之，荧光增感屏最差，但增感系数以荧光增感屏最高，金属增感屏最低。

1. 增感作用及增感系数 Q

射线底片上的影像主要是靠胶片乳剂层吸收射线产生光化学作用形成的。为了能吸收较多的射线，射线照相用的感光胶片采用了双面药膜和较厚的乳剂层，但即使如此，通常也只有不到 1% 的射线被胶片所吸收，而 99% 以上的射线透射过胶片被浪费。使用增感屏可增强射线对胶片的感光作用，从而达到缩短曝光时间提高工效的目的。

增感屏的增感性能用增感系数 Q 表示，亦称增感率或增感因子。所谓增感系数是指胶片一定、线质一定、暗室处理条件一定时，得到同一黑度底片，不用增感屏的曝光量 E_0 与使用增感屏时的曝光量 E 之间的比值，即：

$$Q = E_0 / E \tag{2—8}$$

通常用"mA·min"来表示 X 射线的曝光量，用"Ci·min"来表示 γ 射线的曝光量，如果管电流相同或源活度相同，那么曝光量取决于曝光时间。增感系数也可用不用增感屏时的曝光时间 t_0 与使用增感屏时的曝光时间 t 之比来表示，即：

$$Q = t_0 / t \tag{2—9}$$

2. 金属增感屏

金属增感屏一般是将薄薄的金属箔黏合在优质纸基或胶片片基（涤纶片基）上制成。金属增感屏的构造和作用如图 2—53 所示。常用的金属箔材质有铅 Pb、钨 W、钽 Ta、钼 Mo、铜 Cu、铁 Fe 等。金属材质与增感系数的关系如图 2—54 所示。综合增感效果、价格、压延性、表面光整度和柔韧性等因素，应用得最普遍的是用铅合金（含 5% 左右的锑和锡）制作的铅箔增感屏。

在射线照相中，与胶片直接接触的金属增感屏有两个基本效应：

（1）增感效应——金属屏受透射射线激发产生二次电子和二次射线，二次电子与二次射线能量很低，极易被胶片吸收，从而能增加对胶片的感光作用；

（2）吸收效应——对波长较长的散射线有吸收作用，从而减少散射线引起的灰雾度，提高影像对比度。

从图 2—54 中可见，管电压较高时，增感系数随屏金属材料的原子序数的增大而增大。在实验范围内，金（Au，Z=79）最大。而在管电压较低时，锡（Sn，Z=50）的增感系数最大。在图 2—54 中还可见，对于同一金属屏材质时，在 300 kVp 以下，管电压越高，则增感系数越大。但 γ 射线的增感系数出现反常情况。Ir192 的能量比 300 kVp 的 X 射线高，但增感系数却小（透照钢板厚度 40 mm），而 Co60 的增感系数又比 Ir192 小。

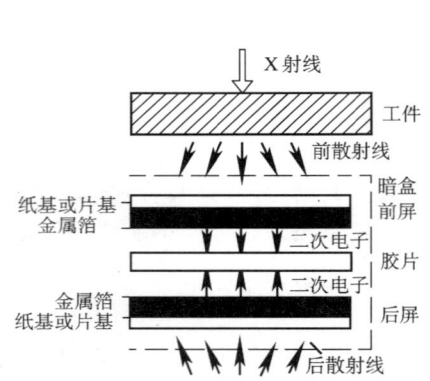

图 2—53 金属箔增感屏的构造和作用图

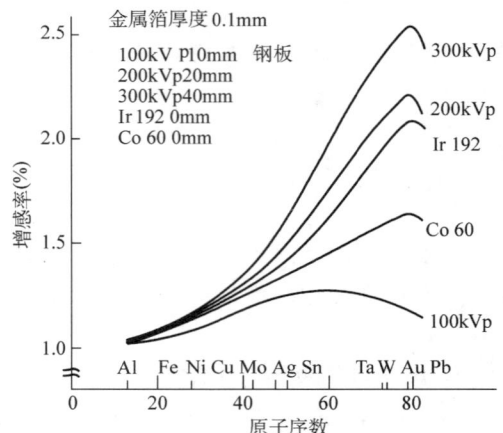

图 2—54 金属箔的材质和增感率的关系

金属增感屏的散射线消除率 ε 由下式给出：

$$\varepsilon = (1 - S_m/S_o) \times 100\% \quad (2-10)$$

式中　S_o ——不用金属增感屏时的散射线率；

　　　S_m ——使用金属增感屏时的散射线率。

对铅箔增感屏来说，铅箔厚度、增感系数、散射线消除率之间的关系如图 2—55 所示，散射线消除率是铅箔厚的高，而增感系数是铅箔厚的小。

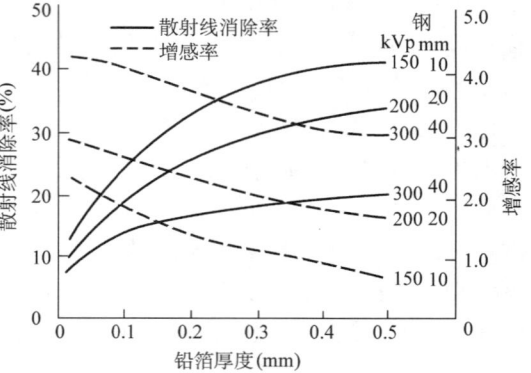

图 2—55 铅箔增感屏的增感率和散射线消除率的关系

金属增感屏的选用见表2—14。

表 2—14　　　　　　　　　　金属增感屏的选用

射线种类	增感屏材料	前屏厚度（mm）	后屏厚度（mm）
<120 kV	铅箔	—	≥0.10
120~250 kV	铅箔	0.025~0.125	≥0.10
>250~450 kV	铅箔	0.05~0.16	≥0.10
1~3 MeV	铅箔	1.00~1.60	1.00~1.60
>3~8 MeV	铜箔、铅箔	1.00~1.60	1.00~1.60
>8~35 MeV	钽箔、钨箔、铅箔	1.00~1.60	—
Ir192	铅箔	0.05~0.16	≥0.16
Co60	钽箔、钢箔、铅箔	0.50~2.00	0.25~1.00

注1：100 kV以下X射线可不用前屏。
注2：钽箔或钨箔增感屏所获得的检测灵敏度比铅箔高。
注3：用钽箔或钢箔能获得最佳检测灵敏度，但比使用铅箔所需曝光时间长。

3. 荧光增感屏

某些物质在射线的照射下，能产生波长较长的可见光，这些物质包括钨酸钙 $CaWO_4$、氟化钙 CaF_2、硫化锌 ZnS、铂氰化钾 $K_2Pt(CN)_6$、铂氰化钡 $BaPt(CN)_6$、铂氰化钙 $CaPt(CN)_6$ 等。荧光增感屏通常使用的是钨酸钙。钨酸钙在射线的照射下，能产生荧光，其最强波长为 425 nm 的蓝紫光。荧光增感屏的构造和作用如图2—56所示。荧光增感屏与增感型胶片联用时，增感系数达100~300，因此，使用荧光增感屏与增感型胶片组合可大大地缩短曝光时间，或用较低的管电压检查较厚的工件。用钨酸钙制作的荧光增感屏按荧光物质的粒度分为粗、中、细三类，其增感性能对应为高速、中速、低速。也有用稀土材料作荧光体的稀土荧光增感屏，这种增感屏与感绿胶片配合使用，其增感系数比钨酸钙又高3~10倍。

在较低的管电压条件下荧光增感屏有较大的增感系数。当管电压大于200 kV时，增感系数降低。由于荧光增感屏的荧光体颗粒粗，荧光会发生扩展和散乱传播，加之荧光增感屏不能截止散射线，故所得底片的影像模糊，清晰度差，灵敏度低，缺陷分辨力差，细小裂纹易漏检，因此，在射线照相中的使用范围越来越小，为避免危险性缺陷漏检，承压设备的焊缝射线照相不允许使用荧光增感屏。

4. 金属荧光增感屏

这种增感屏兼有荧光增感屏的高增感特性和铅箔增感屏的散射线吸收作用。其构造和作用如图2—57所示：将铅箔黏合在纸基上，再在铅箔上涂布荧光物质制成。金属荧光增感屏与非增感型胶片配合使用，其像质要优于荧光增感时的底片，但由于清晰度和分辨力的局限性，金属荧光感屏一般还是不用于质量要求高的工件的透照。

5. 增感屏的使用注意事项

增感屏在使用过程中，其表面应保持光滑、清洁，无污秽、损伤、变形。装片后要求增感屏与胶片能紧密贴合，胶片与增感屏之间不能夹杂异物。

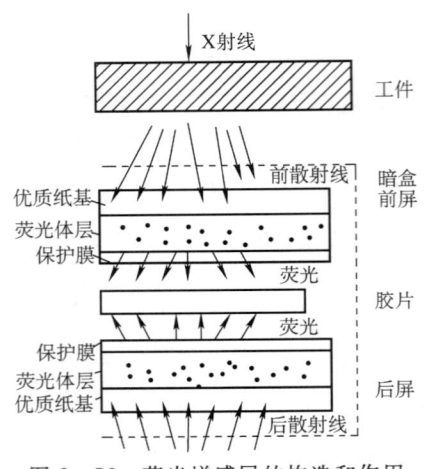
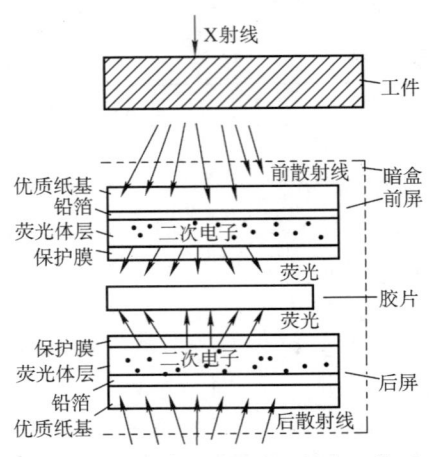

图 2—56　荧光增感屏的构造和作用　　　　图 2—57　金属荧光增感的构造和作用

铅箔增感屏卷曲、受折后，会引起胶片与增感屏接触不良，使底片影像模糊。铅箔的表面比较柔软，如有划伤或者开裂，由于发射二次电子的表面积增大，会使底片上出现类似裂纹的细黑线——其形状与增感屏上划痕或开裂形状相同。铅箔表面有了油污，会吸收二次电子，形成减感现象，使底片上产生白影。对于铅箔表面附着的污物，可用干净纱布蘸乙醚、四氯化碳擦去。对于铅箔增感屏上比较轻微的折痕、划痕和黏合不良引起的鼓泡，可将铅箔增感屏放置在光滑的桌面上，用纱布将其抹平。铅箔极易受显影液和定影液的腐蚀，铅箔增感屏沾上了显影液和定影液后如未能及时揩抹干净，则会在增感屏表面产生严重的腐蚀斑痕，这种增感屏只能废弃不用。

铅箔增感屏保管时要注意防潮，防止有害气体的侵蚀。铅箔增感屏保存时间过长，会产生铅箔与基材之间的脱胶和合金成分锡、锑在表面呈线状析出现象，此时，在增感屏表面出现黑线条，在底片上则产生白线条。检查铅箔增感屏黏合好坏和是否脱胶，可将增感屏轻轻地反复弯曲后，看看增感屏边缘铅箔是否翘起和增感屏上的铅箔是否鼓起。

2.4.3　像质计

1. 像质计的作用与分类

像质计是用来检查和定量评价射线底片影像质量的工具。又称为影像质量指示器，或简称 IQI、透度计。

像质计通常用与被检工件材质相同或对射线吸收性能相似的材料制作。像质计中设有一些人为的有厚度差的结构（如槽、孔、金属丝等），其尺寸与被检工件的厚度有一定的数值关系。射线底片上的像质计影像可以作为一种永久性的证据，表明射线透照检测是在适当条件下进行的，但像质计的指示数值并不等于被检工件中可以发现的自然缺陷的实际尺寸。

工业射线照相用的像质计有金属丝型、孔型和槽型三种。其中金属丝型应用最广，中国、日本、德国、英国、美国，以及国际标准均采用此种像质计。此外，美国还采用平板孔型像质计，英国、法国还采用阶梯孔型像质计。如使用的像质计类型不同，即使照相方法相同,一般所得的像质计灵敏度也是不同的。

除上述像质计外,还有一种双丝型像质计,这种像质计不是用来测量射线照相灵敏度,而是用来测量射线照相不清晰度的。

以下着重介绍丝型和孔型两种像质计的构造与特点。

2. 金属丝型像质计

按金属丝的直径变化规律,金属丝型像质计分为等差数列、等比数列、等径、单丝等几种形式。我国最早曾使用过等差数列像质计,目前世界上则以等比数列像质计应用最为普遍。等比数列像质计的线径公比有两种:一种为 $\sqrt[10]{10}$(R10 系列),一种为 $\sqrt[20]{10}$(R20 系列)。通常使用公比为 $\sqrt[10]{10}$ 系列像质计,其相邻金属丝的直径之比为 $\sqrt[10]{10} \approx 1.25$ 或者为 $1/\sqrt[10]{10} \approx 0.8$。表 2—15 给出了 R10 像质计的线号和对应的金属丝直径。

金属丝型像质计结构如图 2—58 所示。以七根编号相连接的金属线为一组,每个像质计中所有金属线应由相同材料构成,并固定在弱吸收材料(以不影响成像质量为原则)制成的包壳中。像质计金属线应相互平行排列,其长度 l 有三种规格分别为 10 mm、25 mm 和 50 mm。

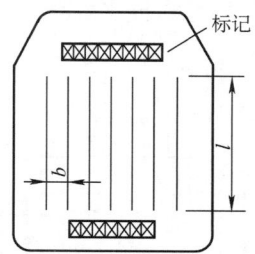

图 2—58 金属丝型像质计结构

表 2—15　　　　　　　　R10 像质计线号和丝径

线号	1	2	3	4	5	6	7	8	9	10
标称线径	3.20	2.50	2.00	1.60	1.25	1.00	0.80	0.63	0.50	0.40
线号	11	12	13	14	15	16	17	18	19	
标称路径	0.32	0.25	0.20	0.16	0.125	0.100	0.080	0.063	0.050	

像质计标志由最大直径的线号、线的材料和标准代号组成。

标识中的最大直径的线号应放置在最大直径线的一侧;最大直径的线号同时表示像质计号。按线径不同,像质计分为 4 个型号,见表 2—16。

表 2—16　　　　　　　　像质计型号和对应线号

像质计型号	1 号	6 号	10 号	13 号
线号	(1)—(7);	(6)—(12);	(10)—(16)	(13)—(19)

像质计按材料不同可分为:钢质像质计;铝质像质计;钛质像质计;铜质像质计等,分别用代号 FE、AL、TI、CU 代表。照相时像质计材质应与试件相同,当缺少同材质像质计时,也可用原子序数低的材料制作的像质计代替,几种像质计的适用材料范围见表 2—17。

表 2—17　　　　　　　　不同线材像质计适用的材料范围

像质计线材代号/线的材料	FE/碳素钢	CU/铜	AL/铝	TI/钛
适用材料范围	铁、镍	铜、锌、锡及锡合金	铝及铝合金	钛及钛合金

以丝型像质计表示的射线照相的相对灵敏度 K 按式(1)计算:

$$K = d/T \times 100\% \qquad (2-11)$$

式中 K ——丝型像质计的射线照相的相对灵敏度；

T ——被检工件的穿透厚度，mm；

d ——射线照相底片上可辨认到的最细线的直径，mm。

3. 平板孔型像质计

平板孔型像质计是在均匀厚度的平板上钻一定尺寸的小孔制成，美国 ASME 规范、ASTM 规范、MIL 标准，以及欧洲标准 EN1435，中国标准 GB 3323 均采用此种像质计。

平板孔型像质计的形状和尺寸如图 2—59 所示。像质计厚度 T 的选择有三种，分别为透照厚度的 1％，2％，4％。所钻的通孔的直径分别为 1T、2T、4T。像质计有矩形和圆形两种，后者适用于大厚度工件。

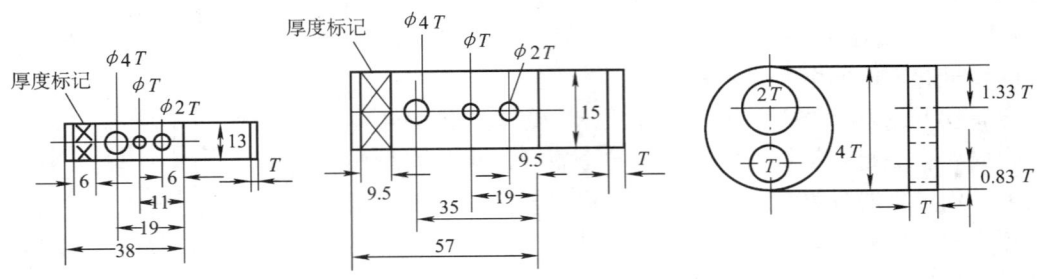

图 2—59 平板孔型像质计结构

平板孔型像质计的灵敏度级别用"厚度—孔径"表示。例如 2—1T 表示厚度 2％的像质计上直径 1T 的孔能够识别；1—2T 表示厚度 1％的像质计上直径 2T 的孔能够识别。按照上述表示方法，每种厚度的平板孔型像质计可以显示 3 个灵敏度级别，三种厚度的平板孔型像质计可以显示 9 个灵敏度级别，即：1—1T、1—2T、1—4T，2—1T、2—2T、2—4T，4—1T、4—2T、4—4T。

实际射线照相检测中，通常采用其中 5 个灵敏度级别：1—1T、1—2T、2—1T、2—2T、2—4T。

平板孔型像质计应选用与被透照材料相同组别或级别的材料制作，也可选用比被透照材料射线吸收性能低的组别或级别的材料制作。

平板孔型像质计的等效像质计灵敏度 EPS 的计算公式如下：

$$\mathrm{EPS}(\%) = \frac{100}{\chi}\sqrt{\frac{Th}{2}} \qquad (2—12)$$

式中 x ——透照厚度；

T ——像质计厚度；

h ——像质计孔径。

各灵敏度级别的等效像质计灵敏度见表 2—18。

表 2—18　　　　　　　　　等效像质计灵敏度 EPS

灵敏度级别	1—1T	1—2T	1—4T	2—1T	2—2T	2—4T	4—1T	4—2T	4—4T
EPS（％）	0.7	1.0	1.4	1.4	2.0	2.8	2.8	4.0	5.6

等效灵敏度 EPS 与以丝型像质计表示的相对灵敏度 K 有类似作用。由等效像质计灵敏

度 EPS 的数值可比较不同透照厚度下，不同"厚度—孔径"显示的灵敏度高低。由表 2—18 中可以看出：2—1T 与 1—4T 显示的灵敏度是"等效"的，而 1—2T 的灵敏度高于 2—1T。

EPS 的另一用途是：如透照某一厚度工件没有正好适合的像质计，只要 EPS 值相同或更小，可以用稍厚的像质计或稍薄的像质计代替。

还需要指出，丝型像质计受透照方向影响小，而孔型像质计灵敏度受射线的透照方向影响大，当射线入射倾角较大时，底片上透度计的小孔影像往往就无法分辨了。

4. 其他种类像质计结构图

槽型像质计结构如图 2—60 所示，阶梯孔型像质计结构如图 2—61 所示。

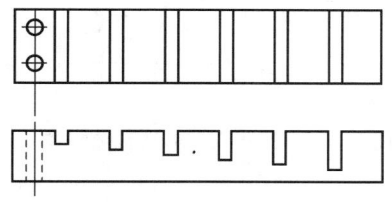

图 2—60　槽型像质计结构

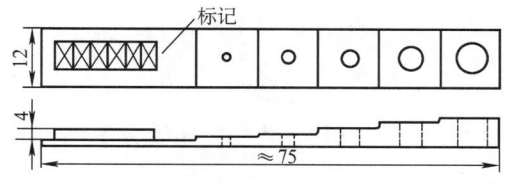

图 2—61　阶梯孔型像质计结构

ASME 规定的一种双丝型像质计结构如图 2—62 所示，丝的材质一般用高吸收特性的物质，例如铂、钨等金属制成。

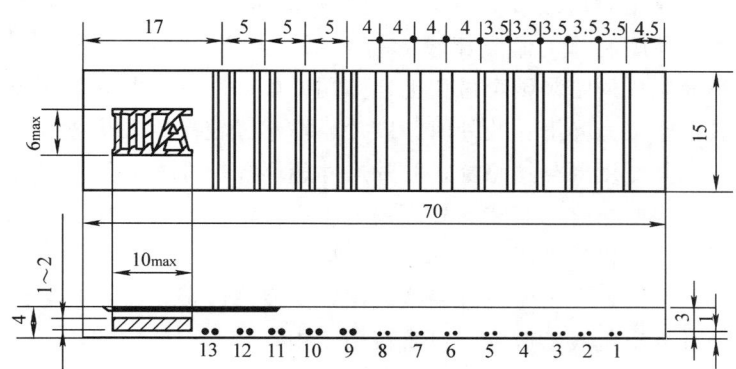

图 2—62　双丝型像质计结构

5. 像质计的摆放

不管使用何种类型的像质计，像质计的摆放位置会直接影响像质计灵敏度的指示值，因此，在摆放像质计时，摆放位置一般是在射线透照区内显示灵敏度较低部位，如离胶片远的工件表面、透照厚度较大部位。若不利部位能达到规定的灵敏度，一般认为有利部位就更能达到。

透照焊缝时，金属丝像质计应放在被检焊缝射源一侧，被检区的一端，并使金属线横贯焊缝并与焊缝方向垂直，像质计上直径小的金属线应在被检区外侧。采用射源置于圆心位置的周向曝光技术时，像质计可每隔 120°放一个。

在一些特殊情况下，像质计无法放在射源侧的表面，此时应做对比试验。其方法是：做一个与被检工件材质、直径、壁厚相同的短试样，在被检部位内外表面各放一个像质计，胶片侧像质计上应加放"F"标记，然后采用与工件相同的透照条件透照。在所得底片上，以射源侧像质计所达到的规定像质指数或相对灵敏度来确定胶片一侧像质计所应达到的相应像质指数或相对灵敏度。图 2—63 所示为管环缝双壁单影透照法对比试验布置图。在双壁单影法像质计放在胶片侧时，像质计上要加放"F"以表示像质计摆放位置是在胶片侧。

平板孔型像质计的摆放，要求放在离被检焊缝边缘 5 mm 以上的母材表面，且像质计下应放置一定厚度的垫片，垫片厚度大致等于被检焊缝的总余高，其目的是使得受检区域的黑度不低于像质计黑度范围的 15%，垫片的尺寸应超过像质计尺寸，使得至少有 3 条像质指示器轮廓线可在照片上看清楚，如图 2—64 所示。

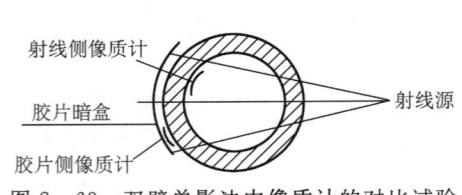 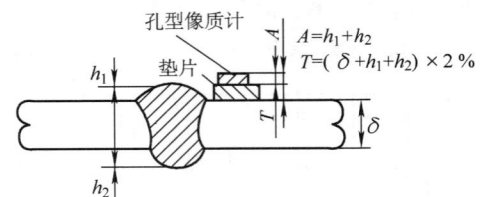

图 2—63 双壁单影法中像质计的对比试验　　　　图 2—64 平板孔形像质计的放置

2.4.4　其他照相辅助器材

1. 暗袋（暗盒）

装胶片的暗袋可采用对射线吸收少而遮光性好的黑色塑料膜或合成革制作，要求材料薄、软、滑。用黑塑料膜制作的暗袋比较容易老化，天冷时发硬，热压合的暗袋边容易破裂，用黑色合成革缝制成的暗袋则可避免上述弊端。如采用以尼龙绸上涂布塑料的合成革缝制暗袋，由于暗袋内壁较为光滑，装片时，胶片、增感屏较易插入暗袋。

暗袋的尺寸，尤其宽度要与增感屏、胶片尺寸相匹配，即能方便地出片、装片，又能使胶片、增感屏与暗袋很好贴合。暗袋的外面划上中心标记线，可以在贴片时方便地对准透照中心。暗袋背面还应贴上铅质"B"标记，以此作为监测背散射线的附件。由于暗袋经常接触工件，极易弄脏，因此，要经常清理暗袋表面，如发现破损，应及时更换。

国外还生产一种真空包装的胶片，可直接用于拍片。真空包装胶片的暗袋由铅箔、黑纸复合而成，暗袋只能一次性使用。由于真空包装，无论胶片是否弯曲，增感屏、暗袋受大气压力作用，始终与胶片密切地贴合。

2. 标记带

为使每张射线底片与工件部位始终可以对照，在透照过程中应将铅质识别标记和定位标记与被检区域同时透照在底片上。识别标记包括工件编号（或探伤编号）、焊缝编号（纵缝、环缝或封头拼接缝等）、部位编号（或片号）。定位标记包括中心标记"↑"和搭接标记"↑"（如为抽查，则为检查区段标记）。其他还有拍片日期、板厚、返修、扩探等标记。所有标记都可用透明胶带黏在中间挖空（长宽约等于被检焊缝的长宽）的长条形透明片基或透明塑料上，组成标记带。标记带上同时配置适当型号的透度计。标记带示例如图 2—65 所示。

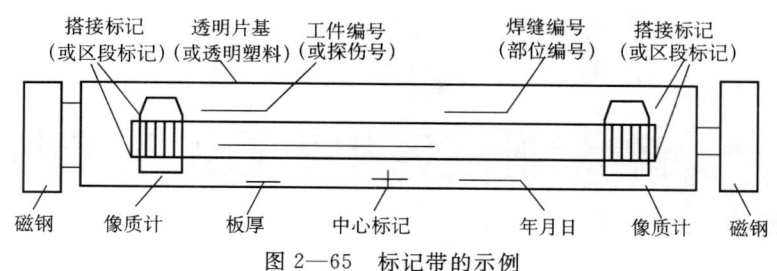

图 2—65 标记带的示例

可将标记带两端粘上两块磁钢，这样可方便地将标记带贴在工件上。也可利用带磁钢的透度计上的磁钢将标记带贴在工件上。对于一些要经常更换的标记（如片号、日期）的部位，如果粘贴一些塑料插口，使用起来更方便。在制作标记带时，应使透度计粘贴在标记带的反面而不要将透度计贴在标记带正面，这样可使透度计较紧密地贴合在工件表面上，以免影响灵敏度显示。所有标记应摆放整齐，其在底片上的影像不得相互重叠，并离被检焊缝边缘 5 mm 以上。

3. 屏蔽铅板

为屏蔽后方散射线，应制作一些与胶片暗袋尺寸相仿的屏蔽板。屏蔽板由 1 mm 厚的铅板制成。贴片时，将屏蔽铅板紧贴暗袋，以屏蔽后方散射线。

4. 中心指示器

射线机窗口应装设中心指示器。中心指示器上装有约 6 mm 厚的铅光阑，可有效地遮挡非检测区的射线，以减少前方散射线；还装有可以拉伸、收缩的对焦杆，在对焦时，可将拉杆拨向前方，透照时则拨向侧面。利用中心指示器可方便地指示射线方向，使射线束中心对准透照中心。

5. 其他小器件

射线照相辅助器材很多，除上述用品、设备、器材之外，为方便工作，还应备齐一些小器件，如卷尺、钢印、榔头、照明灯、电筒、各种尺寸的铅遮板、补偿泥、贴片磁钢、透明胶带、各式铅字、盛放铅字的字盘、划线尺、石笔、记号笔等。

第 3 章 射线照相质量的影响因素

3.1 射线照相灵敏度的影响因素

3.1.1 概述

评价射线照相影像质量最重要的指标是射线照相灵敏度。所谓射线照相灵敏度，从定量方面来说，是指在射线底片上可以观察到的最小缺陷尺寸或最小细节尺寸，从定性方面来说，是指发现和识别细小影像的难易程度。

灵敏度有绝对与相对之分，在射线照相底片上所能发现的沿射线穿透方向上的最小缺陷尺寸称为绝对灵敏度。此最小缺陷尺寸与射线透照厚度的百分比称为相对灵敏度。

显然，用自然缺陷尺寸来评价射线照相灵敏度是不现实的。为便于定量评价射线照相灵敏度，常用与被检工件或焊缝的厚度有一定百分比关系的人工结构，如金属丝、孔、槽等组成所谓透度计，又称为像质计，作为底片影像质量的监测工具，由此得到灵敏度称为像质计灵敏度。需要注意的是，底片上显示的像质计最小金属丝直径、或孔径、或槽深，并不等于工件中所能发现的最小缺陷尺寸，即像质计灵敏度并不等于自然缺陷灵敏度。但像质计灵敏度提高，表示底片像质水平也相应提高，因而也能间接地反映出射线照相对最小自然缺陷检出能力的提高。

对裂纹之类方向性很强的面积型缺陷，即使底片上显示的像质计灵敏度很高，黑度、不清晰度符合标准要求，有时也有难于检出甚至完全不能检出的情况。尤其是面积型缺陷，其检出灵敏度与像质计灵敏度存在着较大差异，造成这种差异的影响因素很多，例如，焦点尺寸等几何因素的影响，射线透照方向与缺陷平面有一定的夹角而造成透照厚度差减小的影响等。要提高此类缺陷的检出率，就必须很好考虑透照方向及其他有助于提高缺陷检出灵敏度的工艺措施。

射线照相灵敏度是射线照相对比度（缺陷影像与其周围背景的黑度差）、不清晰度（影像轮廓边缘黑度过渡区的宽度）和颗粒度（影像黑度的不均匀程度）三大要素的综合结果，而此三大要素又分别受到不同工艺因素的影响。三大要素的定义图示如图 3—1 所示。

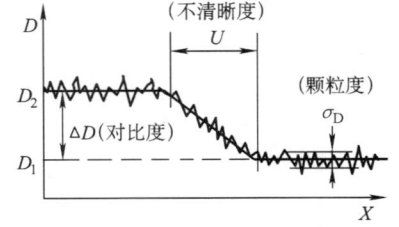

图 3—1　射线照相影像对比度、不清晰度和颗粒度的概念示意
（以厚度差为 ΔT 的阶边影像为例）

射线照相灵敏度的影响因素可归纳见表 3—1。

表 3—1　　　　　　　　　影响射线照相灵敏度的因素

射线照相对比度 ΔD $\Delta D = 0.434\mu G\Delta T/(1+n)$		射线照相不清晰度 U $U = \sqrt{U_g^2 + U_i^2}$		射线照相颗粒度 σ_D
主因对比度 $\Delta I/I = \mu\Delta T/(1+n)$	胶片对比度 $G = \Delta D/\Delta \lg E$	几何不清晰度 $U_g = d_f L_2/L_1$	固有不清晰度 U_i $U_i = 0.0013(kV)^{0.79}$	$\sigma_D = \left[\sum_{i=1}^{N}\dfrac{(D_i-\bar{D})^2}{N-1}\right]^{1/2}$
取决于： a) 缺陷造成的透照厚度差 ΔT（缺陷高度、透照方向） b) 射线的质 μ（或 λ、KV、MeV） c) 散射比 $n(=I_s/I_p)$	取决于： a) 胶片类型（或梯度 G） b) 显影条件（配方、时间、活度、温度、搅动） c) 底片黑度 D	取决于： a) *焦点尺寸 d_f b) 焦点至工件表面距离 L_1 c) 工件表面至胶片距离 L_2	取决于： a) 射线的质 μ（或 λ、KV、MeV） b) 增感屏种类（Pb、Au、Sb 等） c) 屏一片贴紧程度	取决于： a) 胶片系统（胶片型号、增感屏、冲洗条件） b) 射线的质 μ（或 λ、KV、Mev） c) 曝光量（It）和底片黑度 D

3.1.2　射线照相对比度

如果工件中存在厚度差，那么射线穿透工件后，不同厚度部位的透过射线的强度就不同，曝光后经暗室处理得到的底片上不同部位就会产生不同的黑度，射线照相底片上的影像就是由不同黑度的阴影构成的，阴影和背景的黑度差使得影像能够被观察和识别。把底片上某一小区域和相邻区域的黑度差称为底片对比度，又叫做底片反差。显然，底片对比度越大，影像就越容易被观察和识别。因此，为检出较小的缺陷，获得较高灵敏度，就必须设法提高底片对比度。但在提高对比度的同时，也会产生一些不利后果，例如，试件能被检出的厚度范围（厚度宽容度）减小，底片上有效评定区缩小，曝光时间延长，检测速度下降，检测成本增大等。

1. 射线照相对比度公式的推导

在 1.4 节中，推导过主因对比度公式：

$$\Delta I/I = \mu\Delta T/(1+n)$$

式中　ΔI——因试件中存在厚度为 ΔT 的缺陷而引起的一次透射射线强度差（$\Delta I = I_p' - I_p$）；

　　　I——无缺陷处的射线总强度，包括一次透射射线和散射线（$I = I_p + I_s$）；

　　　μ——试件材料的线衰减系数；

　　　ΔT——缺陷在射线透照方向上的尺寸；

　　　n——散射比，散射线强度与一次透射射线强度之比（$n = I_s/I_p$）。

公式的导出基于以下三个假设：

(1) 试件中缺陷厚度相对于试件厚度来说很小，且缺陷中充满空气，其衰减系数忽略不计；

(2) 缺陷的存在不影响到达胶片的散射线量；

(3) 缺陷的存在不影响散射比。

在大多数情况下，以上假设引起的误差极小，因此，公式是可以成立的。

在 2.3 节中，给出了胶片对比度公式：$G=\Delta D/\Delta \lg E$

该式可改写为：

$$\Delta D = G\Delta \lg E = G(\lg E_2 - \lg E_1) = G \lg E_2/E_1 = G \lg(I_2 t/I_1 t)$$
$$= G\lg(I_2/I_1) = G \lg[(I+\Delta I)/I] = G\lg(1+\Delta I/I)$$
$$= G\ln(1+\Delta I/I)/\ln 10$$

由近似公式 $\ln(1+x) = x$，得

$$\Delta D = G(\Delta I/I)/2.3 = 0.434G(\Delta I/I)$$

将主因对比度公式 $\Delta I/I = \mu\Delta T/(1+n)$ 代入得：

$$\Delta D = 0.434G\mu\Delta T/(1+n) \tag{3—1}$$

此即射线照相对比度公式。

2. 射线照相对比度的影响因素

由式（3—1）可知，射线底片的对比度 ΔD 是主因对比度 $\mu\Delta T/(1+n)$ 和胶片对比度 G 共同作用的结果，主因对比度是构成底片对比度的根本原因，而胶片对比度可看做是主因对比度的放大系数，通常这个系数为 3~8。

（1）影响主因对比度的因素　影响主因对比度的因素有厚度差 ΔT、衰减系数 μ 和散射比 n。

1) ΔT 与缺陷尺寸有关，某些情况下还与透照方向有关。对试件中的给定缺陷，其几何尺寸是一定的，但在不同方向上形成的厚度差却可能不同，对一些面积型缺陷，如裂纹、未熔合等，透照方向与 ΔT 的关系特别明显。为提高照相对比度，就必须考虑选择适当的透照方向或控制一定的透照角度，以求得到较大的 ΔT。例如，为检出坡口未熔合，往往选择沿坡口的透照方向。为保证裂纹的检出率，就必须控制射线束的角度，使之与裂纹的夹角不得过大。

2) 衰减系数 μ 与试件材质和射线能量有关。在试件材质给定的情况下，透照的射线能量越低，线质越软，μ 值越大。在保证射线穿透力的前提下，选择能量较低的射线进行照相，是增大对比度的常用方法。

3) 减小散射比 n 可以提高对比度，因此，透照时就必须采取有效措施控制和屏蔽散射线。

（2）影响胶片对比度的因素　影响胶片对比度的因素有胶片种类、底片黑度和显影条件。

1) 不同类型的胶片具有不同的梯度。通常，非增感胶片的梯度比增感型胶片的梯度大。非增感型胶片中，不同种类的胶片有时梯度也不一样，要想提高对比度，可以选择梯度较大的胶片。

2) 胶片梯度随黑度的增加而增大，为保证对比度，常对底片的最小黑度提出限制，为增大对比度，射线照相底片往往取较大的黑度值。

3) 显影条件的变化可以显著改变胶片特性曲线的形状，显影配方、显影时间、温度以及显影液活度都会影响胶片的梯度。

此外，对小缺陷来说，射线照相几何条件也会影响其影像对比度。所谓小缺陷，是指横向尺寸（垂直于射线束方向的尺寸）远小于射线源尺寸的缺陷，包括小的点状缺陷和细的线状缺陷。影响对比度的照相几何条件主要是指射线源尺寸 d_f、源到缺陷的距离 L_1、缺陷到胶片的距离 L_2。

结合图 3—2 可对几何条件影响小缺陷影像对比度问题做简明解释：正常情况下，底片上缺陷影像由本影和半影组成，如图 3—2a 所示，但随着 d_f 的增大或 L_2 的增大，或 L_1 的减小，缺陷影像的本影区将缩小，半影区将扩大，图 3—2b 表示一种临界状态，即本影缩小为一个点；如果进一步增大 d_f、L_2 或缩小 L_1，则情况如图 3—2c 所示，缺陷的本影将消失，其影像只由半影构成，对比度将显著下降。几何条件对小缺陷影像对比度的影响的详细分析可参见本章 3.2.4 节。

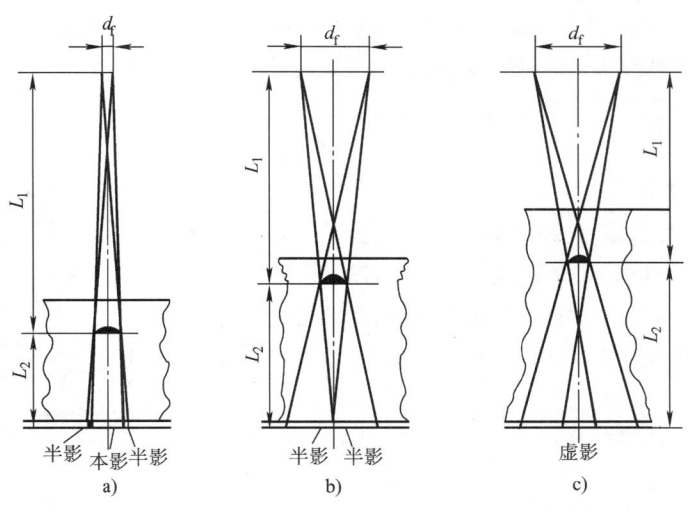

图 3—2　射线照相几何条件对小缺陷对比度的影响
a) 正常影像　b) 临界情况　c) 本影消失、对比度下降

3.1.3　射线照相清晰度

如图 3—3 所示，用一束垂直于试件表面的射线透照一个金属台阶试块，理论上理想的射线底片上的影像由两部分黑度区域组成，一部分是试件 AO 部分形成的高黑度均匀区，另一部分是试件 OB 部分形成的低黑度均匀区，两部分交界处的黑度是突变的，不连续的，如图 3—3a 所示，但实际上底片上的黑度变化并不是突变的。试件的"阶边"影像是模糊的，影像的黑度变化如图 3—3b 所示，存在着一个黑度过渡区。c 为 b 的放大图，由 c 可见，黑度过渡区不是单纯直线，存在一个趾部和肩部。把黑度在该区域的变化绘成曲线，称之为"黑度分布曲线"或"不清晰度曲线"。很明显，黑度变化区域的宽度越大，影像的轮廓就越模糊，所以该黑度变化区域的宽度就定义为射线照相不清晰度 U。

在实际工业射线照相中，造成底片影像不清晰有多种原因，如果排除试件或射源移动、屏—胶片接触不良等偶然因素，不考虑使用盐类增感屏荧光散射引起的屏不清晰度，那么构成射线照相不清晰度主要是两方面因素，即：由于射源有一定尺寸而引起的几何不清晰度

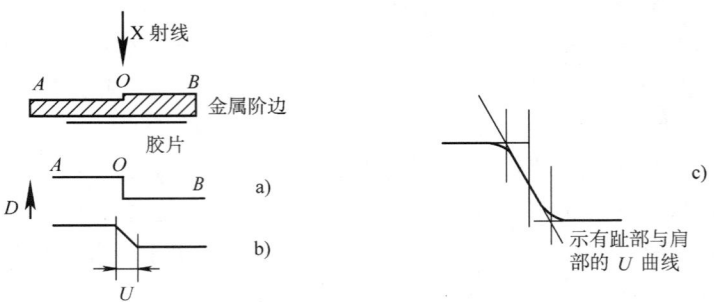

图 3—3 阶边影像的射线照相不清晰度 (U)

U_g 以及由于电子在胶片乳剂中散射而引起的固有不清晰度 U_i。

底片上总不清晰度 U 是 U_g 和 U_i 的综合结果,其中几何不清晰度 U_g 构成黑度过渡区直线部分,而固有不清晰度 U_i 则使黑度过渡区产生趾部和肩部,如图 3—3c 所示。目前描述 U、U_g 和 U_i 比较广泛采用的关系式为:

$$U = (U_g^2 + U_i^2)^{1/2} \tag{3—2}$$

1. 几何不清晰度 U_g

由于 X 射线管焦点或 γ 射线源都有一定尺寸,所以透照工件时,工件表面轮廓或工件中的缺陷在底片上的影像边缘会产生一定宽度的半影,此半影宽度就是几何不清晰度 U_g,如图 3—4 所示。U_g 值可用下式计算:

$$U_g = d_f \times b / (F - b) \tag{3—3}$$

式中　d_f ——焦点尺寸;
　　　F ——焦点至胶片距离;
　　　b ——缺陷至胶片距离。

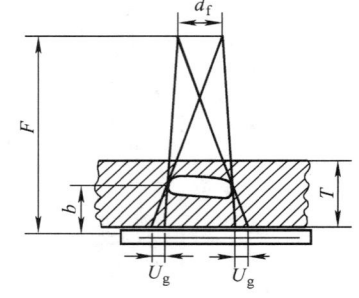

图 3—4 工件中缺陷的几何不清晰度

通常技术标准中所规定的射线照相必须满足的几何不清晰度,是指工件中可能产生的最大几何不清晰度 U_{gmax},相当于射源侧表面缺陷或射源侧放置的像质计金属丝所产生的几何不清晰度(见图 3—5),其计算公式为:

$$U_{gmax} = d_f \times L_2 / (F - L_2) = d_f \times L_2 / L_1 \tag{3—4}$$

式中　L_1 ——焦点至工件表面的距离;
　　　L_2 ——工件表面至胶片的距离。

由上式可知,几何不清晰度与焦点尺寸和工件厚度成正比,而与焦点至工件表面的距离成反比。在焦点尺寸和工件厚度给定的情况下,为获得较小的 U_g 值,透照时就需要取较大的焦距 F,但由于射线强度与距离平方成反比,如果要保证底片黑度不变,在增大焦距的同时就必须延长曝光时间或提高管电压,所以对此要综合权衡考虑。

使用 X 射线照相时,由于透照场中不同位置上的焦点尺寸不同,阴极一侧的焦点尺寸较大,因此,相应位置上的几何不清晰度也较大。实际上,由于照射场内光学焦点从阴极到阳极一侧都是变化的,因此,即使是纵焊缝(平板)照相,底片上各点的 U_g 值也是不同的。而环焊缝(曲面)照相,由于距离、厚度的变化,其底片的上各点的 U_g 值的变化更

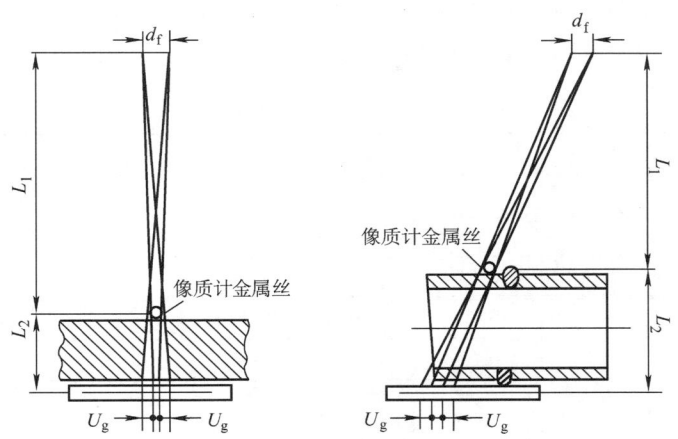

图 3—5 以像质计金属丝的 U_g 值作为被检焊缝的 U_{gmax} 值

大,更复杂。

几何不清晰度的计算:

【例】 采用双壁双影法透照 $\phi76\times3$ 的管子对接焊缝,已知 X 射线机焦点尺寸为 3 mm,透照焦距为 600 mm,求胶片侧焊缝和射源侧焊缝的照相几何不清晰度 U_{g1} 和 U_{g2}。

解:已知管子外径 $D=76$ mm,焦点 $d_f=3$ mm,壁厚 $t=3$ mm,焦距 $F=600$ mm

又:焊缝余高 Δt 取 2 mm,根部余高取 0。

则胶片侧焊缝的几何不清晰度 U_{g1}

$U_{g1}=d_f \cdot L_2/L_1=d_f(t+\Delta t)/[F-(t+\Delta t)]=3\times(3+2)/[600-(3+2)]=0.0252$ mm

射源侧焊缝的几何不清晰度

$U_{g2}=d_f \cdot L_2/L_1=d_f(D_0+2\Delta t)/[F-(D_0+2\Delta t)]=3\times(76+2\times2)/[600-(76+2\times2)]=0.4615$ mm

答:胶片侧焊缝的几何清晰度 $U_{g1}=0.025$ mm;

射源侧焊缝的几何不清晰度 $U_{g2}=0.46$ mm。

2. 固有不清晰度 U_i

固有不清晰度是由照射到胶片上的射线在乳剂层中激发出的电子的散射所产生的。当光子穿过乳剂层时,会在乳剂中激发出电子。射线光量子能量越高,激发出的电子动能就越大,在乳剂层中的射程也越长。这些电子向各个方向散射,作用于邻近的卤化银颗粒,动能较大的电子甚至可穿过多个卤化银颗粒。由于电子的作用,会使这些卤化银颗粒产生潜影,因此一个射线光量子不只影响一个卤化银颗粒,而可能在乳剂中产生一小块潜影银,其结果是不仅光量子直接作用的点能被显影,而且该点附近区域也能被显影,这就造成了影像边界的扩散和轮廓的模糊。固有不清晰度大小就是散射电子在胶片乳剂层中作用的平均距离。

固有不清晰度主要取决于射线的能量,在 100~400 kV 范围,表达固有不清晰度的经验公式可写为:

$$U_i=0.0013\,(kV)^{0.79} \qquad (3-5)$$

表 3—2 与不同射线能量下的固有不清晰度值。

表 3—2 的数值绘制的曲线如图 3—6 所示，可以看出：U_i 随射线能量的提高而连续递增，在低能区，U_i 增大速率较慢，但在高能区，U_i 增大速率较快。

表 3—2　　　　　　　　　与不同射线能量相应的固有不清晰度值

经滤波的 X 射线	50 kV	100 kV	200 kV	300 kV	400 kV	
U_i (mm)	0.03	0.05	0.09	0.12	0.15	
经滤波的高能 X 射线	1 MV	2 MV	5.5 MV	8 MV	18 MV	31 MV
U_i (mm)	0.24	0.32	0.46	0.60	0.80	0.97
经滤波的 γ 射线	Ir192	Cs137	Co60	Tm170	注a：数值取决于滤板厚度	
U_i (mm)	0.17	0.28	0.35	0.07～0.1a		

射线照相使用的金属增感屏能吸收射线能量，发射出电子，作用于胶片的卤化银，增加感光。由增感屏发射出的电子，在乳剂层中也有一定射程，同样产生固有不清晰度。有关文献指出，增感屏的材料种类、厚度，以及使用情况都会影响固有不清晰度。例如，在中低能量射线照相中，使用铅增感屏的胶片比不使用铅增感屏的胶片的固有不清晰度有所增大；随着铅增感屏厚度的变化，固有不清晰度也将有

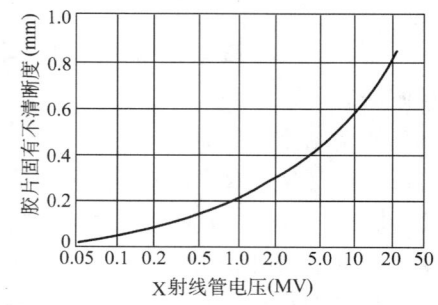

图 3—6　固有不清晰度与射线能量关系曲线

所改变。在 γ 射线和高能 X 射线照相中，使用铜、钽、钨制作的增感屏可得到比铅增感屏更小的固有不清晰度；在使用增感屏时，如果增感屏与胶片贴合不紧，留有间隙，也将使固有不清晰度明显增大。

对增感屏和胶片不贴紧导致固有不清晰度增大的现象可作如下解释：由增感屏发射出的电子脱离增感屏表面后，如未立即进入胶片乳剂层，而是在空气中经一段距离后再进入乳剂层，则由于电子通过空气时的动能损失较小，其总的作用距离将大于那些完全在乳剂层中穿行的电子的作用距离。因此，导致固有不清晰度增大。

射线照相固有不清晰度可采用铂—钨双丝像质计测定。

3. 用测微光密度计测出的不清晰度曲线

图 3—7 所示为用测微光密度计测定的不清晰度曲线的实验记录，这些曲线所表示的棱边影像的黑度变化采用了放大的刻度。

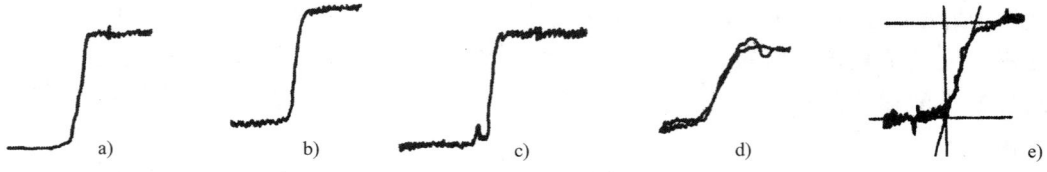

图 3—7　不清晰度试验曲线

a) U_g　b) U_i（低能 X 射线）　c) U_i（中等能量 X 射线）
d) U_i（高能 X 射线）　e) U_g、U_i 合成的不清晰曲线

图中 a) 是几何不清晰度曲线 (由均匀焦点 X 射线管产生), 大体上由三条直线组成, 突变处只有很小的趾部和肩部; b)~d) 是 X 射线能量逐渐提高时, 固有不清晰度的变化; e) 是几何不清晰度和固有不清晰度叠加一起时产生的不清晰度曲线 (简称 U 曲线)。由图可见, 随射线能量增加, 曲线 c) 和 d) 趾部和肩部逐渐明显; 而在 e) 中, 固有不清晰度和几何不清晰度叠加的结果使直线部分变短。

几乎在所有的射线照相中都包含有两种不清晰度, 即如图 3—7e 所示的曲线。

3.1.4 射线照相颗粒度

颗粒性是指均匀曝光的射线底片上影像黑度分布不均匀的视觉印象。颗粒度则是根据测微光密度计测出的数据、按一定方法求出的所谓底片黑度涨落的客观量值。观察受到高能量射线照射的快速胶片, 不用放大镜, 颗粒性就很明显; 而对受低能量射线照射的慢速胶片来说, 可能要经中度放大才使颗粒性明显。

颗粒性印象不是单个显影的感光颗粒引起的。在工业射线胶片中, 由单个感光颗粒显影产生的黑色金属银粒很少大于 0.01 mm, 通常还要小些, 这远低于人眼可见界限。实际上颗粒的视觉印象是由许多银粒交互重叠组成的颗粒团产生的, 而颗粒团的黑度则是由这些单个银粒的随机分布造成的。

颗粒的随机性是多种因素造成的: 胶片乳剂层中感光银盐颗粒大小, 分布均匀度具有随机性; 射线源发出的光量子到达胶片的空间分布是随机的; 胶片乳剂吸收光量子, 使乳剂中一个或多个溴化银晶体感光也是随机的。

颗粒性产生原因可归纳为两个方面: 一是胶片噪声, 相关于银盐粒度和感光速度; 二是量子噪声, 即光子随机分布的统计涨落, 相关于射线能量、曝光量和底片黑度。一般说来, 颗粒性随胶片粒度和感光速度的增大而增大, 随射线能量的增大而增大, 随曝光量和底片黑度的增大而减小。

胶片乳剂层中感光银盐颗粒大小对颗粒性有直接影响, 大颗粒银盐阻光性好, 在底片上引起的黑度起伏显然更大一些。关于感光速度的影响可解释如下: 对慢速胶片来说, 要产生一定黑度, 比如黑度 2.0, 一个小区域中可能要吸收 10 000 个光子。而对快速胶片, 产生同样黑度所需的光子要少得多。考虑光子吸收过程中的叠加作用对随机性的影响, 产生一定黑度所需要的光子数越多, 射线照相影像的颗粒性就越不明显, 所以胶片速度会影响底片影像颗粒性。一般情况是慢速胶片中的溴化银晶体比快速胶片中的晶体小, 因此, 胶片粒度和感光速度对颗粒性的影响往往是加和性的。

同样也易于理解, 射线照相的颗粒性随能量的提高而增大。因为在低能量下, 吸收一个光子只使一个或几个溴化银颗粒感光, 而在高能量下, 一个光子能使许多个颗粒感光, 这样就使随机分布的黑度起伏变大, 显示出颗粒增大的倾向。而曝光量增大和底片黑度增大都使得更多的光子到达胶片, 大量光子的叠加作用将使黑度的随机性起伏降低, 所以减小了颗粒性。

颗粒度限制了影像能够记录的细节的最小尺寸。一个尺寸很小的细节, 在颗粒度较大的影像中, 或者不能形成自己的影像, 或者其影像被黑度的起伏所掩盖, 无法识别出来。

3.2 灵敏度和缺陷检出的有关研究

灵敏度和缺陷检出是射线照相技术最重要的课题之一，本节介绍有关研究的部分内容，包括一些试验数据和理论分析。在一些问题上，亚洲和欧洲学者采用了不同的研究方法和途径，有些观点和结论也有所不同，在此分别介绍以供借鉴。

3.2.1 最小可见对比度 ΔD_{min}

1. 最小可见对比度 ΔD_{min}

最小可见对比度又称为识别界限对比度，其定义是在底片上能够辨认的某一尺寸影像的最小黑度差。ΔD_{min} 与 ΔD 是两个不同的概念，ΔD 是底片上的客观存在的量值，而 ΔD_{min} 反映的是在一定条件下，人眼对底片影像黑度差的辨别能力，即识别灵敏度。ΔD_{min} 的数值越小，意味着人眼对底片影像的辨别能力越强，对缺陷影像的识别灵敏度越高。ΔD 与 ΔD_{min} 的关系为：当 $\Delta D \geqslant \Delta D_{min}$ 时，影像能够识别；反之，则不能识别。

ΔD_{min} 在很大程度上取决于观片灯亮度，在合适的观片条件下，ΔD_{min} 数值较小，而观片条件变差，则 ΔD_{min} 数值会变大。讨论或通过试验测定 ΔD_{min} 与影像大小、底片黑度、颗粒度和人眼敏锐度等因素关系，前提是观片条件是适当的而且是固定的。

2. ΔD_{min} 与底片黑度、颗粒度、金属丝影像宽度的关系

通过试验总结出 ΔD_{min} 与底片黑度、金属丝影像宽度以及底片颗粒度的相对变化关系如下：

ΔD_{min} 随黑度的增加而增大，且金属丝宽度越小，ΔD_{min} 的增大程度越显著，如图3—8所示。

ΔD_{min} 与金属丝影像宽度的关系是：在影像宽度较大时，ΔD_{min} 不随宽度变化而变化，但在影像宽度较小时，ΔD_{min} 随宽度的减小而增大，且当底片黑度越高时，增大的比例越大（见图3—9）。

颗粒度对 ΔD_{min} 的影响见图3—10。对宽度相同的金属丝影像来说，颗粒较细的胶片与增感屏组合后得到的 ΔD_{min}，要比颗粒较粗的胶片小。

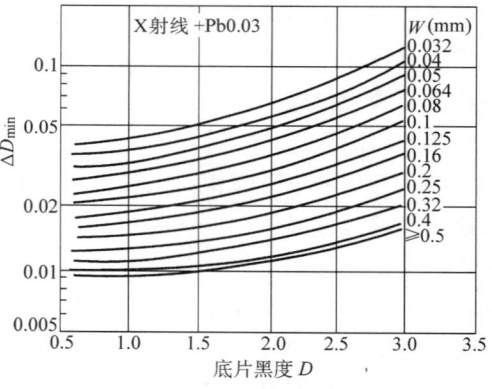

图3—8 底片黑度和识别界限对比度的关系
（观察条件：暗室，KS—3型观片灯）

3.2.2 射线底片黑度与灵敏度

由第2章可知，非增感胶片的 G 值随黑度的增加而增大，又由射线照相对比度公式得知，G 增大时，ΔD 也会增大，因此黑度增大会使 ΔD 增大。另一方面，黑度与 ΔD_{min} 的关系为：在低黑度范围，ΔD_{min} 大致是一定的，但在高黑度范围，ΔD_{min} 随黑度的增加而增大。综合以上关系，可得到图3—11，图中线径 d 所对应的 ΔD 只有在线径 d 所对应的 ΔD_{min} 以上的范围，该线径 d 才能识别。

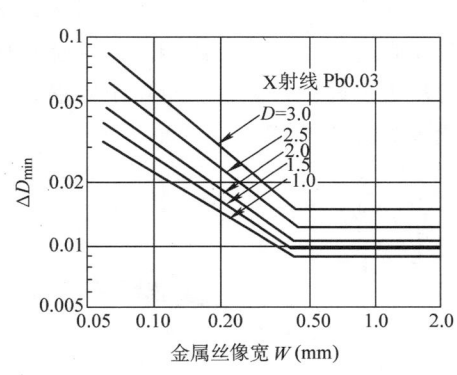

图 3—9　金属丝影像宽度和识别界限
对比度的关系

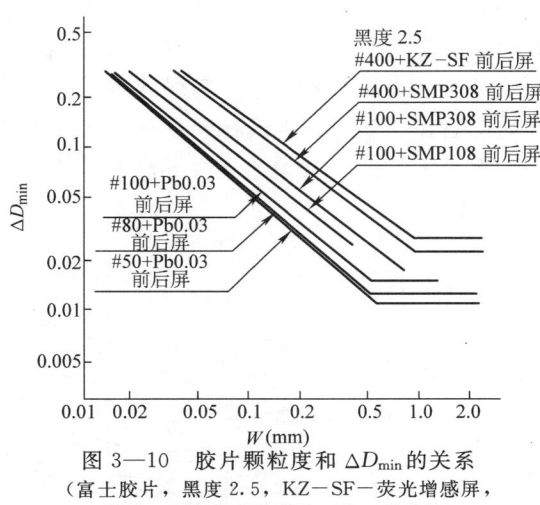

图 3—10　胶片颗粒度和 ΔD_{min} 的关系
（富士胶片，黑度 2.5，KZ-SF-荧光增感屏，
SMP-金属荧光增感屏，Pb-增感屏）

若以 $\Delta D/\Delta D_{min}$ 达到最大值的黑度为最佳黑度，即图 3—12 中 $\lg\Delta D - \lg\Delta D_{min}$ 的最大值对应的黑度为最佳黑度，则如图 3—12 所示，使 ΔD 和 ΔD_{min} 两曲线上下平移后相切的一点就是最佳黑度。由于 ΔD_{min} 的数值随线径 d 的改变而变化（见图 3—9），所以对于不同的线径 d，最佳黑度值也有所不同。由射线照相对比度公式和图 3—9 所显示的 d 和 ΔD_{min} 的关系，结合实验数据推导出如图 3—13 所示的结果。实验采用了 X 射线和富士 100 胶片＋铅增感屏，选择的透照几何条件使得几何因素对金属丝影像对比度的影响以及影像放大的影响可以忽略不计。（即 $W'\approx 0$，$M\approx 1$。W' 的意义见下节，M 为影像放大系数。）由图中曲线可知，对于各种能量、材质和散射比［即 $\mu/(1+n)$］的变化，可识别最小线径 d 的黑度值大致在 2.5 左右（即图中点画线），此黑度称为平板试件透照的最佳黑度。

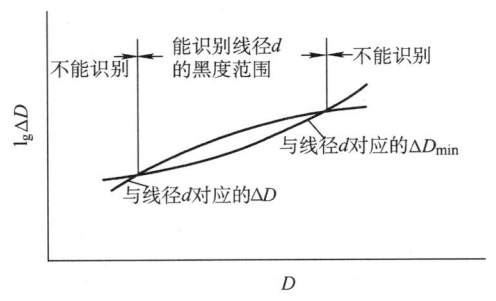

图 3—11　黑度 D 和 ΔD 及 ΔD_{min} 的关系

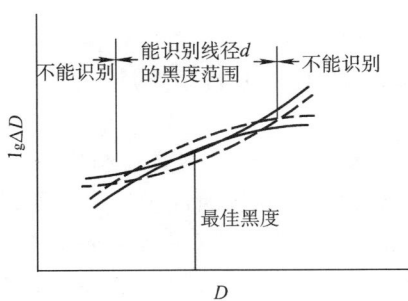

图 3—12　最佳黑度和正常黑度范围

但大多数情况下试件是不等厚的，对于不等厚试件，不同厚度部位底片黑度不同，可识别的线径 d 也不同。以焊缝试件为例，一般情况下焊缝余高是不磨平的，如果选择焊缝中心的黑度为 2.5，则该部位可识别线径最小，但此时母材部位的黑度比焊缝中心大，所以母材部位可识别线径将大于焊缝部位可识别线径，即两个部位的射线照相灵敏度不等，这显然不能满足缺陷检出的要求。为使焊缝部位和母材灵敏度相等，就需要以最佳黑度为基准调节母材黑度和焊缝黑度。使母材黑度比 $D=2.5$ 适当大一些，同时使焊缝黑度比 $D=2.5$ 适当

小一些。黑度是通过改变射线能量进而改变 μ 和 n 来实现的,黑度的具体数值大小与射线能量和余高高度等参数有关。此时的黑度称为有余高焊缝试件透照的最佳黑度,达到最佳黑度所使用的射线能量称为有余高焊缝试件透照的最佳射线能量。图 3—14 所示为某试验条件下射线能量,可识别最小线径和最佳黑度随焊缝余高高度变化的对应关系。由图中可查到,当母材厚度 10 mm,焊缝余高 4 mm 时,最佳射线能量大约为 110 kV。

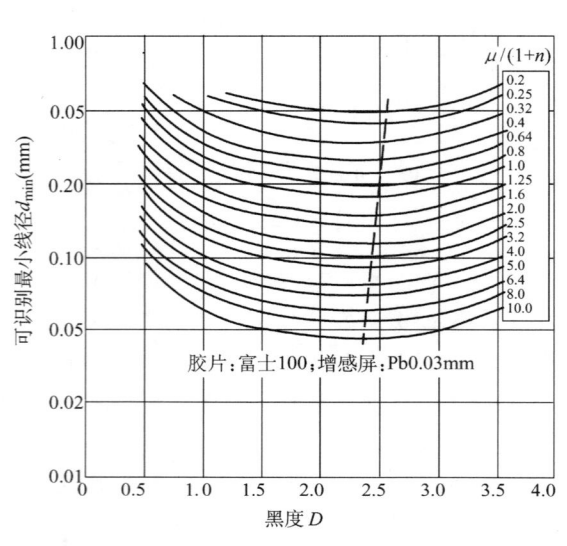

图 3—13 黑度和可识别最小线径的关系参数
$\mu/(1+n)$ 的单位为 cm^{-1};透照几何条件 $W' \approx 0$

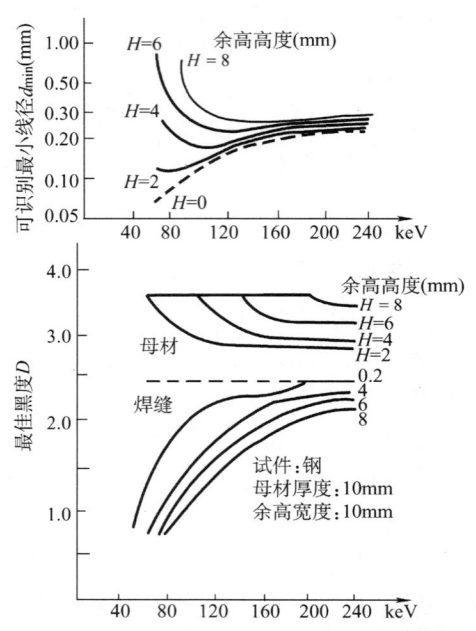

图 3—14 母材厚度 10 mm 时焊缝余高高度和最佳黑度及可识别的最小线径

3.2.3 缺陷检出试验

以下为日本学者的射线照相缺陷检出试验的一些数据。

1. 胶片和增感屏组合对裂纹检出的影响

表 3—3 反映了不同的胶片和增感屏组合对裂纹检出的影响。其中:

比较序号 1、2、3、和 6、7 的数据,可看出胶片种类对裂纹检出的影响:随着胶片颗粒度增大和梯噪比减小,像质计灵敏度变化虽不明显,但裂纹识别度明显下降。

比较序号 3、4、5 和 8、9 的数据,可看出不同增感屏(铅箔增感屏、金属荧光增感屏和荧光增感屏)与胶片组合对裂纹识别度的影响。

2. 不同射源、胶片、增感屏组合对未焊透及未熔合检出的影响

表 3—4 反映了不同射源、胶片、增感屏组合对未焊透及未熔合检出的影响。其中由序号 1、2、3、4、5 和 7、8 可看出:使用 X 射线时,胶片型号改变对未焊透检出的影响不大;但使用 γ 射线时,胶片型号改变对未焊透检出有显著影响。从 6 可看出:使用粗粒胶片与金属荧光增感屏组合,即使用 X 射线透照,未焊透也可能漏检。

第3章 射线照相质量的影响因素

表 3—3　　　　　胶片－增感屏组合对裂纹检出的影响

序号	胶片	增感屏	管电压 (kVp)	底片黑度 母材(最高) A	衬度计 1 mmB	像质计灵敏度 根数	像质计灵敏度 φ (mm)	像质计灵敏度 %	裂纹的识别（条）清晰	裂纹的识别（条）一般	裂纹的识别（条）不清晰	裂纹的识别（条）无法辨别
1	富士 50#	铅箔 0.03 mm	220	2.04	1.90	4	0.20	1.1	14	7	5	0
2	富士 80#		212	2.08	1.92	4	0.20	1.1	12	6	5	3
3	富士 100#		182	2.03	1.86	4	0.20	1.1	9	8	6	3
4	富士 100#	金属荧光增感屏 SMP108	158	1.96	1.70	4	0.20	1.1	7	10	4	5
5	富士 100#	金属荧光增感屏 SMP308	150	1.96	1.72	3	0.25	1.4	6	10	3	7
6	富士 150#	铅箔 0.03 mm	160	2.04	1.86	3	0.25	1.4	7	7	5	7
7	富士 200#		138	1.95	1.81	3	0.25	1.4	4	3	8	11
8	富士 400#	金属荧光增感屏 SMP308	112	1.48	1.28	3	0.25	1.4	4	9	6	8
9	富士 400#	荧光增感屏 KZ－SF	107	1.76	1.51	3	0.25	1.4	4	3	7	12

表 3—4　　　　　射线源－胶片－增感屏组合对缺陷尺寸显示的影响

试块编号及解剖试验结果	射线源	胶片型号	增感屏	黑度 最低	黑度 最高	显示最小线径 (mm)	像质计灵敏度 (%)	缺陷影像尺寸 (mm)	与解剖试验结果的偏差值 (mm)	序号
1-b 未焊透 15.5+ 2.5 mm	X	50#	Pb0.03	1.75	2.57	0.25	0.9	15.0	−2.5	1
	X	80#	Pb0.03	1.76	2.55	0.25	0.9	15.0	−2.5	2
	X	100#	Pb0.03	1.77	2.52	0.32	1.2	15.0	−2.5	3
	X	100#	SMP308	1.78	3.03	0.32	1.2	15.0	−2.5	4
	X	150#	Pb0.03	1.78	2.40	0.40	1.5	12.0	−5.5	5
	X	400#	SMP308	2.20	3.13	0.50	1.8	0	−17.5	6
	Ir192	50#	Pb0.10	2.12	2.86	0.40	1.5	12.0	−5.5	7
	Ir192	100#	Pb0.10	1.91	2.45	0.50	1.8	0	−17.5	8
1-c 未熔合 20.0± 3.8 mm	X	50#	Pb0.03	1.72	2.38	0.25	0.9	5.0	−15.0	9
	X	80#	Pb0.03	1.68	2.32	0.25	0.9	5.0	−15.0	10
	X	100#	Pb0.03	1.75	2.35	0.32	1.2	3.0	−17.0	11
	X	100#	SMP308	1.74	2.73	0.32	1.2	0.8	−19.8	12
	X	150#	Pb0.03	1.83	2.58	0.32	1.2	φ1.0	−19.0	13
	X	400#	SMP308	2.30	3.06	0.50	1.8	0	−20.0	14
	Ir192	50#	Pb0.10	2.22	2.97	0.40	1.5	φ1.0	−19.0	15
	Ir192	100#	Pb0.03	2.08	2.63	0.50	1.8	0	−20.0	16

胶片牌号：富士；SMP308：金属荧光增感屏

射线检测

从序号9至16的数据可看出：对未熔合缺陷的检测，射线照相总体是不可靠的，底片显示的缺陷尺寸和实际尺寸存在较大误差；从序号12和14的数据可看出：金属荧光增感屏的缺陷检出率低于铅屏；从序号9、11和15、16的数据可看出：使用Ir192γ射线源的缺陷检出率明显低于X射线。

3. 不同透照角度对裂纹检出的影响

图3—15至图3—17所示反映了不同透照角度对裂纹检出的影响，由于裂纹检出率还受到板厚、透照灵敏度以及裂纹几何尺寸的影响，所以图中的数据只表明该试验条件下的结果。有关实验具体情况如下：

按图3—15的透照布置对图3—17所示的高强度钢平板对接焊缝试板（厚度18.5 mm）进行透照；焊缝中有9条自然裂纹。将试板装在摄片台架上，然后改变台架旋转角度进行射线透照。对试件中的纵向裂纹，也可以像对横向裂纹一样改变照射角度，使焊缝轴线与旋转平行旋转，然后进行透照。

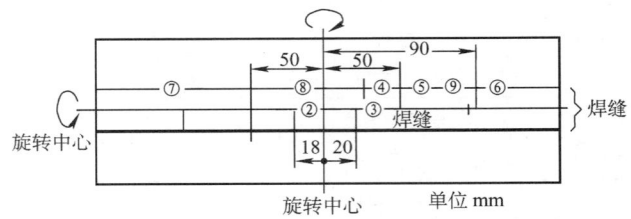

图3—16 试件中裂纹位置

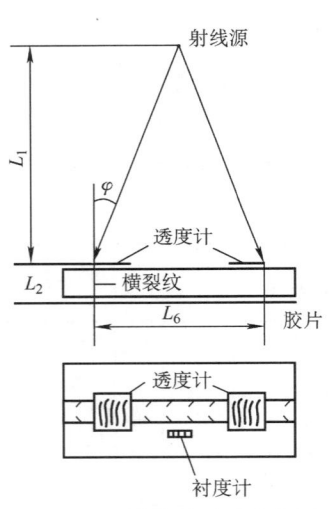

图3—15 裂纹透照试验布置

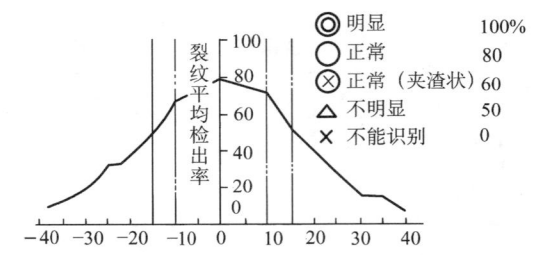

图3—17 照射角度和裂纹平均检出率的关系

对上述方法摄得的射线底片中各条裂纹的识别情况分为五类：

（1）能明显识别。
（2）一般能识别。
（3）能识别为缺陷但不能判断为裂纹。
（4）不能明显识别为缺陷。
（5）不能识别。

这五类情况分别表示不同的裂纹检出率：100%，80%，60%，50%，0%。从而求出不同照射角度下裂纹的平均检出率。

照射角度处于实验结果的中间值时，则以识别情况差的角度统计裂纹检出率，归纳结果如图3—17所示。

由图3—17可知，照射角度在10°以下时，裂纹的识别情况变化不大；但照射角度超过

15°时，随着照射角度的增大，裂纹不能识别的情况就增多，裂纹检出率显著降低。从图3—17还可看出：裂纹的检出率对照射角度为 0°的纵轴来说是大致对称的。由此可推断：在试验所用的试件中，裂纹大致是沿厚度方向延伸的。

3.2.4 几何因素对小缺陷对比度的影响

几何因素会影响小缺陷或影像细节的对比度。所谓小缺陷，是指横向尺寸（垂直于射线束方向的尺寸）远远小于射线焦点尺寸的缺陷，包括小的点状缺陷和细的线状缺陷。

在本章3.1节中，结合图3—3对几何条件导致小缺陷影像对比度降低的原因作了简明解释：正常情况下，底片上缺陷影像由本影和半影组成，当 d 增大、L_2 增大或 L_1 减小到一定程度，缺陷的本影将消失，其影像只由半影构成，对比度将显著下降。本节继续深入讨论这一问题。

1. 缺陷本影消失的临界几何条件

设 W' 为到达胶片 P 点的射线在缺陷位置平面上的截距，由图3—18，可推出下式：

$$W' = d_f L_2 / (L_1 + L_2) \tag{3—6}$$

式中　d_f ——放射源的焦点尺寸；
　　　L_1 ——源到缺陷的距离；
　　　L_2 ——缺陷到胶片的距离。

W' 是一个非常重要的参数，W' 与缺陷宽度 W 的比值大小决定了缺陷是否有本影。$W'/W=1$ 是本影消失的临界点，当 $W'/W<1$ 时，缺陷有本影，当 $W'/W>1$ 时，缺陷无本影。因此，如果已知缺陷宽度 W，可根据式（3—6）计算出底片上的影像是否有本影。

2. 几何条件对像质计金属丝影像对比度影响的定量分析和 σ 值

日本仙田富男提出，由于几何条件会影响像质计金属丝的影像对比度，式（3—1）还需要引入一个对比度修正系数 σ。像质计金属丝的 σ 值的推导如下：

用金属丝按图3—19的布置进行透照，到达胶片上 P 点的射线会通过金属丝截面 $abcd$ 部分，现认为射线近似通过 $a_1b_1c_1d_1$ 部分，并假设焦点尺寸 f 范围内各点发出的射线强度是相同的。

设金属丝直径为 d，金属丝圆截面中心为 O，b_2d_2 平行于射线束中心线，且距中心的距离为 x，则 b_2d_2 之间长度 d'' 可由下式表示：

$$d'' = (d^2 - 4x^2)^{1/2} \tag{3—7}$$

连接胶片上的 P 点与焦点两端，设两直线与以 O 点为原点的横轴分别相交于 x_1 和 x_2，则 x_1 和 x_2 之间的距离即为上节所述的 W'，其数值可由式（3—6）算出。

d'' 在 W' 范围内任意一点上的数值是变化的，由式（3—1）可知，射线底片的对比度 ΔD 与厚度差 ΔX 成正比，但对胶片上 P 点作用的厚度差 ΔX 不是金属丝直径 d，而应为 d'' 在 W' 之间的平均值 d_m''，d_m'' 由下式给出：

$$d_m'' = \frac{1}{W'}\int_{x_1}^{x_2}(d^2-4x^2)^{1/2}dx = \frac{1}{W'}\left| x\left(\frac{d^2}{4}-x^2\right)^{1/2} + \frac{d^2}{4}\sin^{-1}\frac{2x}{d} \right|_{x_1}^{x_2} \tag{3—8}$$

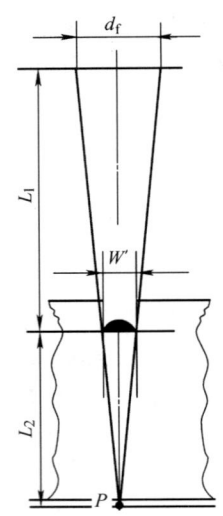
图 3—18 W' 的几何意义

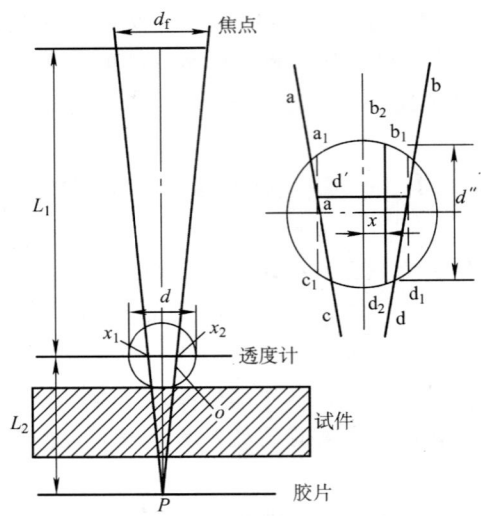
图 3—19 像质计金属丝的 σ 值推导

当 x_1 和 x_2 分别为 $-W'/2$ 和 $W'/2$ 时，d_m'' 值最大，此时 d_m'' 与 d 的比值，就是与焦点尺寸和透照几何条件有关的对比度修正系数 σ。σ 值由下式确定：

当 $W' \leqslant d$ 时：$\quad \sigma = \dfrac{1}{2}\left\{\left[1-\left(\dfrac{W'}{d}\right)^2\right]^{1/2} + \left(\dfrac{W'}{d}\right)^{-1}\sin^{-1}\left(\dfrac{W'}{d}\right)\right\}$ （3—9a）

当 $W' > d$ 时：$\quad \sigma = \dfrac{\pi}{4}\left(\dfrac{W'}{d}\right)^{-1}$ （3—9b）

W'/d 和 σ 的关系如图 3—20 所示。如果考虑几何条件对像质计金属丝影像对比度的影响，计算像质计金属丝的射线照相对比度公式应写为：

$$\Delta D = 0.434\mu G\sigma d/(1+n) \quad (3-10)$$

3. 裂纹的 σ 值

日本学者只研究了几何条件对像质计金属丝的影响，实际上几何条件对各种小缺陷都存在影响。可以按照像质计金属丝的 σ 值的推导方法推导出裂纹的 σ 值。

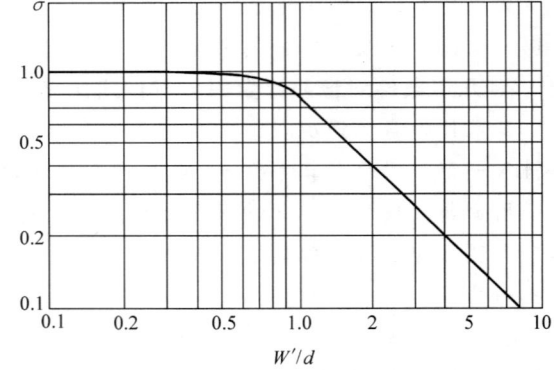
图 3—20 像质计金属丝的 σ 值

注意金属丝 σ 值的推导过程，其中一个计算公式 (3—8) $d_m'' = \dfrac{1}{W'}\displaystyle\int_{x_1}^{x_2}(d^2-4x^2)^{1/2}\mathrm{d}x$ 可改写为：

$$d_m''W' = \int_{x_1}^{x_2}(d^2-4x^2)^{1/2}\mathrm{d}x \quad (3-11)$$

该式的右边 $\displaystyle\int_{x_1}^{x_2}(d^2-4x^2)^{1/2}\mathrm{d}x$ 是到达 P 点的射线穿过金属丝的截面积的计算式；而该式的左边 ($d_m''\cdot W'$) 是一个矩形的面积计算式，d_m'' 和 W' 分别为一个矩形的两个边长。所以该公式的数学意义是进行了一次等面积代换，把一个饼形或圆形变换为相同面积的矩形：矩形的宽是到达 P 点的射线在金属丝处的截距 W'，矩形的高是射线穿过金属丝的平均行程

d_m''(见图 3—21)。

由此推广求解任意形状缺陷的 σ 值,有:

$$d_m'' = \frac{1}{W'} \Delta S \qquad (3—12)$$

$$\sigma = \frac{d_m''}{\Delta T} = \frac{\Delta S}{W' \Delta T} = \frac{\Delta S (L_1 + L_2)}{\Delta T d_f L_2} \qquad (3—13)$$

式中 ΔS——到达 P 点的射线穿过缺陷的截面积。(缺陷截面积 ΔS 可表示缺陷高度 ΔT 的函数);

ΔT——缺陷高度;

d_f——焦点尺寸;

L_1——焦点到缺陷的距离;

L_2——缺陷到胶片的距离。

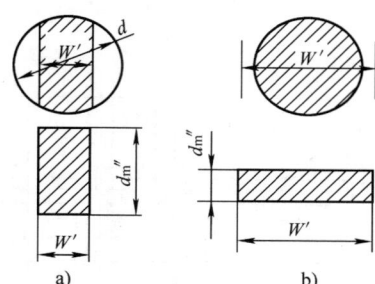

图 3—21 σ 公式中金属丝截面的等面积代换
a) $W' < d$ b) $W' > d$

如果把表面裂纹型简化为三角形,埋藏裂纹模型简化为菱形,则可推导出裂纹的 σ 值:

$$\left.\begin{array}{l} W' \leqslant W, \ \sigma = 1 - \dfrac{1}{2}\dfrac{W'}{W} \\[2mm] W' > W, \ \sigma = \dfrac{1}{2}\left(\dfrac{W'}{W}\right)^{-1} \end{array}\right\} \qquad (3—14)$$

式中 W——裂纹张口宽度;

W'——到达 P 点的射线在裂纹张口最宽处的截距。

裂纹的 σ 曲线如图 3—22 所示。比较图 3—20 和图 3—22 可知,裂纹的 σ 曲线与像质计金属丝的 σ 曲线有很大差别,当几何条件向不利方向变化时,裂纹的 σ 值下降要快得多,所以裂纹的影像对比度受几何条件影响更大一些。

4. 小缺陷对比度下降的原因和数学关系式

上一节推导了像质计金属丝的 σ 值,并给出了几何条件与 σ 值及小缺陷对比度的关系。关于几何因素造成小缺陷对比度下降的原因,还可用以下更简明的方法解释与说明。

将图 3—3c) 换一种画法,如图 3—23 所示,可看到,超过本影消失的临界点,即当 $W'/W > 1$ 后,只有焦点的中心部分区域发出的射线经过缺陷到达 P 点,而焦点的两端部分区域发出的射线可不经过缺陷而直接到达 P 点〔图中黑影部分〕,且由几何定理可推定存在以下关系:

$$W'/W = 2 \rightarrow d_f'/d_f = 1/2 \rightarrow \Delta D'/\Delta D = 1/2 \qquad (3—15a)$$

$$W'/W = 4 \rightarrow d_f'/d_f = 1/4 \rightarrow \Delta D'/\Delta D = 1/4 \qquad (3—15b)$$

$$\cdots\cdots$$

式中 d_f——放射源的焦点尺寸;

d_f'——发出的射线经过缺陷而到达 P 点的焦点区域;

ΔD——本影的对比度;

$\Delta D'$——本影消失后,由虚影构成的影像的对比度。

正由于一旦超过本影消失的临界点后,焦点的两端部分区域发出的射线可不经过缺陷而直接到达 P 点,所以小缺陷的对比度迅速下降。

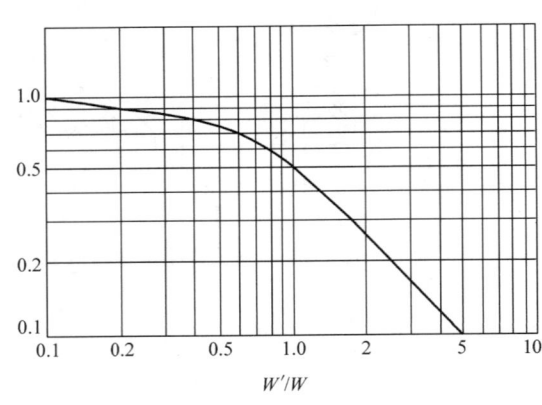

图 3—22 裂纹的 σ 值

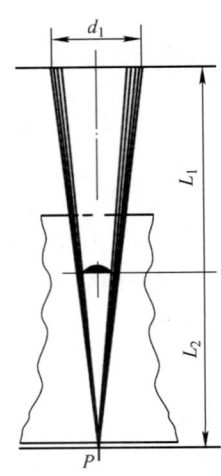

图 3—23 $W'/W>1$，焦点的部分区域发出的射线不经过缺陷而到达 P 点

如果定义 σ_0 为影像初始对比度，并规定当 $W'/W=1$ 时，$\sigma=\sigma_0$，则由式（3—15）所表达的关系可归纳成下式：

$$W' \leq W \text{ 时}, \sigma \geq \sigma_0 \qquad (3\text{—}16a)$$

$$W' > W \text{ 时}, \sigma = \sigma_0 W/W' \qquad (3\text{—}16b)$$

式中　W——缺陷宽度；

　　　σ_0——影像初始对比度。

σ_0 是一个与缺陷形状有关的参数，其推导如下：

到达 P 点的所有射线穿过缺陷行程的平均值 d_m'' 由下式给出：

$$d_m'' = \Delta S / W' \qquad (3\text{—}17)$$

则影像初始对比度 σ_0 与 d_m'' 的关系：

$$\sigma_0 = d_m''/d = \Delta S/(dW') \qquad (3\text{—}18)$$

式中　ΔS——缺陷截面积；

　　　d——缺陷自身高度。

如果裂纹截面的模型取为三角形或菱形，当 $W'=W$ 时，平均值 d_m'' 仅为裂纹高度 d 的一半，即 $d_m''=0.5d$，则 $\sigma_0 = 0.5$；对于方形截面的缺陷，其平均值 $d_m''=1d$，$\sigma_0 = 1$；对于圆形截面的缺陷，其平均值 $d_m''=0.785d$，$\sigma_0 = 0.785$。

5. 用 U_g 描述几何因素对小缺陷对比度的影响

欧洲学者描述几何因素对小缺陷对比度的影响时，使用了几何不清晰度 U_g，并且给出了以下公式：

$$C = C_O \qquad U_g < W \qquad (3\text{—}19a)$$

$$C = C_O W/U_g \qquad U_g > W \qquad (3\text{—}19b)$$

式中　C_O——影像初始对比度；

　　　W——缺陷宽度。

这就是所谓"清晰度影响对比度"的说法。但 U_g 的定义是半影的宽度，是用来描述影像的几何不清晰度的,说 U_g 影响对比度,物理意义上是含混的,公式(3—15)也无法给出推导过程。

比较式(3—16)与式(3—19)可知,两式具有几乎完全相同的形式,再比较 $W'[W'=d_f L_2/(L_1+L_2)]$ 与 $U_g[U_g=d_f L_2/L_1]$ 的公式,可以发现两者是很接近的。

关于 W' 的定义,几何因素变化使对比度降低的原因,以及 W' 与对比度的数学关系,上节已经叙述的很清楚。因此,使用 W' 描述几何因素对小缺陷对比度的影响的物理意义是明确的,数学关系是准确的。

由于 W' 和 U_g 都与 d_f、L_1、L_2 相关,且 W' 与 U_g 数值相近,所以可以说,式(3—19)实际上只是式(3—16)的一种近似表达。

6. 几何因素对小缺陷影像对比度影响的总结

决定 W' 的三个参数,即焦点尺寸 d_f、焦点到缺陷距离 L_1 及缺陷到胶片距离 L_2 就是影响对比度的几何因素。几何因素对小缺陷影像对比度的影响如图3—24所示,由图中可见,随着 d_f 的增大,小缺陷影像发生变化:对比度降低,横向尺寸变宽,边界变模糊,若非 d_f 增大,而是 L_1 减小,或 L_2 增大,也会得到相同结果。

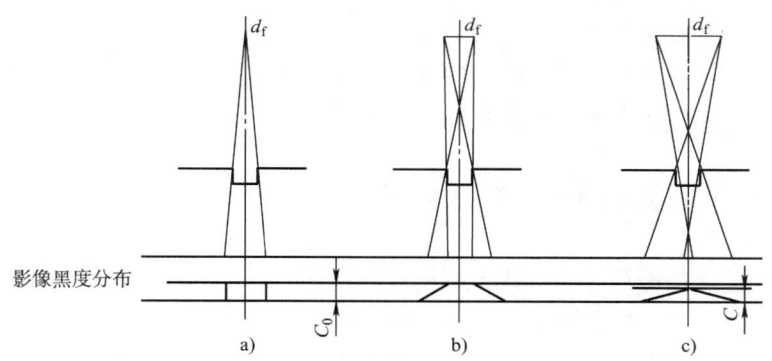

图3—24 几何因素使小缺陷影像宽度和对比度发生变化
a)点源 b)小焦点 c)大焦点

实际影响小缺陷对比度的因素不止以上三项,由推导过程可知,缺陷截面形状 F 和缺陷宽度 W 也是影响对比度的几何因素。不同形状的缺陷具有不同的 σ 曲线和不同的 σ_0 值。因此缺陷形状 F 影响对比度。而缺陷宽度 w 的影响则体现在其与 W' 的比值上,即 W'/W(或 W'/d),一旦 W'/W 大于1,对比度就会急剧下降。

综上所述,影响对小缺陷影像对比度的几何因素一共有五个,即:焦点尺寸 d_f、焦点到缺陷距离 L_1、缺陷到胶片距离 L_2、缺陷截面形状 F 和缺陷宽度 w。

7. 裂纹灵敏度对几何因素变化的特殊敏感性

实验证明:当焦距减小时,常规的丝型、孔型像质计灵敏度的指示值并不敏感,随着焦距的减小,像质计灵敏度下降是平缓的,逐渐的;但裂纹灵敏度对焦距的变化十分敏感,当焦距减小到一定程度时,裂纹灵敏度急剧下降。图3—25所示表达了这一试验结果,图中的横坐标 F 为焦距,纵坐标 ε 为裂纹检出指数。

单用焦距减小导致几何不清晰度增大来解释裂纹灵敏度急剧下降似乎是不充分的,因为丝型、孔型像质计灵敏度同样受几何不清晰度增大的影响。只有用几何不清晰度增大和对比

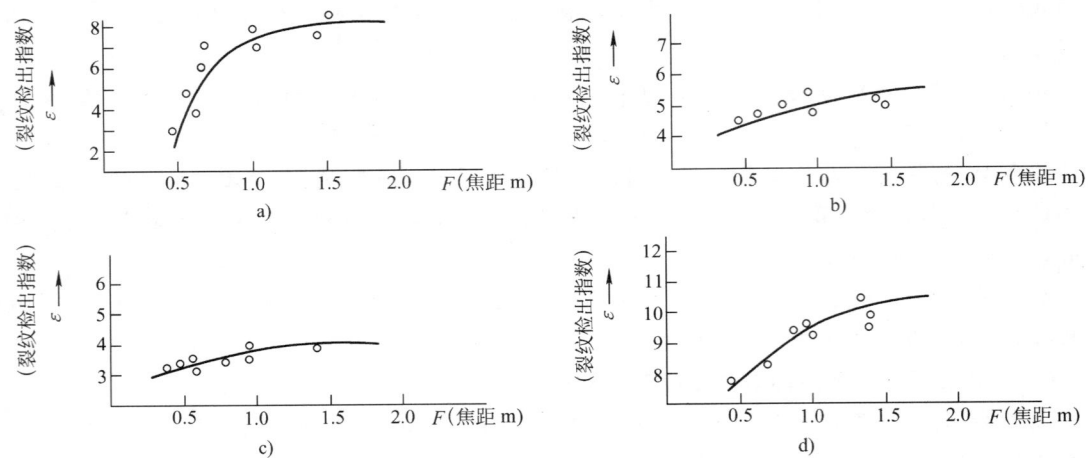

图 3—25　焦距变化时，裂纹灵敏度及各种像质计灵敏度的相应变化
a) 裂纹　b) 金属丝　c) 阶梯孔　d) Pt－W 双丝

度减小的共同作用来解释裂纹灵敏度急剧下降比较合理：由于裂纹开口宽度 W 比像质计金属丝直径 d 小得多，当几何条件变化时，裂纹比金属丝更容易失去本影，由图 3—25a 可以推测，该实验条件下，当焦距减小到大约 600 mm 以下时，即属于 $W'/W>1$ 的情况。裂纹本影失去致使对比度急剧下降，检出灵敏度也急剧下降。

3.2.5　不同缺陷的灵敏度关系公式

阶边像质计灵敏度是最简单的灵敏度关系，可识别的最小厚度差仅与对比度有关。而实际缺陷的可识别性的影响因素要复杂得多。除了对比度，还要考虑清晰度、缺陷形状、尺寸等。欧洲学者从 20 世纪 60 年代起曾尝试通过理论分析和试验数据归纳，建立不同形状的缺陷与阶边像质计灵敏度换算关系式。这些内容目前看来已经不那么重要了，但作一些了解还是有益的。现将有关情况介绍如下：

1. 阶边像质计和厚度灵敏度

使用材质与被检工件相同的由不同厚度组成的平面阶梯块作为像质计，即所谓阶边像质计（塞尺）。阶边像质计灵敏度定义为在射线底片上可检出的最小厚度变化，并可表示为总厚度的百分比。实际上这种像质计所测得的灵敏度只是射线照相对比度的量值。

由阶边像质计可导出厚度灵敏度公式。在射线底片上可显示的最小阶梯厚度 ΔX 与人眼可识别的最小黑度差 ΔD_{min} 之间有下式关系：

$$\Delta X = 2.3 \Delta D_{min} / (C_s \cdot G_D) \tag{3—20}$$

式中　C_s——主因比衬度，$C_s = \mu/(1+n)$；

　　　μ——线衰减系数，cm^{-1}；

　　　n——散射比；

　　　G_D——胶片特性曲线上某一黑度处的梯度。

此式称为厚度灵敏度或对比灵敏度公式，可由前面的射线照相对比度公式（3—1）变换得到。只是式（3—1）中的 ΔD 应变换为人眼可见对比度的临界值 ΔD_{min}。

在正常的观片条件下，ΔD_{min} 可近似取为 0.006，故最小可检阶厚为

$$\Delta X = 0.014/(C_s \cdot G_D) \qquad (3\text{—}21)$$

当 $\Delta D_{min} = 0.01$ 时，

$$\Delta X = 0.023/(C_s \cdot G_D) \qquad (3\text{—}22)$$

厚度灵敏度公式表达了在射线底片上可识别的最小厚度差与某一组透照数据（包括试件材质、厚度、射源种类、能量、胶片、增感屏、曝光量、焦距、暗室处理条件、底片黑度等）的关系。

2. 建立不同形状的缺陷与阶边像质计灵敏度关系式的假设

为便于建立不同形状缺陷与阶边像质计灵敏度关系式，提出以下假设：

(1) 底片上记录的影像宽度是影像宽度与总不清晰度之和。

(2) 缺陷影像的可识别性取决于影像黑度峰值与背景的黑度差。

(3) 胶片乳剂颗粒性对影像的可识别性作用忽略不计。

(4) 小缺陷影像对比度取决于小缺陷体积 ΔV 而不是高度 ΔT。

其中（1）、（2）是根据人眼视觉特性提出的。（3）则表明以下推出不同形状的缺陷与阶边像质计灵敏度关系不适用于细微裂纹或影像细节。对于（4），可作出以下解释：如焦点不是点源，而且有一定尺寸，则主因对比度公式应有所改变。即 $\Delta I/I = \mu \Delta T/(1+n)$ 应改为：$\Delta I/I = \mu \Delta V/(1+n)$。因为对影像中某点 P 的黑度有贡献的射线不是一根，所有穿过缺陷的射线都有贡献。因此，穿过缺陷的射线的强度变化不是由 ΔT 决定的，而是由被射线穿过的小体积 ΔV 决定。（见图3—26）。如果缺陷是细长线型的，则穿过缺陷的射线的强度减弱由截面积 ΔS 决定（此观点在上一节已有叙述）。

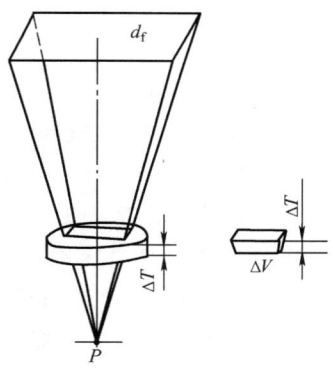

图 3—26　小体积 ΔV 决定 P 点的射线强度变化

(5) 对不同形状缺陷的影像前沿的黑度变化，需要用形状系数 ζ 修正。ζ 的数值根据有关视觉观察实验得出：

前沿尖锐的黑度变化曲线 ζ 取 1，其他黑度变化曲线 $\zeta < 1$；

金属丝：$\zeta = 0.65$；

孔：$\zeta = 0.5 - 1$；($\phi \ll U_i$, $\zeta = 0.5$；ϕ 较大，$\zeta = 1$)

裂纹：$\zeta = W / [U_i(1 - e^{1.5W/U_i})]$ $\qquad (3\text{—}23)$

W/U_i:	0.01	0.1	0.3	0.6
ζ:	0.67	0.72	0.82	1.0

上下限：$W \ll U_i$，$\zeta = 0.67$；$W > 0.6U_i$，$\zeta = 1$

3. 不同形状的缺陷的灵敏度关系式

通过一系列推导、近似和简化处理，结合试验数据的归纳，可得到一个表示射线底片上刚可识别的小缺陷体积和影像面积与对比灵敏度（最小厚度差）相关的基本公式：

$$\Delta V/(\Delta A \cdot \zeta) = \Delta x \qquad (3\text{—}24)$$

式中　ΔV——小缺陷体积；

　　　ζ——形状系数；Δx：可识别最小厚度差；$\Delta x = 0.014 G_D^{-1} C_s^{-1}$；

　　　ΔA——小缺陷投影的影像面积。

由基本公式可进一步推导出不同形状的缺陷与厚度灵敏度关系式。

(1) 金属丝像质计与阶边像质计灵敏度的关系：

$$\phi_{\min} = (M/2) + [(M/2)^2 + MU]^{1/2} \tag{3—25}$$

式中　$\phi_{\min}$——最小可见金属丝；

　　　$M = 0.83\Delta X$（ΔX——底片上阶边像质计可见厚度）；

　　　U——不清晰度。

(2) 阶梯孔像质计（采用法 AFOR 型六角形阶梯孔像质计，其孔径与阶梯厚度相等）与阶边像质计灵敏度的关系：

$$\phi_{\min} = \frac{\Delta X}{3} + \left\{ \frac{q}{2} + \left[\left(\frac{q}{2}\right)^2 + \left(\frac{p}{3}\right)^2 \right]^{1/2} \right\}^{1/3} + \left\{ \frac{q}{2} + \left[\left(\frac{q}{2}\right)^2 + \left(\frac{p}{3}\right)^2 \right]^{1/2} \right\}^{1/3} \tag{3—26}$$

式中　$\phi_{\min}$——最小可见金属丝。

　　　$p = \Delta X \left(\dfrac{\Delta X}{3} + 2U \right)$；$q = \Delta X \left(\dfrac{\Delta X^2}{27} + \dfrac{2}{3}\Delta XU + U^2 \right)$（$\Delta X$——底片上阶边像质计可见厚度；$U$——不清晰度）。

(3) 裂纹（两侧面平行的人工裂纹型窄槽）与阶边像质计灵敏度的关系

$$dW = \zeta \Delta X (d\sin\theta + W\cos\theta + U) \tag{3—27}$$

式中　d——裂纹自身高度；

　　　W——裂纹开口宽度；

　　　$d\sin\theta$——裂纹自身高度在胶片上的投影尺寸；

　　　$W\cos\theta$——裂纹开口宽度在胶片上的投影尺寸；

　　　ΔX——底片上阶边像质计可见厚度；

　　　U——不清晰度。

当倾角 θ 较小时，此式近似于：

$$dW = \zeta \Delta X (d + W + U) \tag{3—28}$$

当裂纹与 X 射线方向一致时，则：

$$dW = \zeta \Delta X (W + U) \tag{3—29}$$

当裂纹开口宽度很小（即 $W \ll U_t$）且 $\theta = 0°$ 时，则：

$$dW = \zeta \Delta X U \tag{3—30}$$

可见式 (3—28)、式 (3—29) 和式 (3—30) 分别是 $\theta \to 0°$、$\theta = 0°$ 和 $W \ll U$ 时，式 (3—26) 裂纹灵敏度的三个特解公式。

式 (3—27)、式 (3—28)、式 (3—29) 和式 (3—30) 中的裂纹的形状系数 ζ 值见式 (3—23)。

(4) 裂纹（两侧面平行的人工裂纹型窄槽）与金属丝像质计灵敏度的关系：

$$dW = 0.8\phi^2 / (1 + \phi/U) \tag{3—31}$$

式中　d——裂纹自身高度；

W——裂纹开口宽度；
ϕ——金属丝直径；
U——不清晰度。

4. 灵敏度关系式的应用

上述灵敏度关系式除了用于理论上的定性分析与比较外，也可用来指导试验和实际照相。这里必须注意，灵敏度公式的应用并不是进行数字计算。从公式内容就可以知道，ΔX 是无法算出的，因为 C_s、μ、n、G_D 的数值都是未知的。

灵敏度公式的应用方法是：欲知某一组给定的透照参数的裂纹检出灵敏度，不需去寻找裂纹试件做透照试验，而只要用该组参数透照阶边像质计（塞尺），通过观察底片，得到可识别的厚度差 ΔX 的数值，将此数值带入裂纹灵敏度公式（3—27），即可得知按该组透照参数进行射线照相可检出的裂纹尺寸。同样，将透照金属丝像质计得到的 d 值和已知 U 值带入灵敏度公式（3—31），便可求得该工艺条件下的裂纹检出灵敏度 dW；将透照厚薄规得到的 ΔX 值带入其他种类缺陷灵敏度公式，亦可求得像质计金属丝、气孔等缺陷的可检出尺寸。

3.2.6 射线照相裂纹检出研究的总结

1. 裂纹缺陷的特殊性

裂纹是焊接接头中最危险的缺陷，所以裂纹检出问题，始终是射线照相技术研究的重点。

裂纹是一种面积型缺陷。所谓面积型缺陷，是指该类缺陷的第三维尺寸（开口宽度 W）远小于其余两维尺寸（长度 l 和高度 d）。与气孔、夹渣之类体积型缺陷相比，射线照相对裂纹的检出率要低得多。

有关研究表明，影响裂纹检出率的关键是底片对影像细节的显示能力，所谓细节是指底片上小对比度的小尺寸影像。这是因为很多情况下裂纹的识别要靠影像细节（例如尖端、黑丝、分叉）来辨认特征才能判定其性质。另一方面，有些裂纹尺寸很小，裂纹本身就是一个影像细节，细节不能显示既意味着底片上没有裂纹影像，当然就无法检出。

从射线照相角度来看，表达裂纹形态自身特征参数有六个（见图 3—27）。

(1) 长度 l（长度方向的延伸可能是曲折的）；
(2) 走向 α（对焊接接头来说，主要走向是纵向和横向，但也可发生在其他任意方向）；
(3) 裂纹离试件表面的距离，即埋藏深度 h（表面裂纹 $h=0$）；
(4) 裂纹平面对工件表面法线的倾角 θ（此角度可能沿裂纹长度及深度方向有变化）；
(5) 裂纹在试件厚度方向的尺寸，即自身高度 d（高度方向的延伸可能是曲折的）；
(6) 两裂面之间的间距，即裂纹的开口尺寸或宽度 W（对自然裂纹，从裂纹的一端开始，W 往往是有变化的）。

从射线探伤的角度来看，其中后三个，即 W、θ、d 是关键参数。

2. 裂纹的检出率与像质计灵敏度对应关系

底片的灵敏度是用像质计来衡量的，像质计灵敏度高，缺陷的检出率就高。这一关系对体积型缺陷是成立的，但对裂纹类缺陷，检出率与像质计灵敏度对应关系并不好。在某些范围，像质计灵敏度提高很多，而裂纹的检出率并未增加多少；有时虽然底片的灵敏度足够高，但仍发生裂纹漏检事故。这类情况说明，裂纹能否检出并不完全取决于照相灵敏度，还受到其他因素影响。

裂纹的检出率与像质计灵敏度对应关系之所以不好，是因为裂纹缺陷与像质计人工缺陷的形状、分布状态、尺寸有较大差异。

例如，以丝型像质计的人工缺陷——与金属丝与裂纹比较，存在以下差异：

在形状方面：两者截面形状不同。金属丝截面为圆形，而裂纹截面的模型为三角形（表面裂纹）或菱形（埋藏裂纹）或进一步简化为窄槽型。有关研究表明：对小缺陷来说，缺陷的截面形状对其影像对比度有影响。

在投影方向方面：因为金属丝截面为圆形，所以不具有方向性；而裂纹则具有明显的方向性；试件中向不同方向延伸的裂纹，或从不同方向照射裂纹的射线，得到的影像是不同的。

在尺寸方面：裂纹的横向尺寸（开口宽度）一般比金属丝直径要小。有关研究表明：对小缺陷来说，其横向尺寸越小检出率越低。

3. 透照角度 θ 对裂纹检出率的影响

由于裂纹是一种面积型缺陷，射线从不同方向透照穿过裂纹的行程不一样。由图 3—28 所示可以看出，射线方向与裂纹方向一致时，底片上裂纹影像的对比度最大，检出率最高。一般认为裂纹是垂直于工件表面的，所以照相工艺中要求主射线束与工件表面垂直。为防止横向裂纹漏检，要求控制透照厚度比 K 值。有些裂纹方向与工件表面不是垂直的（如焊道下裂纹），如欲检测此类裂纹，则应使主射线束与裂纹方向尽量一致。

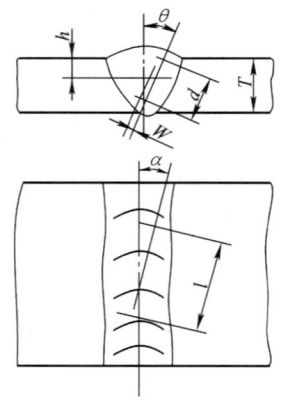
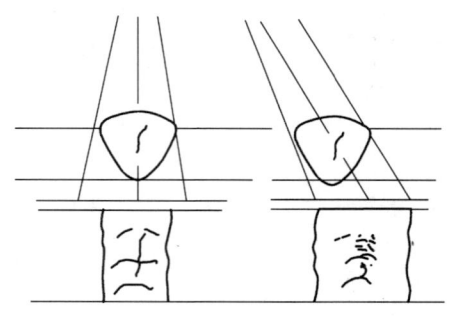

图 3—27　裂纹的特征参数
（d、W、l、α、θ、h）和关键参数（θ、W、d）

图 3—28　透照角度对裂纹检出的影响

4. 裂纹的开口宽度 W 和透照几何条件对裂纹检出率的影响

对开口宽度尺寸远远小于焦点尺寸的裂纹，必须考虑几何因素对影像对比度的影响。相关的几何因素包括 L_1（源—工件距离）、L_2（工件—胶片距离）、d_f（焦点尺寸）、W（裂纹的宽度）。如前 3.2.4 节所述，d_f、L_1、L_2 共同决定 W' 值的大小，而 W' 与 W 的比值决底片上裂纹影像是否有实影,当 $W'>W$ 时,底片上裂纹影像没有实影,仅由半影组成,其对比度急剧下降。几何因素导致裂纹影像发生的变化是:实影消失,对比度降低,横向尺寸变宽,边界变模糊。

5. 裂纹截面形状对检出率的影响

如前 3.2.4 节所述,由于射源不是点源,实际焦点有一定尺寸且焦点上每一点都发出射线,按图 3—29 所示的布置进行透照,到达胶片上 P 点的射线不是图中射线束中心线这一条路径,而是通过裂纹截面部分所有路径。影像中 P 点的黑度不是由裂纹高度 d 决定,而是由到达 P 点的所有射线所穿过的裂纹面积 ΔS 决定。按等面积代换原理,可将裂纹截面(三角形或菱形)换算为一个矩形,矩形的宽为 W',高为 d_m'',当 $W'=W$ 时,平均值 d_m'' 仅为裂纹高度 d 的一半。在高度相同的各种缺陷中,裂纹形状的缺陷的穿越行程平均值 d_m'' 是最低的,其影像对比度也最低。

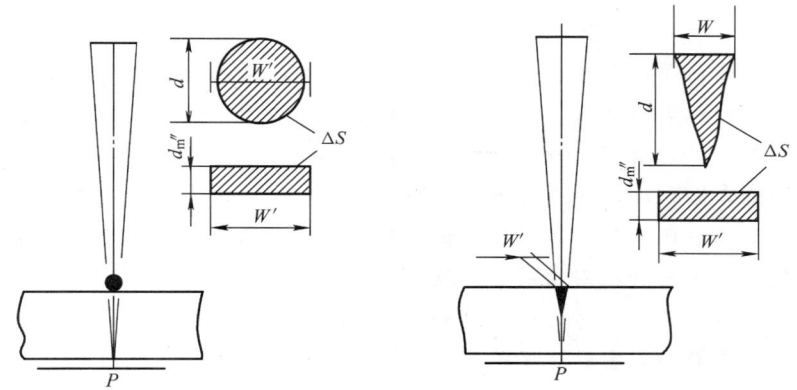

图 3—29 缺陷截面形状与平均值 d_m'' 的关系

6. 透照厚度对裂纹检出率的影响

底片对影像细节的显示能力是裂纹检出的关键。随着工件厚度增大,各种对影像细节的显示能力不利的因素都在增大。在对比度方面,为穿透厚度更大的工件就要选用更高能量的射线,同时散射比随工件厚度增加相应增大,工件厚度越大,散射比越大,射线照相的对比度就越低。在清晰度方面,几何不清晰度与工件厚度成正比,固有不清晰度随射线能量增大而增大。在颗粒度方面,射线能量增大后,颗粒度也要增大。厚工件的透照几何条件对裂纹检出也是不利的,工件越厚,工件—胶片距离 L_2 越大,而源—工件距离 L_1 则受到限制不可能很大,这就使 W' 值增大,而 W' 值增大后,可检出的裂纹的宽度 W 也增大。

可以对厚工件射线照相作一近似定量分析。有关研究表明,按常规透照参数用 X 射线分别透照 40 mm 和 10 mm 厚的工件,前者与后者相比,对比度系数约降到 1/8,固有不清晰度增大 2.5 倍,几何不清晰度增大 4.2 倍,40 mm 厚工件的底片上可识别的像质计钢丝直径大约为 0.5~0.63 mm,而 10 mm 厚工件的底片上可识别的像质计钢丝直径大约为 0.1~0.16 mm。假设焦距 600 mm,焦点 3 mm,则 40 mm 厚工件照相的 $W'=0.2$ mm,而 10 mm 厚工件照相的 $W'=0.05$ mm。由裂纹和像质计钢丝截面形状差异可计算出:对 40 mm 厚工件照相,自身高度小于 1 mm 的裂纹细节可能得不到清晰显示。由透照几何因素关系可知,射源侧表面开口宽度小于 0.2 mm 的裂纹没有本影,得不到清晰图像。如果考虑透照角度的影响，不能检出的裂纹尺寸值更大。由此可以看出，厚工件射线照相，不仅小裂纹检出率低，即使较大尺寸裂纹，也可能因为细节显示不清而发生漏检或误判。

虽然射线照相对厚试件中的裂纹检出率较低，但对于薄试件，只要照相角度适当，底片灵敏度符合要求，裂纹检出率还是足够高的。按以上定量分析，10 mm 厚工件中，高度 0.32 mm 和开口宽度 0.05 mm 以上的裂纹均可能被检出，这一结果高于一般超声波检测的检出能力。

7. 射线源和胶片种类对裂纹检出率的影响

对用裂纹倾向较大的材料制造的容器进行射线照相时，要特别注意射线源的选择以及源和胶片种类的配合。

从提高射线照相灵敏度和裂纹检出率的角度考虑，选择射线源应优先选 X 射线机。试验表明：X 射线底片的对比度、清晰度、颗粒度均优于 γ 射线底片。任一种 γ 射线源，即使是能量较低的 Ir192、Se75，在其最合适的厚度上应用，其照相灵敏度和成像质量仍然不如 X 射线。

X 射线与 γ 射线的照相质量差异的主要原因是由于两者的能量分布，即能谱不同，X 射线为连续谱，而 γ 射线为线状谱。由于连续谱既含有穿透力较强的主能量部分，又含有大量有利于提高对比度的软线质部分，所以照相灵敏度比线状谱高。

γ 射线的照相质量不如 X 射线的另一原因是：X 射线管的能量可以通过管电压调节，可以按试件的厚度选用合适的管电压，从而获得高对比度和高灵敏度。而 γ 射线的能量是由同位素的种类决定的，每一种放射性同位素放射出 γ 射线的波长是特定的，其能量不可调节，所以大多数情况下得不到最佳对比度。对每一种放射性同位素规定了适用厚度范围。使用 γ 射线源需要注意不能超出规定的厚度范围，尤其是在低于适用厚度范围的薄工件上应用，照相灵敏度将急剧下降。

改善 γ 射线成像质量的一个有效方法是使用梯噪比等级更高的胶片。对厚度 30 mm 以上工件照相如选择 Ir192γ 射线源，应配合使用 T2 类型胶片（天津Ⅴ），其成像质量大致接近 X 射线与 T3 类型胶片（天津Ⅲ）。而厚度 30 mm 以下工件应选用 Se75γ 射线源。如用 Ir192γ 射线源照相，即使用了 T2 类型的胶片，仍与 X 射线成像质量有较大差距。

3.2.7 信噪比

1. 信噪比与细节可见性的关系

如前所述，由于胶片感光层吸收的光子有随机分布的特征，即使是处在均匀射线束中，胶片上任一小区域的曝光，与相同尺寸的另一小块区域的曝光量也有微小差别，这种差别在处理后的底片上表现为黑度的随机起伏，即所谓统计涨落，这种涨落称噪声，它会干扰微小细节的可见性，因为细节影像有可能在噪声中被淹没。图 3—30 所示为射线底片上的噪声（颗粒度）对细节影像的干扰情况。由

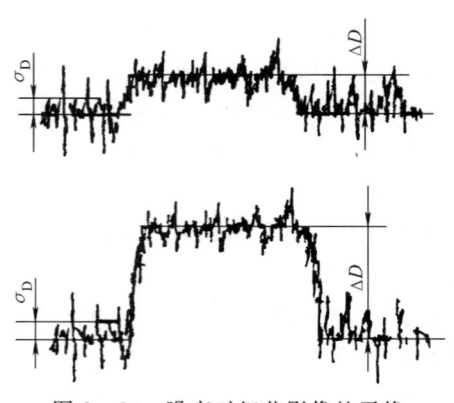

图 3—30 噪声对细节影像的干扰

图中可以看到,如果细节的 ΔD 较小,而噪声 σ_D 较大,细节影像就不能识别。如果采取某些措施增大信噪比,则影像就容易识别。信噪比对细节最小尺寸可见性影响很大,实验证明:要能识别细节,信噪比至少须达 3～5,甚至更高。

2. 梯噪比与信噪比

如果不拘于严格的定义,从信息学角度论述,缺陷处与其附近的辐射强度差值 $\Delta I = (I_p' - I_p)$ 可称为信号,而处处存在的透射射线强度 I 可称为背景,这个背景存在的不均匀性可称为背景噪声。背景噪声可能是由辐射源的不均匀或散射线引起的。也可能是由工件的几何不均匀或物理不均匀等引起的。主因对比度 $\Delta I / I$ 为输入信号与背景噪声之比,体现了输入信息的质量,主因对比度越高,也就是输入信息的信噪比越高,信息的质量越好。

胶片将射线辐射转换为底片黑度,曝光量越大,转换获得的底片黑度越高。在转换信息的同时还进行了放大,放大程度取决于胶片梯度。胶片梯度不仅取决于胶片种类,还与黑度值有关。若底片黑度只落在特性曲线趾部,这里胶片梯度很小,细节影像就会看不见。适当增加曝光时间,增大底片黑度,即使用特性曲线中较陡的部分,便可得到较高的胶片梯度和较高梯噪比。必须注意,胶片系统对输入信息的放大并不区分信号与噪声,也就是说将输入信号与背景噪声一起放大,不仅如此,在转换和放大过程中,还附加了新的噪声。梯噪比体现了胶片系统这一传递信息的载体最重要特性,即对信号的放大能力和对附加噪声的抑制能力。梯噪比越高,意味着信号的放大能力越强且产生的附加噪声越小。

射线照相输出的信息全部在底片上,用信噪比来描述:底片上缺陷影像的对比度为输出信号幅度,而底片实际颗粒度则为输出噪声幅度。这里"实际颗粒度"与胶片系统的颗粒度有所不同,前者包括后者,此外还要加上被放大的输入信息的背景噪声。

由上所述可知,信噪比和梯噪比属不同概念:

信噪比用于表征输入或输出信息的质量,而梯噪比则是信息转换放大系统的特性指标;

高梯噪比的胶片系统的转换放大过程的放大能力强且附加噪声较小;

主因对比度是信噪比最重要指标,如果主因对比度很低,即使胶片系统梯度很高,也不能提高信噪比;

输出信息的信噪比,即底片上缺陷可识别性,首先取决于主因对比度,又因为是射线照相以底片为载体输出的,所以还与梯噪比有关。用数学式表示,有:

信噪比＝主因对比度×梯噪比＝主因对比度×梯度/噪声＝底片对比度/噪声

3. 信噪比与曝光量

在均匀曝光的胶片上,对给定的小区域(A)来说,噪声(σ_D)即黑度的标准偏差正比于胶片曝光量的平方根。今用胶片上某一区域内吸收的光子数 N 来表示曝光量,则噪声

$$\sigma_D \propto \sqrt{N} \tag{3—32}$$

由被透工件该区域中的细节传到胶片上的"信号",是指通过细节到达胶片上的光子数与到达胶片上细节影像的相邻区域光子平均数之差 ΔN。它正比于曝光量,即

$$\Delta N \propto N \tag{3—33}$$

信噪比 $\Delta N / \sigma_D$ 与曝光量的关系:

现举例来说明射线底片上的信息,即形成图像的 X 射线光子数量与曝光量之间的关系。将一小孔透度计放在一块平钢板上(见图3—31),以小孔(A)的面积作为一个面积单位。

射线检测

假定曝光 0.01 s 时，透过透度计本体和平板与胶片相互作用而产生黑度的单位面积 A 内光子平均数为 100。与此同时，在小孔区域，平均有 101 个光子与胶片相互作用。因希望检出的信号即通过小孔的射线比背景只多 1 个光子，而背景中光子数的平均偏差为 $\sqrt{100}=10$，此"噪声"大小是信号的 10 倍，故不可能检出信号（即透度计小孔的影像）。

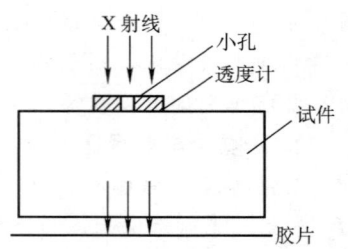

图 3—31 信噪比的说明

因信噪比至少要为 5，才能达到细节的最小可见度。故本例中曝光时间见表 3—5，要在 30 s 以上，透度计中小孔才可见。若将曝光时间增至 100 s，信噪比可增至 10，则细节可见度更佳。

表 3—5　　　　　　　　　　　　曝光量与信噪比的关系

曝光时间（s）	背景 N	信号 ΔN	噪声 σ_D	信噪比 $\Delta N/\sigma_D$
0.01	100	1	$\sqrt{100}$	0.1
0.1	1 000	10	$\sqrt{1\,000}$	0.316
1.0	10 000	100	$\sqrt{10\,000}$	1
10.0	100 000	1 000	$\sqrt{100\,000}$	3.16
30.0	300 000	3 000	$\sqrt{300\,000}$	5.5
100.0	1 000 000	10 000	$\sqrt{1\,000\,000}$	10

再讨论使用两种工业射线胶片的情况。假设用 Ⅲ 型胶片时，在单位面积 A 上吸收 300 000 个光子得黑度 2.0（如曝光 1 min），而用 Ⅴ 型胶片时，因其速度为 Ⅲ 型片的 1/3，为给出相同的黑度，在相同面积上要吸收 1 000 000 个光子。由于速度较慢的 Ⅴ 型胶片需要更多的光子产生影像，信噪比自然更高一些。实际上，速度较慢的胶片确实能给出较好的影像，透度计小孔在此胶片上的可见性更好一些。

第4章 射线透照工艺

4.1 透照工艺条件的选择

射线透照工艺是指为达到一定要求而对射线透照过程规定的方法、程序、技术参数和技术措施等，也泛指详细说明上述方法、程序、参数和措施的书面文件。工艺条件是指工艺过程中的有关参变量及其组合。透照工艺条件包括设备器材条件、透照几何条件、工艺参数条件和工艺措施条件等。本节讨论一些主要的工艺条件对射线照相质量的影响及应用选择原则。

4.1.1 射线源和能量的选择

1. 射线源的选择

选择射线源的首要因素是射线源所发出的射线对被检试件具有足够的穿透力。

对 X 射线来说，穿透力取决于管电压。管电压越高则射线的质越硬，在试件中的衰减系数越小，穿透厚度越大。表 4—1 为目前常用 X 射线设备的穿透力数据。

表 4—1a　　　　　工业 X 射线设备可透照的钢的最大厚度

射线能量	高灵敏度法可穿透钢最大厚度（mm）	低灵敏度法可穿透钢最大厚度（mm）
100 kV X 射线	10	16
150 kV X 射线	15	24
200 kV X 射线	25	35
300 kV X 射线	40	60
400 kV X 射线	75	100
1 MV X 射线	125	150
2 MV X 射线	200	250
8 MV X 射线	300	350
30 MV X 射线	325	450

表 4—1b　　　　　常用 γ 射线源可透照的钢厚度范围

源种类	高灵敏度法（mm）	低灵敏度法（mm）
Se75	14～40	5～50
Ir192	20～90	10～100
Cs137	30～100	20～120
Co60	60～150	30～200

注：表中"高灵敏度法"一栏表示用微粒胶片＋金属箔增感屏，大致相当于 JB/T 4730 标准 B 级和 AB 级；"低灵敏度法"一栏表示用粗粒胶片＋金属箔增感屏，大致相当于 JB/T 4730 标准 A 级。

射线检测

对于 γ 射线来说，穿透力取决于放射源种类，表 4—1b 给出了常用 γ 射线源适用的透照厚度范围，由于放射性同位素发出的射线能量不可改变，而用高能量射线透照薄工件时会出现灵敏度下降的情况，因此，表中的透照厚度不仅规定了上限，而且规定了下限。

选择射线源时，还必须注意 X 射线和 γ 射线的照相灵敏度差异。由有关理论可知，对比度 ΔD、不清晰度 U 和颗粒度 σ_D 是左右射线照相影像质量的三大基本参数。实验表明，在 40 mm 以下的钢厚度，用 Ir192 透照所得射线底片的对比度不如 X 射线底片。以 25 mm 钢厚度为例，前者的对比度大约比后者要低 40%。对比度自然影响到像质计灵敏度，因此，40 mm 以下钢厚度用 Ir192 γ 射线透照所得像质计灵敏度不如 X 射线所得像质计灵敏度。但对 40 mm 以上钢厚度，则两者的像质计灵敏度值大致相同。

另一方面，Ir192 的固有不清晰度 U_i 值 (0.17 mm) 比 400 kV 的 X 射线还大，分别是 100 kV、200 kV、300 kV、350 kV X 射线 U_i 值的 3.4 倍、1.8 倍、1.4 倍、1.3 倍。此外，还有颗粒性，即噪声问题：由于 Ir192 有效能量较高，由此引起的底片噪声也会明显增大，从而干扰射线照相底片上小缺陷，尤其小裂纹的影像显示。因此，如果就小缺陷检出灵敏度来比较 γ 射线与 X 射线，则两者的差距更明显。

除了穿透力和灵敏度外，两类设备的其他不同特点也是需要考虑的因素。

（1）X 射线机的特点

1) 体积较大，以便携式、移动式、固定式依次增大。

2) 基本费用和维修费用均较大。

3) 能检查 40 mm 以上钢厚度的大型 X 射线机成本很高，其发展倾向为移动式而非便携式。

4) X 射线能量可改变，因此，对各种厚度的试件均可使用最适宜的能量。

5) X 射线机可用开关切断，故较易实施射线防护。

6) 曝光时间一般为几分钟。

7) 所有 X 射线机均需电源，有些还需有水源。

（2）γ 射线源的特点

1) 射源曝光头尺寸小，可用于 X 射线机管头无法接近的现场。

2) 不需电源或水源。

3) 运行费用低。

4) 曝光时间长，通常需几十分钟，甚至几小时。

5) 对薄钢试件（如 5 mm 以下），只有选择合适的放射性同位素（如 Yb169，Tm170）才能获得较高的探伤灵敏度。

综合上述各个因素，可列举出一些选择射线源的原则。

1) 对轻质合金和低密度材料，国内使用 Yb169，Tm170 γ 射线源很少，最常用的射线源实际上是 X 射线。

2) 同样，要透照厚度小于 5 mm 的钢（铁素体钢或高合金钢），除非允许较低的探伤灵敏度，也要选用 X 射线。

3) 如要对大批量的工件实施射线照相，还是用 X 射线为好，因为曝光时间较短。

4) 对厚度大于 150 mm 的钢，即使用最大的 γ 射源，曝光时间也是很长的，如工件批量大，宜用兆伏级高能 X 射线。

5) 对厚度为 50~150 mm 的钢，如果使用正确的方法，用 X 射线和 γ 射线可得到几乎相同的像质计灵敏度，但裂纹检出率还是有差异的。

6) 对厚度为 5~50 mm 的钢，用 X 射线总可获得较高的灵敏度，γ 射线源的选用则应根据具体厚度和所要求的探伤灵敏度，选择 Ir192 或 Se75，并应考虑配合适当的胶片类别。

7) 对某些条件困难的现场透照工作，体积庞大的 X 射线机使用不方便可能成为主要问题。

8) 只要与容器直径有关的焦距能满足几何不清晰度要求，环形焊缝的透照应尽量选用圆锥靶周向 X 射线机作内透中心法垂直全周向曝光，以提高工效和影像质量。对直径较小的锅炉联箱管或其他管道焊缝，也可选用小焦点（0.5 mm）的棒阳极 X 射线管或小焦点（0.5~1 mm）γ 射线源作 360°周向曝光。

9) 选用平面靶周向 X 射线机对环焊缝作内透中心法倾斜全周向曝光时，必须考虑射线倾斜角度对焊缝中纵向面状缺陷的检出影响。

2. X 射线能量的选择

X 射线机的管电压可以根据需要调节，因此，用 X 射线对试件透照，射线能量有多种选择。

选择 X 射线能量的首要条件应是具有足够的穿透力。随着管电压的升高，X 射线的平均波长变短，有效能量增大，线质变硬，在物质中的衰减系数变小，穿透能力增强。如果选择的射线能量过低，穿透力不够，结果是到达胶片的透射射线强度过小，造成底片黑度不足，灰雾增大，曝光时间过分延长，以至无法操作等一系列现象。

但是，过高的射线能量对射线照相灵敏度有不利影响，随着管电压的升高，衰减系数 μ 减小，对比度 ΔD 降低，固有不清晰度 U_i 增大，底片颗粒度也将增大，其结果是射线照相灵敏度下降。因此，从灵敏度角度考虑 X 射线能量的选择的原则是：在保证穿透力的前提下，选择能量较低的 X 射线。

选择能量较低的射线可以获得较高的对比度，但较高的对比度却意味着较小的透照厚度宽容度，很小的透照厚度差将产生很大的底片黑度差，使得底片黑度值超出允许范围；或是厚度大的部位底片黑度太小，或是厚度小的部位底片黑度太大。因此，在有透照厚度差的情况下，选择射线能量还必须考虑能够得到合适的透照厚度宽容度。

在底片黑度不变的前提下，提高管电压便可以缩短曝光时间，从而可以提高工作效率，但其代价是灵敏度降低。为保证透照质量，标准对透照不同厚度允许使用的最高管电压都有一定限制，并要求有适当的曝光量。图 4—1 所示为一些材料的透照厚度所对应的允许使用的最高管电压。

4.1.2 焦距的选择

1. 选择焦距的一般规则

焦距对射线照相灵敏度的影响主要表现在几何不清晰度上。由第 3 章式（3—4）：$U_g = d_f L_2/(F-L_2)$ 可知，焦距 F 越大，U_g 值越小，底片上的影像越清晰。从公式中还可看出，

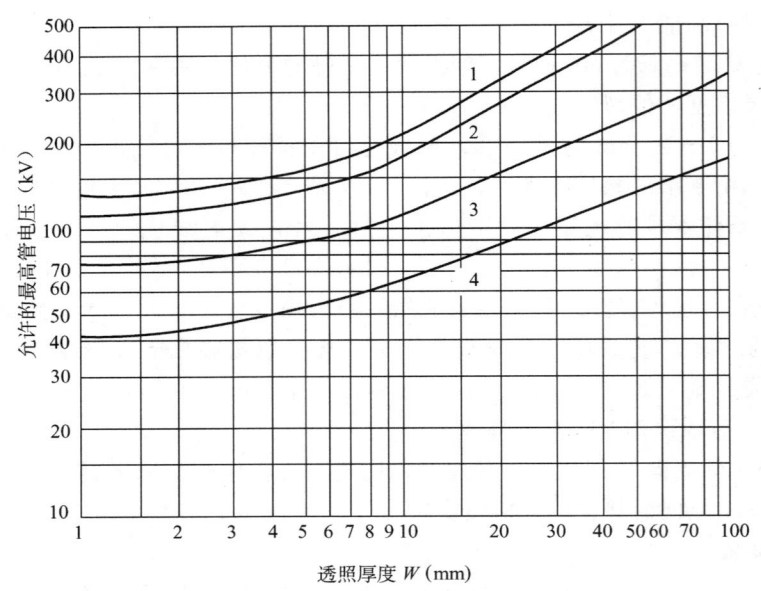

图 4—1 不同透照厚度允许的 X 射线最高透照管电压
1—铜及铜合金　2—钢　3—钛及钛合金　4—铝及铝合金

在减小 U_g 值这一点上，选择较小的射线源尺寸 d_f，可得到与增大焦距 F 相同的效果，因此在实际透照中选择焦距时，焦点尺寸是同时考虑的相关因素。

为保证射线照相的清晰度，标准对透照距离的最小值有限制。在我国现行 JB/T 4730 标准中，规定透照距离 f（L_1）与焦点尺寸 d_f 和透照厚度 b（L_2）应满足以下关系：

射线检测技术等级	透照距离 f（L_1）	U_g 值	
A 级：	$f \geq 7.5 d_f \cdot b^{2/3}$,	$U_g \leq (2/15) b^{1/3}$	（4—1a）
AB 级：	$f \geq 10 d_f \cdot b^{2/3}$,	$U_g \leq (1/10) b^{1/3}$	（4—1b）
B 级：	$f \geq 15 d_f \cdot b^{2/3}$,	$U_g \leq (1/15) b^{1/3}$	（4—1c）

由于焦距 $F = f + b$（或 $L_1 + L_2$），所以上述关系式也就限制了 F 的最小值。

在实际工作中，焦距的最小值通常由诺模图查出。现行 JB/T 4730 标准的诺模图见附录Ⅰ。诺模图的使用方法如下：在 d_f 线和 b（L_2）线上分别找到焦点尺寸和透照厚度对应的点，用直线连接这两个点，直线与 f（L_1）的交点即为透照距离 f（L_1）的最小值，而焦距最小值即为 $F_{min} = f + b$（或 $L_1 + L_2$）。

【例】 采用 AB 级技术照相，焦点尺寸 $d_f = 2$ mm，透照厚度 $b(L_2) = 30$ mm，则由附录Ⅰ图Ⅰ—2 中可查得 $L_1 = 193$ mm，故 $F_{min} = 193 + 30 = 223$ mm。

实际透照时一般并不采用最小焦距值，所用的焦距比最小焦距要大得多。这是因为透照场的大小与焦距相关。焦距增大后，匀强透照场范围增大，这样可以得到较大的有效透照长度，同时影像清晰度也进一步提高。

焦距的选择有时还与试件的几何形状以及透照方式有关。例如，为得到较大的一次透照长度和较小的横向裂纹检出角，在采用双壁单影法透照环缝时，往往选择较小的焦距；而当采用中心内照法时，焦距就是筒体的外半径。

2. 选择焦距的另一种规则——考虑总的不清晰度的焦距最小值

要获得高质量的射线底片,总不清晰度必须保持较小值,这就意味着各种单一不清晰度也应保持较小。对给定的射源(或焦点)尺寸和给定的试件厚度来说,为使几何不清晰度减到较小,就要增大焦点至胶片距离,而按照强度平方反比定律,这就需要增加曝光时间;另一方面,要使固有不清晰度达到较小值,就要尽量选用较低的管电压,为达到规定黑度,同样要增加曝光时间。

理论分析和透照试验的结果均表明:对窄裂纹之类的平面型小缺陷进行透照,当射源—胶片距离增大时,检出率会明显提高。当几何不清晰度 U_g 减小到与所使用射线能量下的固有不清晰度 U_i 数值相同时,所使用的焦距称为优化焦距 F_{opt},即:

$$F_{opt} = T(1 + d_f/U_i) \tag{4—2}$$

式中　　T——试件厚度;

　　　　d_f——射源或焦点有效尺寸。

如果是为了提高小缺陷和裂纹检出率而选择"高灵敏度法",则应同时采用优化焦距 F_{opt}、高梯噪比胶片系统、低能量射线和大曝光量。

由表4—2可以看到,由于优化焦距 F_{opt} 需根据固有不清晰度 U_i 数值确定,使得 F_{opt} 不是固定的常数。在工业射线照相能量较高(200 kV以上)范围内,优化焦距明显大于实际使用的焦距,使曝光时间长不可耐,因而实际应用时需要折中选择,例如,以 F_{opt} 值的70%作为实用的优化焦距。

表 4—2　　　　　　　　　　高灵敏度法采用的优化焦距 F_{opt}

钢试件厚度 T(mm)	射线能量	射源尺寸 d_f(mm)	固有不清晰度 U_i(mm)	优化焦距 F_{opt}(mm)
5	100 kV X射线	3	0.05	300
10	150 kV X射线	3	0.07	440
20	180 kV X射线	3	0.08	800
25	220 kV X射线	3	0.09	855
30	250 kV X射线	3	0.10	930
40	300 kV X射线	3	0.12	1 035
70	400 kV X射线	4	0.15	1 936
100	420 kV X射线	4	0.15	2 766
125	1 MV X射线	2	0.25	1 150
250	8 MV X射线	2	0.50	1 250
25	Ir192γ射线	3	0.17	470
50	Ir192γ射线	3	0.17	950
50	Co60γ射线	4	0.35	670
100	Co60γ射线	4	0.35	1 230
150	Co60γ射线	4	0.35	1 850

选用优化焦距 F_{opt} 是为了有效检出钢试件中的小裂纹缺陷。但如果材料的可焊性好,焊接工艺稳定,试件验收要求不高,就无须采用那么大的焦距。

R·Halmshaw 博士基于射线照相基本理论和长期的工业应用实践经验，提出根据几何不清晰度许用值 U_g 与固有不清晰度 U_i 的关系选择优化焦距 F_{opt}，可分以下三级：

$$\text{Ⅰ} \quad U_g = U_i/2 \qquad F_{min} = T(1 + 2d_f/U_i) \qquad (4\text{—}3a)$$

$$\text{Ⅱ} \quad U_g = U_i \qquad F_{min} = T(1 + d_f/U_i) \qquad (4\text{—}3b)$$

$$\text{Ⅲ} \quad U_g = 2U_i \qquad F_{min} = T(1 + d_f/2U_i) \qquad (4\text{—}3c)$$

并指出，选择优化焦距 F_{opt} 的前提是应对透照各种厚度所许用的射线能量上限值 $[kV_{max}]$ 作出一定限制，否则就毫无意义。

4.1.3 曝光量的选择与修正

1. 曝光量的推荐值

曝光量可定义为射线源发出的射线强度与照射时间的乘积。对于 X 射线来说，曝光量是指管电流 i 与照射时间 t 的乘积（$E = it$）；对于 γ 射线来说，曝光量是指放射源活度 A 与照射时间 t 的乘积（$E = At$）。

曝光量是射线透照工艺中的一项重要参数。射线照相影像的黑度取决于胶片感光乳剂吸收的射线量。在透照时，如果固定各项透照条件（试件尺寸、源、试件、胶片的相对位置、胶片和增感屏、给定的放射源或管电压），则底片黑度与曝光量有很好的对应关系，因此，可以通过改变曝光量来控制底片黑度。

曝光量不只影响影像的黑度，也影响影像的对比度、颗粒度以及信噪比，从而影响底片上可记录的最小细节尺寸。为保证射线照相质量，曝光量应不低于某一最小值。推荐使用的曝光量见表 4—3。

表 4—3　　　　　　　　X 射线照相推荐的曝光量

技术等级	胶片类型	曝光量（mA·min）
高灵敏度	T1 或 T2	30
中等灵敏度	T3	20
一般灵敏度	T4	15

注：推荐值指焦距为 700 mm 时的曝光量。当焦距改变时可按平方反比定律对曝光量的推荐值进行换算

2. 互易律、平方反比定律和曝光因子

（1）互易律　互易律是光化学反应的一条基本定律，它指出：决定光化学反应产物质量的条件，只与总的曝光量相关，即取决于辐射强度和时间的乘积，而与这两个因素的单独作用无关。如果不考虑光解银对感光乳剂显影的引发作用的差异，互易律可引申为底片黑度只与总的曝光量相关，而与辐射强度和时间分别作用无关。

在射线照相中，当采用铅箔增感或无增感的条件时，遵守互易定律。设产生一定显影黑度的曝光量 $E = It$，当射线强度 I 和时间 t 相应变化时，只要两者乘积 E 值不变，底片黑度不变。而当采用荧光增感条件时，不遵守互易定律，如果 I 和 t 发生变化，尽管 I 与 t 的乘积不变，底片的黑度仍会改变，这种现象称为互易律失效。

(2) 平方反比定律 平方反比定律是物理光学的一条基本定律。它指出：从一点源发出的辐射，强度 I 与距离 F 的平方成反比，即存在以下关系：$I_1/I_2=(F_2/F_1)^2$。其原理是：在点源的照射方向上任意立体角内取任意垂直截面，单位时间内通过的光量子总数是不变的，但由于截面积与到点源的距离平方成正比，所以单位面积的光量子密度，即辐射强度与距离平方成反比（见图 4—2）。

(3) 曝光因子 互易律给出了在底片黑度不变的前提下，射线强度与曝光时间相互变化的关系；平方反比定律给出了射线强度与距离之间的变化关系。将以上两个定律结合起来，可以得到曝光因子的表达式。

已知 X 射线管的辐射强度为：
$$I_t=K_iZiV^2$$

在给定 X 射线管，给定管电压的条件下，K_i、Z 和 V 成为常数，上式可改写为：

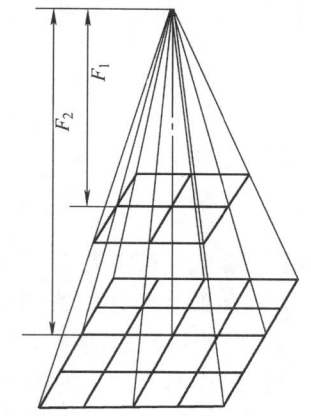

图 4—2 平方反比定律示意图

$$I_r=K_iZiV^2=\varepsilon i \quad (\varepsilon=K_iZV^2，为常数) \tag{4—4}$$

即射线强度 I 仅与管电流 i 成正比。引入平方反比定律，则辐射场中任意一点处的强度为：
$$I=\varepsilon i/F^2 \tag{4—5}$$

由互易律可知，欲保持底片黑度不变，只需满足：
$$E=It=I_1t_1=I_2t_2=\cdots \tag{4—6}$$

将式（4—5）代入式（4—6），再消去常数 k，即得 X 射线照相曝光因子 Ψ_x。

令 $\varepsilon it/F^2=\Psi$（Ψ 为常数），则 $it/F^2=\psi/\varepsilon$，令 $\Psi=\psi/\varepsilon$（Ψ 为常数）

所以有
$$\Psi=it/F^2=i_1t_1/F_1^2=i_2t_2/F_2^2=\cdots=i_nt_n/F_n^2 \tag{4—7}$$

同理，可推导出 γ 射线照相的曝光因子：
$$\Psi=At/F^2=A_1t_1/F_1^2=A_2t_2/F_2^2=\cdots=A_nt_n/F_n^2 \tag{4—8}$$

曝光因子清楚地表达了射线强度、曝光时间和焦距之间的关系，通过式（4—7）式和式（4—8）可以方便地确定上述三个参量中的一个或两个发生改变时，如何修正其他参量。

3. 利用曝光因子的曝光量修正计算

利用曝光因子对射线强度、曝光时间或焦距的修正计算可见以下两例。

【例1】 用某一 X 射线机透照某一试件，原透照管电压为 200 kV，管电流为 5 mA，曝光时间为 4 min，焦距为 600 mm，现透照时管电压不变，而将焦距变为 900 mm，如欲保持底片黑度不变，问如何选择管电流和时间？

解：已知 $i_1=5$ mA，$t_1=4$ min，$F_1=600$ mm，$F_2=900$ mm，求 i_2 和 t_2。

由式（4—7）： $i_1t_1/F_1^2=i_2t_2/F_2^2$

得 $i_2t_2=i_1t_1F_2^2/F_1^2=5\times4\times900^2/600^2=45$ mA·min

答：第二次透照的曝光量应为 45 mA·min，可选择管电流 5 mA，曝光时间 9 min。

【例2】 用某 Ir192γ 射线源透照直径 1 m 的环焊缝，曝光时间为 24 min，得到的底片黑度恰好满足要求，60 天后仍用该 γ 射线源透照同样厚度的直径为 1.2 m 的环焊缝，问曝光时间应为多少？

解：已知 $t_1 = 24$ min，$F_1 = 500$ mm，$F_2 = 600$ mm

Ir192 半衰期取 75 天，则 60 天前后，源放射强度之比

$$A_2/A_1 = (1/2)^n, n = 60/75 = 0.8$$

$$A_2/A_1 = (1/2)^{0.8} = 0.574$$

由式（4—8）：

$$A_1 t_1 / F_1^2 = A_2 t_2 / F_2^2$$

得

$$t_2 = \frac{A_1}{A_2} \frac{F_2^2}{F_1^2} t_1 = \frac{1}{0.574} \times \frac{600^2}{500^2} \times 24 = 60.2 \text{ min}$$

答：曝光时间应为 60.2 min。

4. 利用胶片特性曲线的曝光量修正计算

利用胶片特性曲线可进行一些其他类型的曝光量修正计算，现介绍如下：

（1）底片黑度改变的曝光量修正

在其他条件保持一定的情况下，如需改变底片黑度，可根据胶片特性曲线上黑度的变化与曝光量的对应关系，对原曝光量进行修正。

【例3】 所用胶片（D7）特性曲线如图 4—3 所示，给定曝光量 15 mA·min，被检区黑度为 1.5，现为提高对比度，欲将黑度提高到 2.5，求所需曝光量。

解：由特性曲线查知黑度变化时的曝光量修正系数

$$\Psi_D = \frac{E_{2.5}}{E_{1.5}} = 10^{2.28-2.08} = 10^{0.2}$$

故获得黑度为 2.5 时所需正确曝光量为：

$$E_2 = E_1 \Psi = 15 \times 10^{0.2} \approx 24 \text{ mA·min}$$

答：曝光量应为 24 mA·min。

（2）胶片类型改变的曝光量修正

当使用不同类型胶片进行透照而需达到与原胶片一样的黑度时，可利用这两种胶片的特性曲线按达到同一黑度时的曝光量之比来修正原曝光量。

【例4】 透照某工件，原用天津Ⅲ型胶片，曝光量为 12 mA·min，所得底片黑度为 2.5。现改用天津Ⅴ型胶片，求获得相同黑度时所需曝光量（假定所用胶片特性曲线见图 4—4）。

解：当黑度同为 2.5 时，Ⅴ型胶片与Ⅲ型胶片的曝光量之比

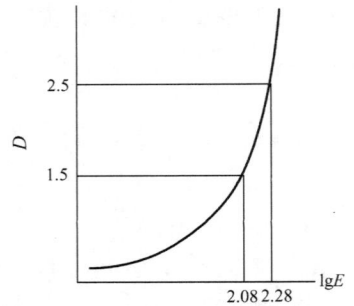

图 4—3　底片黑度改变的曝光量修正

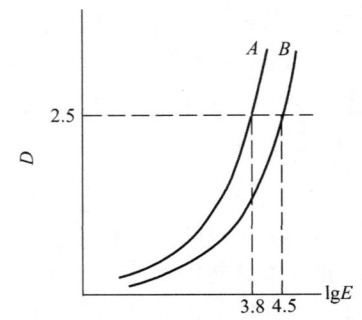

图 4—4　胶片类型改变的曝光量修正

$$\Psi_{\mathrm{f}} = \frac{E_{\mathrm{V}}}{E_{\mathrm{III}}} = 10^{4.5-3.8} = 10^{0.7}$$

故用 V 型胶片时，达到 $D=2.5$ 的曝光量

$$E_{\mathrm{V}} = E_{\mathrm{III}}\Psi_{\mathrm{f}} = 12 \times 10^{0.7} = 60 \text{ mA} \cdot \text{min}$$

答：所需曝光量为 60 mA·min。

4.2 透照方式的选择和一次透照长度的计算

4.2.1 透照方式的选择

对接焊缝射线照相的常用透照方式（布置）主要有 10 种，如图 4—5 和图 4—6 所示。这些透照方式分别适用于不同的场合，其中单壁透照是最常用的透照方法，双壁透照一般用在射源或胶片无法进入内部的小直径容器和管道的焊缝透照，双壁双影法一般只用于直径在 100 mm 以下的管子的环焊缝透照，双壁双影直透法则多用于 T（壁厚）>8 mm 或 g（焊缝宽度）>$D_{\mathrm{o}}/4$ 的管子环焊缝透照。

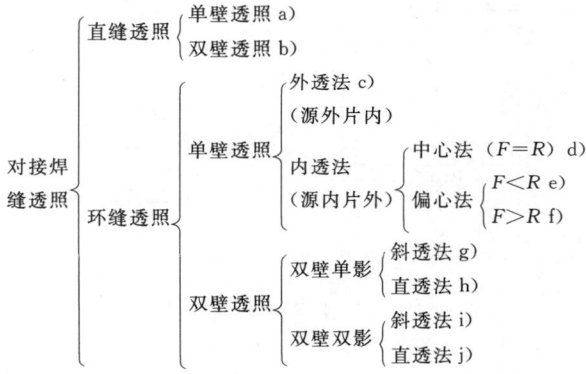

图 4—5 常用的对接焊缝透照的方式的分类

选择透照方式时，应综合考虑各方面的因素，权衡择优。有关因素包括：

1. 透照灵敏度

在透照灵敏度存在明显差异的情况下，应选择有利于提高灵敏度的透照方式。例如，单壁透照的灵敏度明显高于双壁透照，在两种方式都能使用的情况下无疑应选择前者。

2. 缺陷检出特点

有些透照方式特别适合于检出某些种类的缺陷，可根据检出缺陷的要求的实际情况选择。例如，源在外的透照方式与源在内的透照方式相比，前者对容器内壁表面裂纹有更高的检出率；双壁透照的直透法比斜透法更容易检出未焊透或根部未熔合缺陷。

3. 透照厚度差和横向裂纹检出角

较小的透照厚度和横向裂纹检出角有利于提高底片质量和裂纹检出率。环缝透照时，在焦距和一次透照长度相同的情况下，源在内透照法比源在外透照法具有更小的透照厚度差和

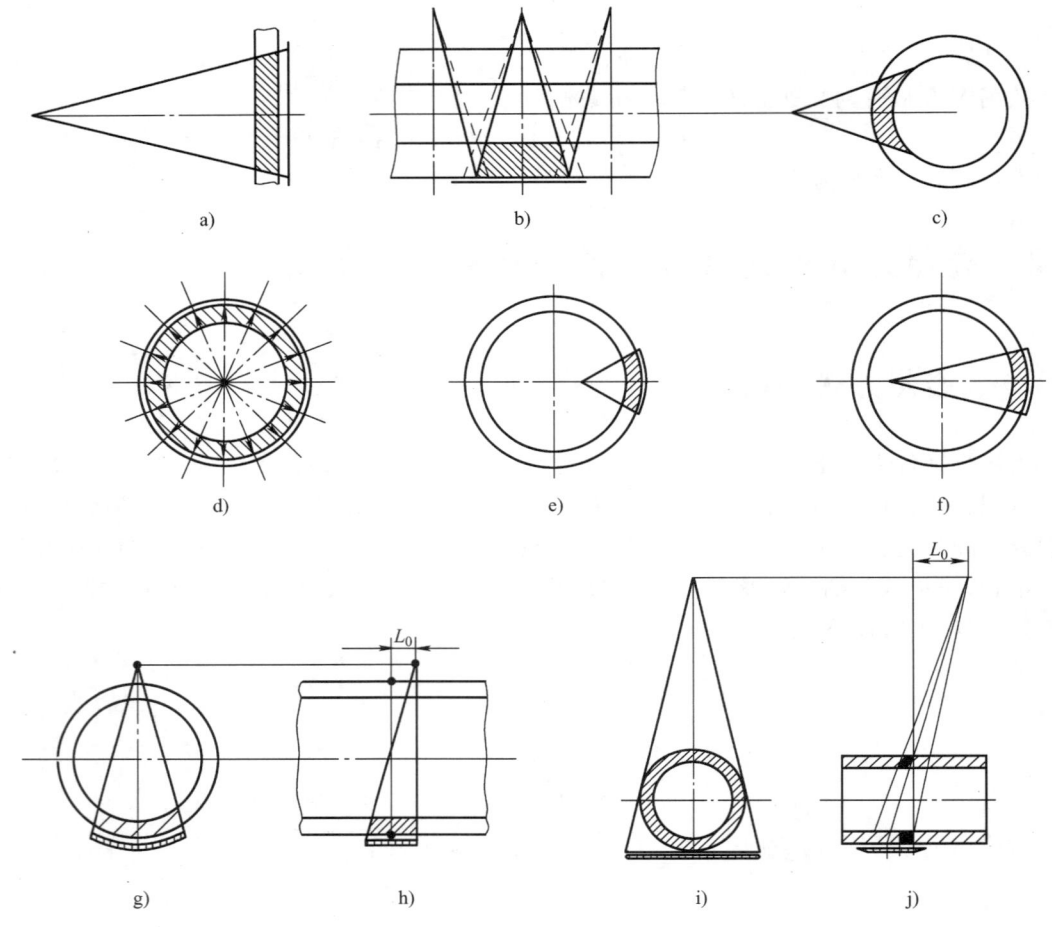

图 4—6 常用的对接焊缝透照方式
a) 直缝单壁透 b) 直缝双壁透 c) 环缝外透 d) 环缝内透（中心法）
e) 环缝内透（内偏心法 $F<R$） f) 环缝内透（外偏心法 $F>R$） g) 环缝双壁单影
h) $L_0=0$ 时为直透法 i) 环缝双壁双影 j) $L_0=0$ 时为直透法

横裂检出角，从这一点看，前者比后者优越。

4. 一次透照长度

各种透照方式的一次透照长度各不相同，选择一次透照长度较大的透照方式可以提高检测速度和工作效率。

5. 操作方便性

一般说来，对容器透照，源在外的操作更方便一些。而球罐的 X 射线透照，上半球位置源在外透照较方便，下半球位置源在内透照较方便。

6. 试件及探伤设备的具体情况

透照方式的选择还与试件及探伤设备情况有关。例如，当试件直径过小时，源在内透照可能不能满足几何不清晰度的要求，因而不得不采用源在外的透照方式。使用移动式 X 射线机只能采用源在外的透照方式。使用 γ 射线源或周向 X 射线机时，选择源在内中心透照法对环焊缝周向曝光,更能发挥设备的优点。

值得强调的是,对环焊缝的各种透照方式中,以源在内中心透照周向曝光法为最佳,该方法透照厚度均一,横裂检出角为 0°,底片黑度、灵敏度俱佳,缺陷检出率高,且一次透照整条环缝,工作效率高,应尽可能选用。

4.2.2 一次透照长度的计算

一次透照长度,即焊缝射线照相一次透照的有效检验长度,对照相质量和工作效率同时产生影响。显然,选择较大的一次透照长度可以提高效率,但在大多数情况下,透照厚度比和横向裂纹检出角随一次透照长度的增加而增大,这对射线照相质量是不利的。

实际工作中一次透照长度选取受两个方面因素的限制,一个是射线源的有效照射场的范围,一次透照长度不可能大于有效照射场的尺寸;另一个是射线照相标准的有关透照厚度比 K 值的规定间接限制了一次透照长度的大小。

标准规定了透照厚度比 K 值,以现行 JB/T 4730 标准为例:纵缝,A 级和 AB 级,K 值不大于 1.03;B 级,K 值不大于 1.01。环缝,A 级和 AB 级,K 值一般不大于 1.1;B 级,K 值不大于 1.06。

K 值与横向裂纹检出角 θ 有关,由图 4—7 可见:$\theta = \cos^{-1}(1/K)$。而 θ 又与一次透照长度 L_3 有关,所以 L_3 的大小要按标准的规定通过计算求出。

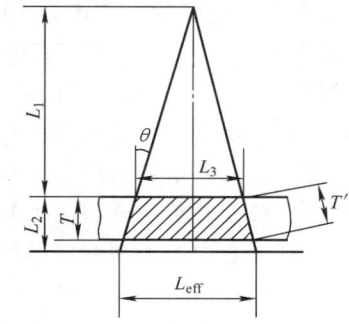

图 4—7 焊缝透照厚度比示意图

透照方式不同,L_3 的计算公式也不同。如图 4—5 所示列出的各种透照方式中,双壁双影法的一次透照有效检出范围,主要由其他因素决定,一般无需计算 L_3。除此以外的各种透照方式的一次透照长度 L_3,以及相关参量如搭接长度 ΔL,有效评定长度 L_{eff},最少曝光次数 N 等均需计算得出。有关计算方法介绍如下:

1. 直缝透照

直缝即平板对接焊缝或筒体纵缝,由如图 4—7 所示有

$$K = \frac{T'}{T} = \frac{1}{\cos\theta}, \quad 即 \quad \theta = \cos^{-1}(1/K) \tag{4—9}$$

$$L_3 = 2L_1 \tan\theta \tag{4—10}$$

对 A 级、AB 级:$K \leqslant 1.03$,则 $\theta \leqslant 13.86°$,$L_3 \leqslant 0.5L_1$。

对 B 级:$K \leqslant 1.01$,则 $\theta \leqslant 8.07°$,$L_3 \leqslant 0.3L_1$。

搭接长度和有效评定长度的计算:

搭接长度是指一张底片与相邻底片重叠部分的长度,有效评定长度是指一次透照检验长度在底片上的投影长度。实际工作中应知道这两项数据,以确定所使用胶片的长度和底片的有效评定范围。

搭接长度 ΔL 计算式可由相似三角形关系推出:

$$\Delta L = L_2 L_3 / L_1 \tag{4—11}$$

当 $L_3=0.5L_1$ 时，$\Delta L=0.5L_2$；当 $L_3=0.3L_1$ 时，$\Delta L=0.3L_2$。

底片的有效评定长度 $L_{\text{eff}}=L_3+\Delta L$。

实际透照时，如搭接标记放在射源侧，则底片上搭接标记之间长度即为有效评定长度。如搭接标记放在胶片侧（例如，按图 4—6b 的方式双壁单影透照纵焊缝），则底片上搭接标记以外还应附加 ΔL 长度才是有效评定范围。

2. 查图表确定环缝透照次数

可通过查图表确定环缝 100% 检测所需的最少透照次数，然后计算出一次透照长度 L_3 及其他相关参数。这是一种简单易行的方法，现介绍如下：

（1）透照次数曲线图 通过查图表只能确定环向对接焊接接头 100% 检测所需的最少透照次数，环缝一次透照长度 L_3，以及相关参量搭接长度 ΔL，有效评定长度 L_{eff}，仍需计算求出。

环向对接焊接接头进行 100% 检测所需的透照次数与透照方式和透照厚度比有关。由于内透中心法（$F=R$）和双壁双影法一次透照长度不需计算，所以不同透照方式和透照厚度比组合，只需要制作 6 张透照次数曲线图，即：

1）源在外单壁透照 $K=1.06$（附录Ⅱ图Ⅱ—1）。
2）源在外单壁透照 $K=1.1$（附录Ⅱ图Ⅱ—2）。
3）源在外单壁透照 $K=1.2$（附录Ⅱ图Ⅱ—3）。
4）偏心内透法和双壁单影法 $K=1.06$（附录Ⅱ图Ⅱ—4）。
5）偏心内透法和双壁单影法 $K=1.1$（附录Ⅱ图Ⅱ—5）。
6）偏心内透法和双壁单影法 $K=1.2$（附录Ⅱ图Ⅱ—6）。

从图中确定透照次数的步骤是：计算出 T/D_o、D_o/f，在横坐标上找到 T/D_o 值对应的点，过此点画一垂直于横坐标的直线；在纵坐标上找到 D_o/f 对应的点，过此点画一垂直于纵坐标的直线；从两直线交点所在的区域确定所需的透照次数 N；当交点在两区域的分界线上时，应取较大数值作为所需的最少透照次数。

（2）环缝一次透照长度及有关参量的计算 由透照次数 N 可求得一次透照长度 L_3：

$$L_3=\pi D/N \tag{4—12}$$

其中：外等分长度 $L_3=\pi D_o/N$；内等分长度 $L_3{}'=\pi D_i/N$ (4—13)

有效评定长度 $L_{\text{eff}}=L_3+\Delta L$（源在内）或 $L_{\text{eff}}=L_3{}'+\Delta L$（源在外） (4—14)

搭接长度 ΔL 以源在外透照的数值最大；源在内透照 $F \geqslant R$ 时，不需考虑搭接长度；源在内透照 $F \leqslant R$ 时，可通过计算求得准确值，也可近似取源在外透照的数值。

源在外透照时，搭接长度 ΔL 的计算：

$$\Delta L=2T\tan\theta,\ \theta=\arccos(1/K) \tag{4—15}$$

$K=1.06$　$\theta=19.37°$　$\Delta L=0.703T$ 为简化计算，搭接长度 ΔL 可近似取 $0.7T$；
$K=1.1$　$\theta=24.62°$　$\Delta L=0.916T$ 为简化计算，搭接长度 ΔL 可近似取 $1T$；
$K=1.2$　$\theta=33.56°$　$\Delta L=1.326T$ 为简化计算，搭接长度 ΔL 可近似取 $1.4T$。

【例】 采用源在外单壁透照方式对内径 1 800 mm，壁厚 30 mm 的筒体环焊缝照相，检测比例 100%，要求透照厚度比 $K \leqslant 1.1$，透照焦距 $F=600$ mm，求满足要求的最少透照次数 N 和一次透照长度 L_3，搭接长度 ΔL，有效评定长度 L_{eff}，并确定使用胶片的长度。

解：源在外单壁透照 $K=1.1$ 透照次数可查附录Ⅱ中图Ⅱ—3的曲线图。

$$D_o = 1\,800 + 60 = 1\,860 \text{ mm};\quad T/D_o = 30/1\,860 = 0.016$$
$$f = 600 - 30 = 570 \text{ mm};\quad D_o/f = 1\,860/570 = 3.26;$$

从横坐标上找到 $T/D_o = 0.016$ 的点，过此点画一条垂直于横坐标的直线；在纵坐标上找到 $D_o/f = 3.26$ 的点，过此点画一条垂直于纵坐标的直线；从两直线交点所在的区域确定所需的透照次数 $N=19$。则：

一次透照长度 $L_3 = \pi D_o/N = \pi \times 1\,860/19 = 308$ mm；

内等分长度 $L_3' = \pi D_i/N = \pi \times 1\,800/19 = 298$ mm；

搭接长度 $\Delta L = 1 \times 30 = 30$ mm；

有效评定长度 $L_{\text{eff}} = L_3' + \Delta L = 298 + 30 = 328$ mm；

使用胶片的长度应大于 L_{eff}，考虑贴片位置误差，以选用长度 360 mm 的胶片为宜。

3. 计算法确定环缝单壁外透法的一次透照长度及有关参数

采用外透法100%透照环焊缝时，满足一定厚度比的最少曝光次数 N 可由下式确定（参照图4—8）：

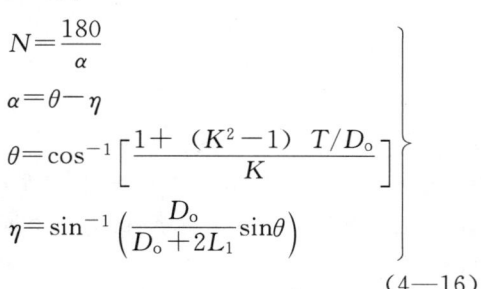
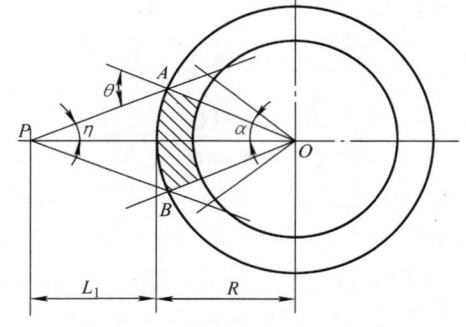

$$\left.\begin{aligned} N &= \frac{180}{\alpha} \\ \alpha &= \theta - \eta \\ \theta &= \cos^{-1}\left[\frac{1+(K^2-1)T/D_o}{K}\right] \\ \eta &= \sin^{-1}\left(\frac{D_o}{D_o + 2L_1}\sin\theta\right) \end{aligned}\right\} \quad (4\text{—}16)$$

当 $D_o \gg T$ 时，$\theta \approx \cos^{-1} K^{-1}$

图4—8 环缝单壁外透法

式中 α——与 $AB/2$ 对应的圆心角；

θ——影像最大失真角；

η——有效半辐射角；

K——透照厚度比；

T——工件厚度；

D_o——容器外直径。

由式（4—16）可导出不同 K 值时的 θ 角计算式：

$$\left.\begin{aligned} \theta_{K1.1} &= \cos^{-1}\left[\frac{0.21T + D_o}{1.1D_o}\right] \\ \theta_{K1.06} &= \cos^{-1}\left[\frac{0.12T + D_o}{1.06D_o}\right] \end{aligned}\right\} \quad (4\text{—}17)$$

当 $T = D_o$ 时，有

$$\left.\begin{aligned} \theta_{K1.1}^{\infty} &= \cos^{-1}\frac{1}{1.1} = 24.62° \\ \theta_{K1.06}^{\infty} &= \cos^{-1}\frac{1}{1.06} = 19.37° \end{aligned}\right\} \quad (4\text{—}18)$$

射线检测

求出了满足 K 值要求的环焊缝最少曝光次数,就可进一步求出射源侧焊缝的一次透照长度(即外等分长度)L_3 和胶片侧焊缝的等分长度 L_3',以及底片上有效评定长度 L_{eff} 和相邻两片的搭接长度 ΔL:

$$L_3 = \pi D_o / n \tag{4—19}$$

$$L_3' = \pi D_i / n \tag{4—20}$$

$$\Delta L = 2T\tan\theta \tag{4—21}$$

$$L_{eff} = L_3' + \Delta L \tag{4—22}$$

实际透照时,如搭接标记放在射源侧焊缝透检区两端,则底片上搭接标记之间的长度范围即为有效评定长度 L_{eff},不需计算。

从图 4—8 可见环缝外透法中的几何参数变化特点:当透照距离 L_1 减小时,若透照长度 L_3 不变,则 K 值、θ 角增大;若 K 值、θ 角不变,则一次透照长度 L_3 缩短。而当透照距离 L_1 增大时,情况相反,当 L_1 趋向无穷大时,透照弧长所对应的圆心角即与壁厚无关,其极限值等于影像最大失真角 θ 的 2 倍。若 θ 取 15°或 18°,则此环缝至少应摄片 12 张或 10 张,用数式表示即:$L_1 \to \infty$,$\alpha \to \theta$

因为 $N = \dfrac{180°}{\alpha}$,而 $\theta = 15$ 或 $\theta = 180$

所以 $N_{min} = 12$ 或 $N_{min} = 10$

4. 内透中心法($F = R$)

采用此法时,射源或焦点位于容器或圆筒或管道中心,胶片或整条或逐张连接覆盖在整圈环缝外壁上,射线对焊缝做一次性的周向曝光(见图 4—9)。这种透照布置,透照厚度 $K = 1$,横向裂纹检出角 $\theta \approx 0°$,一次透照长度为整条环缝长度。

5. 计算法确定内透偏心法($F < R$)的一次透照长度及有关参数

用 $F < R$ 的偏心法 100% 透照的最少曝光次数 N 和一次透照长度 L_3 由下式确定(参照图 4—10):

$$\left. \begin{aligned} N &= \frac{180°}{\alpha} \\ \alpha &= \eta - \theta \\ \eta &= \sin^{-1}\left(\frac{D_i}{D_i - 2L_1}\sin\theta\right) \\ \theta &= \cos^{-1}\left[\frac{1-(K^2-1)T/D_i}{K}\right] \end{aligned} \right\} \tag{4—23}$$

当 $D \gg T$ 时,$\theta \approx \cos^{-1} K^{-1}$

$$L_3' = \frac{\pi D_0}{N} \tag{4—24}$$

$$L_3 = \frac{\pi D_i}{N} \tag{4—25}$$

当 $F < R$ 时,随着焦点偏离圆心距离的增大,或焦距 F 的缩短,若分段曝光的一次透照长度 L_3 一定,则透照厚度比 K 值增大,影像失真角 θ 也增大;反之,若 K 值、θ 要求一定,则一次透照长度 L_3 缩短。

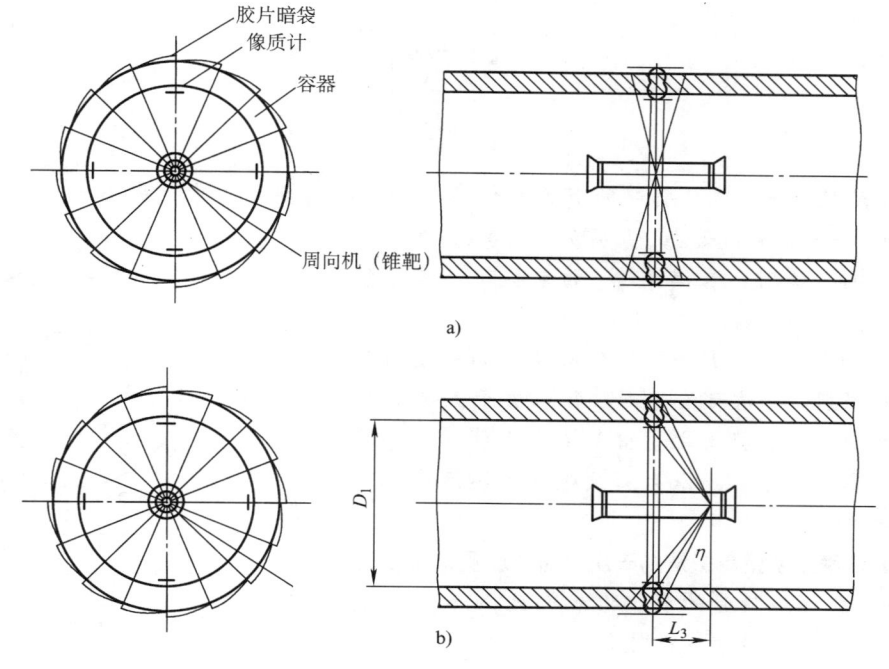

图 4—9 内透中心法
a) 锥靶周向（垂直周向）　b) 平靶周向（倾斜周向）

6. 计算法确定内透偏心法（$F>R$）的一次透照长度及有关参数

用 $F>R$ 的偏心法透照的最少曝光次数 N 和一次透照长度 L_3 由下式确定（参照图 4—11）：

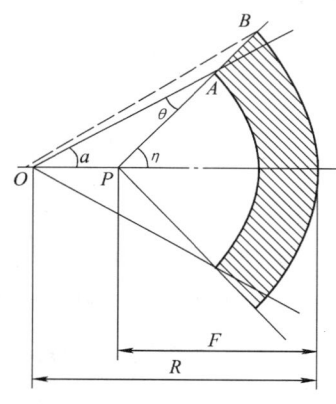

图 4—10　内透偏心法（$F<R$）

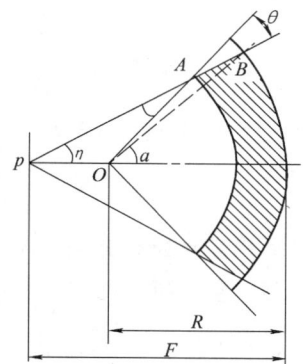

图 4—11　内透偏心法（$F>R$）

$$\left.\begin{aligned}N&=\frac{180°}{\alpha}\\\alpha&=\theta+\eta\\\theta&=\cos^{-1}\left[\frac{1-(K^2-1)T/D_i}{K}\right]\\\eta&=\sin^{-1}\left(\frac{D_i}{2L_1-D_i}\sin\theta\right)\end{aligned}\right\} \quad (4\text{—}26)$$

当 $D_0 \gg T$ 时，$\theta \approx \cos^{-1} K^{-1}$

$$\left.\begin{aligned} L'_3 &= \frac{\pi D_o}{N} \\ L_3 &= \frac{\pi D_i}{N} \end{aligned}\right\} \quad (4-27)$$

当 $F>R$ 时，焦点位置引起的有关几何参数变化也以圆心为准。当 $F\uparrow$，若 L_3 不变，则 $K\uparrow$、$\theta\uparrow$；当 $F\downarrow$，若 K、θ 不变，则有 $L_3\uparrow$。

用内透偏心法时，在满足 U_g 的前提下，焦点靠近圆心位置能增加有效透照长度。

但不管是 $F<R$ 或 $F>R$ 的偏心法，如果使用普通的定向机照射，一次可检范围往往取决于 X 射线机的有效照射场范围。换言之，偏心法中由计算求出的 η 角式（4—23）、式（4—26）必须服从于实际最大可用半辐射角的限制。

7. 计算法确定双壁单影法的一次透照长度及有关参数

100% 透照环焊缝时的最少曝光次数 N 和一次透照长度 L_3 由下式求出（参照图 4—12）：

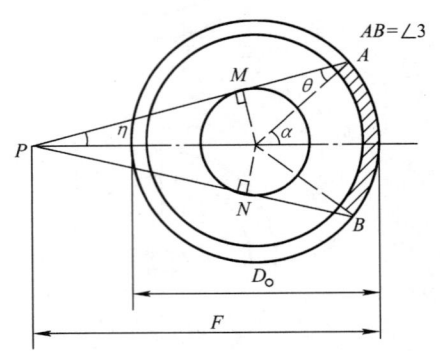

图 4—12 双壁单影法

$$\left.\begin{aligned} N &= \frac{180°}{\alpha} \\ \alpha &= \theta+\eta \\ \theta &= \cos^{-1}\left[\frac{1+(K^2-1)T/D_o}{K}\right] \\ \eta &= \sin^{-1}\left(\frac{D_o}{2F-D_o}\sin\theta\right) \end{aligned}\right\} \quad (4-28)$$

当 $D_0 \gg T$ 时，$\theta \approx \cos^{-1} K^{-1}$

$$L_3 = \frac{\pi D_o}{N} \quad (4-29)$$

对双壁单影法中的摄片张数可作如下讨论：若想透照有效范围最大，可使焦距等于管子外径，在 T/D_o 甚小的情况下，最大透照有效长度 L_3 所对应的圆心角 2α 与壁厚无关，等于影像失真角 θ 的 4 倍，即 $(2\alpha)_{max}=4\theta$，因 $N=\frac{180°}{\alpha}$，若 θ 取 15°或 18°，则最少摄片张数为 6 张或 5 张。另一方面，当焦距无限大时，最小透照有效长度 L_3 所对应的圆心角 2α 就与管子形状无关、等于失真角 θ 的 2 倍，即 $2\alpha_{max}=2\theta$，因 $N=\frac{180°}{d}$，若 θ 取 15°或 18°，则最多摄片张数也不必超过 12 张或 10 张。上述情况用数式表示即：

$F\to D$ 时，$\alpha\to 2\theta$

因为 $N=\frac{180°}{\alpha}\theta=15°$或 18°，所以 $N_{min}=6$ 或 5；$F\to\infty$ 时，$\alpha\to\theta$

因为 $N=\frac{180°}{\alpha}\theta=15°$或 18°，所以 $N_{min}=12$ 或 10

一次透照长度计算的例题如下：

【例1】 按 JB/T 4730 标准 AB 级要求透照壁厚为 40 mm 的容器纵缝，透照焦距为 600 mm。求一次透照长度和搭接长度各为多少？

解：已知 $F=600$ mm，$K=1.03$，$L_2=40$ mm，$L_1=F-L_2=600-40=560$ mm

$$\theta=\cos^{-1}\left(\frac{1}{K}\right)=\cos^{-1}\left(\frac{1}{1.03}\right)=13.85° \quad L_3=2L_1\tan\theta=2\times560\times\tan13.85°=276 \text{ mm}$$

$$\Delta L=L_2L_3/L_1=40\times276/560=20 \text{ mm}$$

答：一次透照长度 L_3 为 276 mm，搭接长度 ΔL 为 20 mm。

【例2】 用单壁外透法 100% 透照壁厚为 25 mm，外径为 1 250 mm 的容器环缝。焦点到工件表面距离为 700 mm，求满足 $\Delta T/T=10\%$ 的一次透照长度 L_3 和胶片侧等分长度 L_3'？实际透照所使用的胶片长度应为多少？

解：已知 $K=1.1$，$L_1=700$ mm，$D_o=1\,250$ mm，$T=25$ mm，$D_i=D_o-2T=1\,250-2\times25=1\,200$ mm

当 $D_o/T\geqslant30$ 时，即可认为 $D_o\gg T$，此时求 θ 值采用精确式和简化式的误差小于 1°。这一误差在工程上是允许的，本题 $D_o/T=50$。

所以，可以采用简化式计算 θ：

$$\theta=\cos^{-1}\left(\frac{1}{K}\right)=\cos^{-1}\left(\frac{1}{1.1}\right)=24.6°，精确式 \theta=\cos^{-1}\left[\frac{1+(K^2-1)T/D_o}{K}\right]=24.1°$$

$$\eta=\sin^{-1}\left(\frac{D_o}{D_o+2L_1}\sin\theta\right)=\sin^{-1}\left(\frac{1\,250}{1\,250+2\times700}\times\sin24.6°\right)=11.32°$$

$$N=\frac{180°}{\alpha}=\frac{180°}{24.6°-11.32°}=13.55\approx14 \text{（次）}$$

$$L_3=\frac{\pi D_o}{N}=\frac{3.14\times1\,250}{14}=280.35\approx281 \text{ mm}$$

$$L_3'=\frac{\pi D_i}{N}=\frac{3.14\times1\,200}{14}=269.14\approx270 \text{ mm}$$

搭接长度 $L_x\approx2T\tan\theta=2\times25\times\tan24.6°=22.89\approx23$ mm。

所使用的胶片长度 L 应大于 $L_3+L_x=270+23=293$ mm。考虑到贴片位置误差，以选择长度 $L=360$ mm 的胶片为宜。

答：一次透照长度 L_3 为 281 mm；胶片侧等分长度 L_3' 为 270 mm。

实际透照使用胶片的长度选择 360 mm（14 英寸）。

4.3 曝光曲线的制作及应用

在实际工作中，通常应根据工件的材质与厚度来选取射线能量、曝光量以及焦距等工艺参数，上述参数一般是通过查曝光曲线来确定的。曝光曲线是表示工件（材质、厚度）与工艺规范（管电压、管电流、曝光时间、焦距、暗室处理条件等）之间相关性的曲线图示。但通常只选择工件厚度、管电压和曝光量作为可变参数，其他条件必须相对固定。

曝光曲线必须通过试验制作，且每台 X 射线机的曝光曲线各不相同，不能通用。因为即使管电压、管电流相同，如果不是同一台 X 射线机，其线质和照射率是不同的。原因有以下几点：

1. 加在 X 射线管两端的电压波形不同（半波整流、全波整流、倍压整流及直流恒压等），会影响管内电子飞向阳极的速度和数量；

2. X 射线管本身的结构、材质不同，会影响射线从窗口出射时的固有吸收；

3. 管电压和管电流的测定有误差。

此外，即使是同一台 X 射线机，随着使用时间的增加，管子的灯丝和靶也可能老化，从而引起射线照射率的变化。

因此，每台 X 射线机都应有曝光曲线，作为日常透照控制线质和照射率，即控制能量和曝光量的依据，并且在实际使用中还要根据具体情况作适当修正。

4.3.1 曝光曲线的构成和使用条件

1. 曝光曲线的构成

横坐标表示工件的厚度，纵坐标用对数刻度表示曝光量，管电压为变化参数，所构成的曲线则称为曝光量－厚度（$E-T$）曲线；若纵坐标表示管电压、曝光量为变化参数的曲线则称为管电压－厚度（$kV-T$）曝光曲线。图 4—13 所示为一般形式的 X 射线曝光曲线图；图 4—14 所示为一种实用的 γ 射线曝光曲线图。

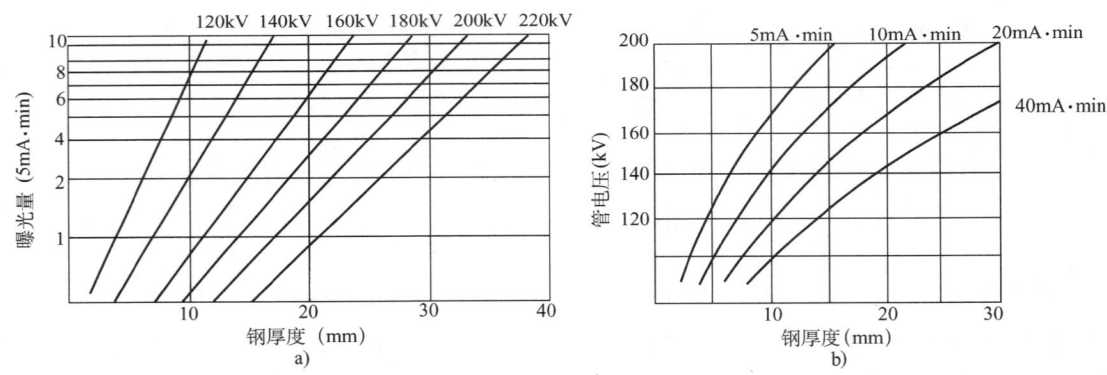

图 4—13 X 射线曝光曲线
a) 曝光量－厚度曲线 b) 管电压－厚度曲线

2. 曝光曲线的使用条件

任何曝光曲线只适用于一组特定的条件，这些条件包括：

（1）所使用的 X 射线机（相关条件：高压发生线路及施加波形、射源焦点尺寸及固有滤波）。

（2）一定的焦距（常取 600～800 mm）。

（3）一定的胶片类型（通常 T3 或 T2 胶片）。

（4）一定的增感方式（屏型及前后屏厚度）。

（5）所使用的冲洗条件（显影配方、温度、时间）。

(6) 基准黑度（通常取 3.0）。

上述条件必须在曝光曲线图上予以注明。

当实际拍片所使用的条件与制作曝光曲线的条件不一致时，必须对曝光量做相应修正。

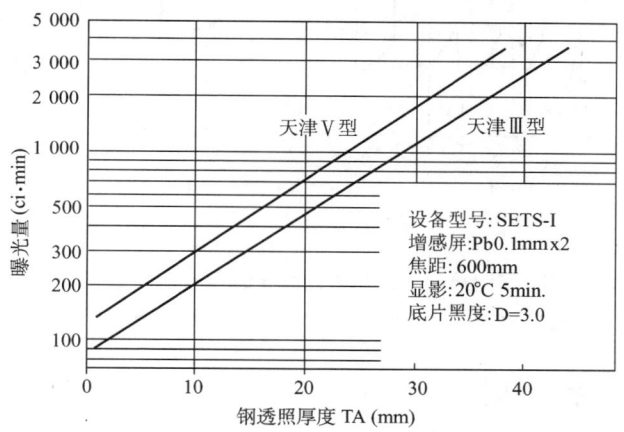

图 4—14　Se75γ 射线曝光曲线图

这类曝光曲线一般只适用于透照厚度均匀的平板工件，而对厚度变化较大的工件如形状复杂的铸件等，只能作为参考。

4.3.2　曝光曲线的制作

曝光曲线是在机型、胶片、增感屏、焦距等条件一定的前提下，通过改变曝光参数（固定"kV"、改变"mA·min"或固定"mA·min"改变"kV"）透照由不同厚度组成的钢阶梯试块，根据给定冲洗条件洗出的底片所达到的某一基准黑度（如为 3.0 或 2.0），来求得"kV""mA·min"、T 三者之间关系的曲线。

所使用的阶梯块面积不可太小，其最小尺寸应为阶梯厚度的 5 倍，否则散射线将明显不同于均匀厚度平板中的情况。另外，阶梯块的尺寸应明显大于胶片尺寸，否则要作适当遮边（见图4—15）。

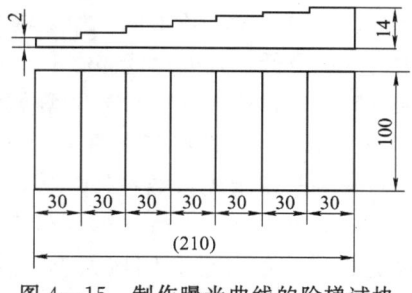

图 4—15　制作曝光曲线的阶梯试块

按有关透照结果绘制 $E-T$ 曝光曲线的过程如下。

1. 绘制 $D-T$ 曲线

采用较小曝光量、不同管电压拍摄阶梯试块，获得第一组底片。再采用较大曝光量、不同管电压拍摄阶梯试块，获得第二组底片，用黑度计测定获得透照厚度与对应黑度的两组数据，绘制出 $D-T$ 曲线图（见图 4—16）。

2. 绘制 $E-T$ 曲线

选定一基准黑度值，从两张 $D-T$ 曲线图中分别查出某一管电压下对应于该黑度的透照厚度值。在 $E-T$ 图上标出这两点，并以直线连接即得该管电压的曝光曲线（见图 4—17）。

射线检测

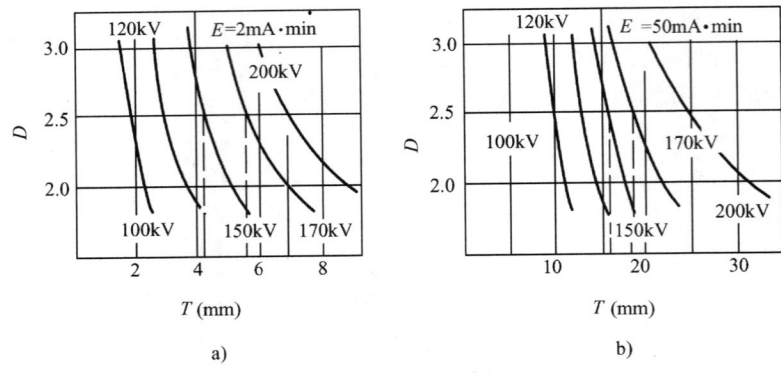

图 4—16 制作曝光曲线的 D—T 曲线
a) 小曝光量 D—T 曲线 b) 大曝光量 D—T 曲线

4.3.3 曝光曲线的使用

1. 曝光曲线的一般使用方法

从 $E-T$ 曝光曲线上求取透照给定厚度所需要的曝光量,一般都采用所谓"一点法",即按射线束中心穿透厚度确定与某一"kV"相对应的 E。但需注意,对有余高的焊接接头照相,射线穿透厚度有两个值,例如,透照母材厚度 12 mm 的双面焊接接头,母材部位穿透厚度为 12 mm,焊缝部位穿透厚度为 16 mm,应该用哪个数值去查表呢?这时需要注意标准允许黑度范围与曝光曲线基准黑度的关系,JB/T 4730 标准规定 AB 级允许黑度范围 2.0～4.0,如果曝光曲线基准黑度为 3.0 或更高,则以母材部位 12 mm 为透照厚度查表为宜,这样能保证焊缝部位黑度不致太低;如果曝光曲线基准黑度为 2.5 或更低,则以焊缝部位 16 mm 为透照厚度查表为宜,这样能保证母材部位黑度不致太高。

以 12 mm 为透照厚度查图 4—17 所示的曝光曲线,可得到三组曝光参数:150 kV,18 mA·min;或 170 kV,10 mA·min;或 200 kV,5 mA·min。具体选择哪一组参数,则应根据工件厚度是否均匀,宽容度是否满足,以及照相灵敏度、工作时间、效率等因素,选择高能量小曝光量的组合,或低能量大曝光量的组合。

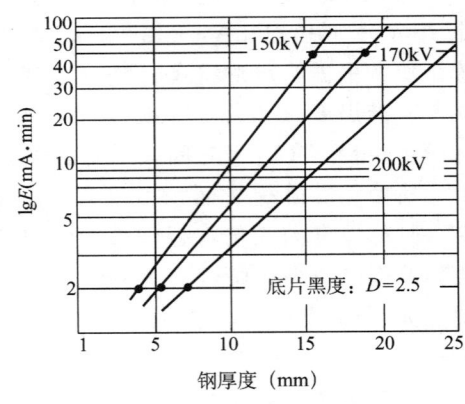

图 4—17 $E-T$ 曲线

2. 考虑厚度宽容度的曝光曲线使用方法

透照钢焊缝时应使焊缝余高部分的黑度(D_{min})和母材部分的黑度(D_{max})都符合射线照相检测标准规定的黑度范围,这就需要考虑宽容度问题。此时可根据曝光曲线和胶片特性曲线提供的数据,来确定透照一定厚度范围达到规定黑度范围的曝光量。

具体步骤如下(参阅图 4—18):

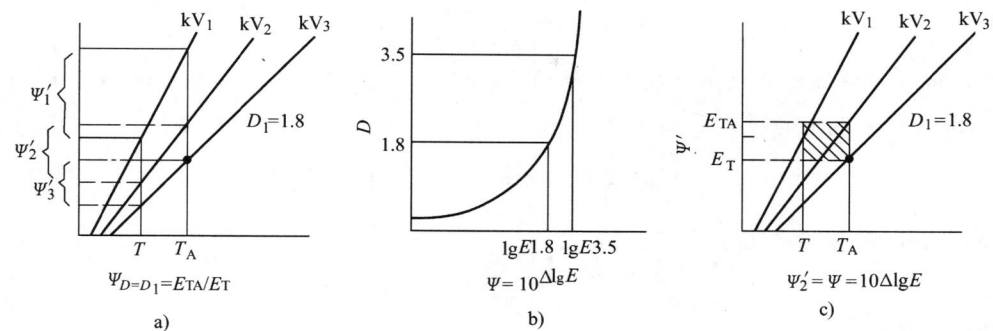

图 4—18　考虑厚度宽度的曝光曲线使用示意图
a）曝光曲线　b）胶片特性曲线　c）焊缝特性曲线

（1）由被检焊缝确定透照最小厚度 T 和最大厚度 T_A。

（2）在 $E-T$ 曝光曲线图横坐标上找出了 T、T_A 两点，由此作垂线与各"kV"线相交。

（3）由斜线上各交点作出横轴平行线与纵坐标相交。

（4）由纵坐标各交点求出与各"kV"值相应的达到同一基准黑度 D_1（如 $D_1=18$）的曝光量比值 Ψ'。

（5）由使用胶片特性曲线找出与标准规定的黑度上下限值 D_2、D_1 相应的曝光量比值 $\Psi=10^{\Delta \lg E}$。

（6）比较 Ψ' 与 Ψ 的值，务使 $\Psi' \leqslant \Psi$。

（7）取 Ψ' 最接近 Ψ 的"kV"值作为满足厚度宽容度的管电压。

【例 1】　按图 4—19a 曝光曲线 A 的参数透照 c 焊缝，结合 b 胶片特性曲线所提供的数据判断，当焊缝余高部分的黑度（$D_{\min}$）为 2.0 时，母材黑度（$D_{\max}$）是否会超过 3.5？

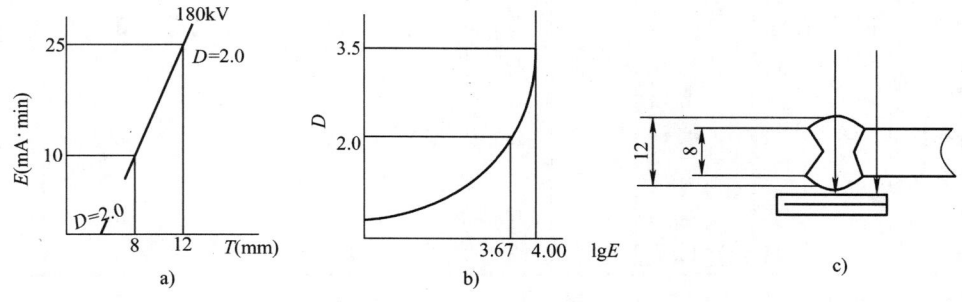

图 4—19　利用曝光曲线和胶片特性曲线确定被检焊缝的黑度范围

解：（1）被检焊缝透照最小厚度 $T=8$ mm，最大厚度 $T_A=12$ mm；

（2）在图 4—19a 曝光曲线 A 横坐标上找出了 8、12 两点，由此作垂线与"kV"线相交；

（3）由斜线上各交点作出横轴平行线与纵坐标相交于 10 和 25 两点；

（4）由纵坐标交点求出曝光量比值 Ψ'；

$$\Psi'_{D=2.0} = \frac{E_{12}}{E_8} = \frac{25}{10} = 2.5$$

(5) 由胶片特性曲线找出黑度上下限值 D_2（3.5）、D_1（2.0）对应的曝光量 E_2（4.0）和 E_1（3.67）求相应的曝光量比值 Ψ；

$$\Psi = \frac{E_{3.5}}{E_{2.0}} = 10^{4.00-3.67} = 2.1$$

(6) 比较 Ψ' 与 Ψ 的值：

因为 $\Psi' > \Psi$，所以 $D_{材} > 3.5$

答：母材黑度将大于 3.5。

3. 材质改变时曝光参数的换算

要使一种材料的曝光曲线适用于其他材料的透照，可利用射线透照等效系数进行厚度换算。所谓射线透照等效系数（用 Ψ_m 表示），是指在一定管电压下，达到相同射线吸收效果（或者说获得相同底片黑度）的基准材料厚度 T_0 与被检材料厚度 T_m 之比，即

$$\Psi_m = T_0 / T_m \tag{4—30}$$

钢为基准材料（$\Psi_m = 1.0$）时，几种常用金属材料在不同管电压和能量下的射线透照等效系数的近似值见表 4—4。

表 4—4　　某些金属的射透照等效系数 Ψ_m（以钢为基准）

金属	射线能量									
	100 kV	150 kV	220 kV	250 kV	400 kV	1 MeV	2 MeV	4~25 MeV	Ir192（铱）	Co60（钴）
铁/钢	1.0	1.0	1.0	1.0	1.0	1.0	1.0	1.0	1.0	1.0
铝	0.08	0.12	0.18	—	—	—	—	—	0.35	0.35
铝合金	0.10	0.14	0.18	—	—	—	—	—	0.35	0.35
钛	—	0.54	0.54	—	0.71	0.9	0.9	0.9	0.9	0.9
铜	1.5	1.6	1.4	1.4	1.4	1.1	1.1	1.2	1.1	1.1
锌	—	1.4	1.3	—	1.3	—	—	1.2	1.1	1.0
黄铜	—	1.4	1.3	1.3	1.3	1.2	1.1	1.2	1.1	1.0
因康镍合金	—	1.4	1.3	1.3	1.3	1.3	1.3	1.3	1.3	1.3
蒙乃尔合金	1.7	—	1.2	—	—	—	—	—	—	—
锆	2.4	2.3	2.0	1.7	1.5	1.0	1.0	1.0	1.2	1.0
铅	14.0	14.0	12.0	—	5.0	2.5	2.7	—	4.0	2.3

【例 2】　管电压为 250 kV 时，钢和铜的透照等效系数分别为 1.00 和 1.47，问透照 30 mm 铜时需采用多厚的钢的曝光量？

解：

因为

$$\Psi_{Cu} = \frac{T_0}{T_{Cu}}$$

所以　　　　$T_0 = \Psi_{Cu} T_{Cu} = 1.47 \times 30 = 44.10 \text{ mm}$

答：管电压为 250 kV 时，透照 30 mm 厚的铜应选择透照 44.1 mm 厚钢的曝光量。

4.4 散射线的控制

4.4.1 散射线的来源和分类

在第 1 章中曾经提及,射线在穿透物质过程中与物质相互作用会产生吸收和散射,其中散射主要是由康普顿效应造成的。与一次射线相比,散射线的能量减小,波长变长,运动方向改变。散射比 n 定义为散射线强度 I_s 与一次射线强度 I_p 之比,即 $n = I_s / I_p$。

产生散射线的物体称作散射源,在射线透照时,凡是被射线照射到的物体,例如,试件、暗盒、桌面、墙壁、地面,甚至连空气都会成为散射源。其中最大的散射源是试件本身(见图 4—20)。

按散射的方向对散射线分类,可将来自暗盒正面的散射称为"前散射",将来自暗盒背面的散射称为"背散射",还有一种散射称为"边蚀散射",是指试件周围的射线向试件背后的胶片散射,或试件中的较薄部位的射线向较厚部位散

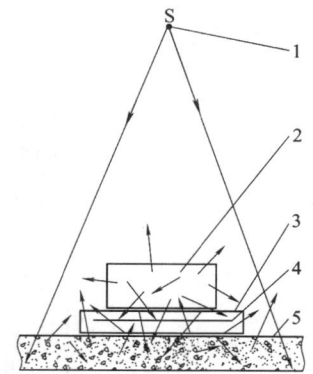

图 4—20 散射线产生示意图
1—射线源 2—工件 3—暗盒
4—胶片 5—地面

射,这种散射会导致影像边界模糊,产生低黑度区域的周边被侵蚀,面积缩小的所谓"边蚀"现象。

4.4.2 散射比的影响因素

图 4—21 所示给出了两种固定条件下焦距对散射比的影响。由图可知,在实际使用的焦距范围内,焦距的变化对散射比几乎没有影响。

图 4—22 所示给出了照射场大小对散射比的影响,纵轴刻度用散射比 n 与照射场无穷大时的散射比 n' 的百分率表示。由图可知,当照射场较小时,散射比随照射场的增大而增大,当照射场直径超过 50 mm 后,即使照射场再增大,散射比也基本保持不变。因此,除非是用极小的照射场透照,照射场大小对散射比几乎没有影响。

平板试件透照的散射比与线质和试件厚度的关系如图 4—23 所示。由图可知,在工业射线照相应用范围内散射比随射线能量增大而变小,而在相同射线能量下,散射比随钢厚度增大而增大。

对有余高的焊缝试板透照时,焊缝中心部位的散射比与平板试件的散射比明显不同,焊缝中心散射比高于同厚度平板中的散射比,随着能量的增大,两者数值逐渐接近,如图 4—24 所示。

射线检测

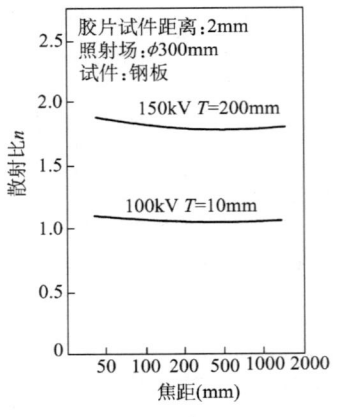

图 4—21　焦距对散射比的影响图

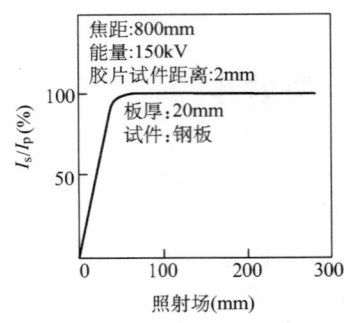

图 4—22　照射场大小对散射比影响

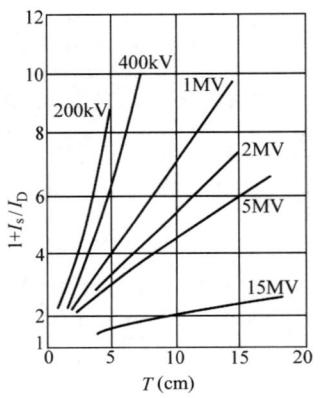

图 4—23　散射比与射线能量和钢厚度的关系

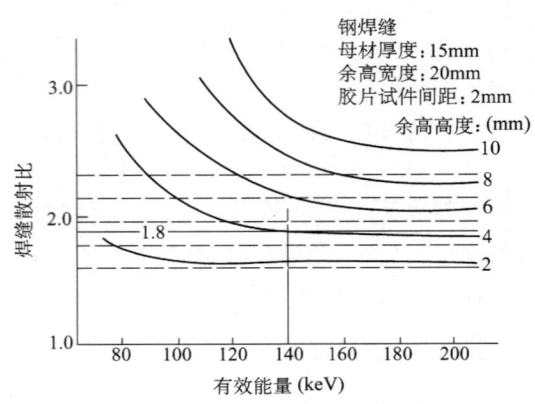

图 4—24　焊缝余高高度和有效能量与散射比的关系

4.4.3　散射线的控制措施

散射线会使射线底片的灰雾黑度增大，影像对比度降低，对射线照相质量是有害的。但由于受射线照射的一切物体都是散射源，所以实际上散射是无法消除的，只能尽量设法减少而已。控制散射线的措施有许多种，其中有些措施对照相质量产生多方面的影响，对这些措施要综合考虑，权衡选择。这些措施包括：

1. 选择合适的射线能量

对厚度差较大的工件，例如，余高较高的焊缝或小径管透照时，散射比随射线能量的增大而减小，因此，可以通过提高射线能量的方法来减少散射线。但射线能量值只能适当提高，以免对主因对比度和固有不清晰度产生明显不利的影响。

2. 使用铅箔增感屏

铅箔增感屏除了具有增感作用外，还有吸收低能散射线的作用，使用增感屏是减少散射线最方便、最经济，也是最常用的方法。选择较厚的铅箔减少散射线的效果较好，但会使增感效率降低，因此，铅箔厚度也不能过大。实际使用的铅箔厚度与射线能量有关，且后屏的厚度一般大于前屏。

还有一些措施是专门用来控制散射线的（见图4—25），应根据经济、方便、有效的原则加以选用，这些措施包括：

（1）背防护铅板　在暗盒背后近距离内如有金属或非金属材料物体，例如，钢平台、木头桌面、水泥地面等，会产生较强的背散射，此时可在暗盒后面加一块铅板以屏蔽背散射射线。使用背防护铅板的同时仍需使用铅箔增感后屏，否则背防护铅板被射线照射时激发的二次射线有可能到达胶片，对照相质量产生不利影响。

当暗盒背后近距离内没有导致强烈散射的物体时，可以不使用背防护铅板。

（2）铅罩和光阑　使用铅罩和铅光阑可以减小照射场范围，从而在一定程度上减少散射线。

（3）厚度补偿物　在对厚度差较大的工件透照时，可采用厚度补偿措施来减少散射线。焊缝照相可使用厚度补偿块，形状不规则的小零件照相可使用流质吸收剂（醋酸铅加硝酸铅溶液），或金属粉末（铅粉、铁粉或铅粉）作为厚度补偿物。

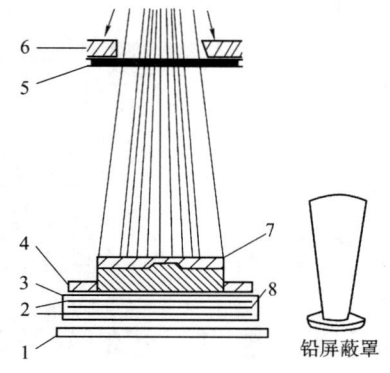

图4—25　散射线的控制措施
1—底部铅板　2—铅箔增感屏　3—暗盒
4—遮蔽物　5—滤板　6—光阑
7—补偿物　8—胶片

（4）滤板　滤板有两种使用方法：一种是在X射线机窗口处加滤板，另一种是在工件和胶片暗盒之间加滤板。

在对厚度差较大的工件透照时，可以在X射线机窗口处加滤板，将X射线束中波长较长的软射线吸收掉，使透过射线波长均匀化，有效能量提高，从而减少边蚀散射。窗口处所加的滤板为用黄铜、铅或钢制作的金属薄板。滤板厚度可通过试验或计算确定。过厚的滤板会对射线产生吸收作用而不是过滤作用，从而影响照相质量。透照钢试件时，铜滤板的厚度应不大于试件最大厚度的20%，铅滤板的厚度应不大于试件最大厚度的3%，钢滤板的厚度应小于吸收曲线上"均匀点"对应的厚度，所谓均匀点是指吸收曲线由曲开始变为直的那一点，吸收曲线变为直线即意味着射线束的波长已经"均匀化"，吸收系数不再随穿透厚度而变化。

在工件和胶片暗盒之间加滤板通常用于Ir192和Co60γ射线照相或高能X射线照相，作用是过滤工件中产生的低能散射线，尤其当存在边蚀散射时，加滤板的作用更明显。按透照厚度的不同，可选择0.5～2 mm厚的铅箔作为滤板。

（5）遮蔽物　当被透照的试件小于胶片时，应使用遮蔽物对直接处于射线照射的那部分胶片进行遮蔽，以减少边蚀散射。遮蔽物一般用铅制作，其形状和大小视被透照试件的情况而确定，也可使用钢铁和一些特殊材料（例如钡泥）制作遮蔽物。

（6）修磨试件　通过修整、打磨的方法减小工件厚度差也可以视为减少散射线的一项措施，例如，检查重要的焊缝时，将焊缝余高磨平后透照，可明显减小散射比，获得更佳的照相质量。

4.5 焊缝透照常规工艺

射线照相应用最多的对象是焊接接头的缺陷检测,所以本节主要讨论对接焊缝检测的射线照相工艺。

本节所述的"常规"工艺是指适用于一般的钢制承压设备对接焊缝检测的射线照相工艺。被检试件的材质、形状、结构、尺寸不具有特殊性,不需要在工艺中考虑特殊的针对性措施。

工艺的内容应符合有关法规、标准及有关设计文件和管理制度的要求。工艺条件和参数的选择首先当然是考虑检测工作质量,即缺陷检出率、照相灵敏度和底片质量,但检测速度、工作效率和检测成本也是必须考虑的重要因素。

4.5.1 透照工艺的分类和内容

射线透照工艺分通用工艺规程和专用工艺卡两种,两者都是必须遵循的规定性书面文件。

1. 通用工艺规程

无损检测通用工艺规程应根据无损检测单位(机构)自身特点、设备技术条件和人员条件编制,应覆盖本单位(制造、安装或检测单位)产品或检测对象的范围,其规定应明确,具有可操作性,其内容应全面和详细,具有可选择性。无损检测通用工艺规程应符合相关法规、规范标准和本单位的技术质量管理规定。本单位无损检测工作和所实施的技术工艺均应符合通用工艺规程要求。

通用工艺规程的具体内容和编制要求见第 9 章 9.4.1 节。

2. 专用工艺卡

所谓"射线照相工艺卡"是指以表卡形式出现的,针对射线透照工序提出具体参数和技术措施的规定性工艺文件。工艺卡适用对象可能是某一具体产品,或产品上的某一部件,或部件上的某一具体结构。射线照相工艺卡一般依据通用工艺规程和设计文件的要求制定,有关参数包括以下三方面:

(1) 必须交代的内容

1) 工件情况,包括产品名称、图号、材质、壁厚、外径、焊接种类、坡口型式、检查比例以及技术法规、制造安装标准和评定标准,技术方法等级、质量合格等级等。

2) 透照条件参数,包括设备种类型号、焦点尺寸 d_f;透照方式、焦距 F、平靶机周向曝光偏心距和小径管双壁单影偏心距、一次透照长度 L_3、焊缝类别编号、环缝分段透照次数 n;管电压、管电流、曝光时间;胶片种类、规格;增感屏种类、厚度;像质要求(黑度范围、像质计型号、应显示最小丝径 ϕ_{min}、像质计位置)等。

3) 注意事项和辅助措施(如散射防护、厚度补偿、使用滤板、双片技术等)。

(2) 必须绘出的示意图

1) 布片定位图;

2）平靶机偏心透照示意图；

3）小径管椭圆成像偏心透照示意图；

4）特殊的透照布置、透照方向示意图（如T形接头、椭圆封头拼缝等）。

（3）必须签署的人员　工艺卡编制人名及资格，审核人名及资格、日期。

操作人员遵循专用工艺卡规定的条件、参数进行透照，通常可获得满意的透照质量。但也要注意实际透照过程中某些变量，如距离、厚度的局部变化产生的影响，必要时应对有关参数做适当调整。

4.5.2　焊缝透照专用工艺卡示例

焊缝透照工艺卡有多种形式，示例1、示例2所提供的形式可供使用参考。

【示例1】　电站锅炉集箱，焊接结构如图4—26所示，设计压力 $P=4.3$ MPa，设计温度 $t=336℃$，材料12Cr1MoV。焊接方法为氩弧焊封底，埋弧自动焊盖面，焊缝余高2 mm，用Ir192γ射线机（源的初始强度 $I_0=50$ Ci，已使用100天，焦点尺寸3 mm×3 mm，曝光曲线见图4—27）。对B1焊缝进行射线检测，按JB/T 4730标准编制的《射线照相工艺卡》见表4—5。

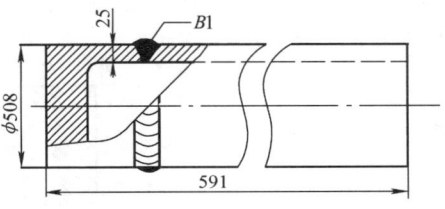

图4—26　集箱示意图

填写说明如下：

本题应根据《锅炉安全技术监察规程》、JB/T 4730—2005《承压设备无损检测》，以及本单位无损检测通用工艺规程和产品设计图纸及有关技术文件填写。

"产品编号""产品名称""产品类别""规格""材料""焊接方法""探伤设备型号""焦点尺寸"为题目给出的已知条件。

"执行标准""照相技术等级""验收等级"根据《锅炉安全技术监察规程》的规定。

"检测时机"根据《锅炉安全技术监察规程》和JB/T 4730—2005的规定。

"胶片牌号"根据曝光曲线提供的两

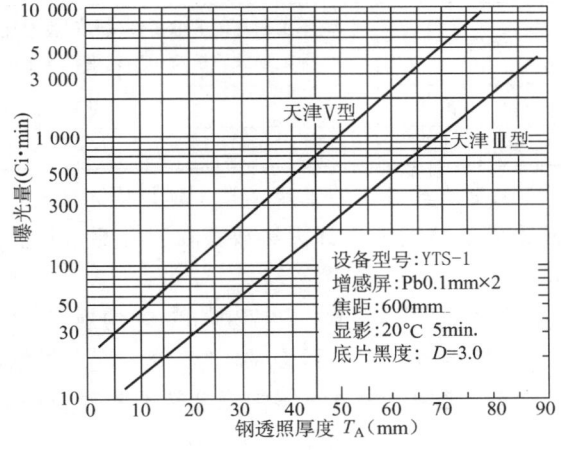

图4—27　Ir192曝光曲线图

种胶片选其一，因采用的是γ射线，按JB/T 4730—2005的规定，应选择天津V型。

"显影液配方""显影时间""显影温度"则是根据技术和标准的一般规定，以及曝光曲线所提供的数据。

"胶片规格"根据实际使用需要从产品供货规格中选其一。

"增感屏"按JB/T 4730—2005的规定，以及曝光曲线所提供的数据。

"像质计型号"按JB/T 4730—2005的规定，以及实际透照厚度确定。

射线检测

表 4—5　　　　　　　　　焊缝射线照相工艺卡

产品编号	G2000-1		产品名称	集箱	产品类别	锅炉部件
规格	$\phi 508$ mm×25 mm		材料	12Cr1MoV	焊接方法	氩弧焊/埋弧自动焊
执行标准	JB/T 4730—2005		照相等级	AB	验收等级	Ⅱ
探伤设备型号	YTS—1		焦点尺寸	3 mm×3 mm	检测时机	焊后 24 h
胶片牌号	天津 Ⅴ 型		胶片规格	360 mm×100 mm	增感屏	0.1 Pb（前、后）
像质计型号	10/16		像质计丝号	12	底片黑度	2.0～4.0
显影液配方	F5		显影时间	5 min	显影温度	(20±2)℃
焊缝编号	焊缝长度 (mm)	检测比例 (%)	透照厚度 W (mm)	透照方式	焦距 F (mm)	一次透照长度 L_3 (mm)	底片数 N (张)	源强度 (Ci)	曝光时间 (min)
B1	1 595	100%	25	中心透照	256	1 595	5	19.6	1.37

透照布置示意图：

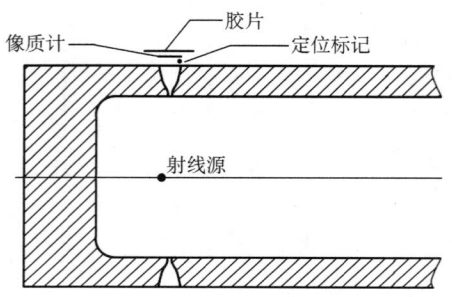

备注	1. 本工艺规定的像质计丝号根据对比试验确定。 2. 标记摆放除按通用工艺规程规定外，增加焊工号。		
编制（资格）	×　×　×　　（RTⅡ）	审核（资格）：	×　×　×　　（RTⅢ）
编制日期		审核日期	

"像质计丝号"的确定：按 JB/T 4730—2005 的规定，单壁透照时像质计应放置射源侧，但按本题的情况像质计无法放置在射源侧，只能放置在胶片侧，此时应识别的丝号要根据对比试验确定。

"底片黑度"按 JB/T 4730—2005 的规定。

"焊缝编号"由题目提供，"焊缝长度"根据已知内径算出。

"检测比例"根据《锅炉安全技术监察规程》的规定。

"透照厚度 W"按 JB/T 4730—2005 的规定，等于母材公称厚度。

"透照方式""焦距 F"则应根据技术和标准的规定，综合照相质量、工作效率、使用方便性等因素，做出最佳选择。

"一次透照长度 L_3"和"底片数 N"一般应根据"透照方式"和"焦距 F"，由 JB/T 4730—2005 附录的图表中查出和算出，但本题采用的是源在内中心透照法，不需要计算，一次透照长度就是整圈焊缝长度。

"源强度"根据已知条件（源的初始强度、已使用天数）算出。

"曝光时间"则是通过查曝光曲线求得。

查曝光曲线时需要注意：①本题的曝光曲线中，"底片黑度"为3.0，因此横坐标"钢透照厚度 T_A"的值应选用"母材公称厚度"，这样查得的曝光量可以保证底片上母材和焊缝部位的黑度值均满足要求。②由于实际透照使用的焦距为256 mm，而制作曝光曲线的焦距为600 mm，因此，由曝光曲线查得的曝光量要通过距离平方反比定律换算。

【示例2】 某压力容器制造厂为聚丙烯装置生产一台蒸发器，容器编号E401，设计压力 2.5 MPa，设计温度－45℃/220℃（壳程/管程），容积 55 m³，介质为丙烯，规格 ϕ600 mm×4 035 mm×12/24（封头/筒节）mm，材质为09MnNiDR；所有对接焊缝为埋弧自动焊双面焊，壳体的结构尺寸见图4—29。现要求对管箱 A1、B1、B2 焊缝进行射线检测。使用 X 射线机：RF—250EGM，管电流 5 mA，焦点尺寸 2 mm×2 mm。曝光曲线如图4—28所示。请将各相关参数和技术要求填入射线照相工艺卡见表4—6。

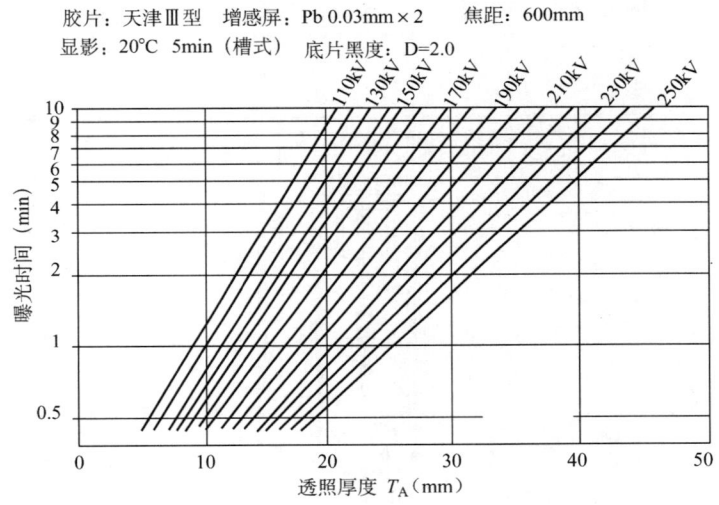

图4—28 RF—250EGM定向X射线机曝光曲线图（焦点：2 mm×2 mm）

填写说明如下：

本题应根据《压力容器安全技术监察规程》、GB151《管壳式换热器》、JB/T 4730—2005《承压设备无损检测》，以及本单位无损检测通用工艺规程和产品设计图纸及有关技术文件填写。

其中："容器类别""检测比例""验收等级"可由图纸或根据设计参数查《压力容器安全技术监察规程》确定。

"检测时机"根据材料性质查《压力容器安全技术监察规程》和 JB/T 4730—2005 确定。

"焊缝必检部位"根据《压力容器安全技术监察规程》、GB151《管壳式换热器》确定。

B1、B2 的一次透照长度 L_3 可通过查表得出，也可通过计算求得。

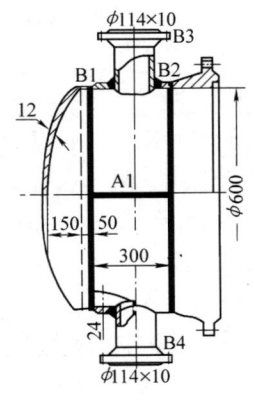

图4—29 结构尺寸图

射线检测

表 4—6　　　　　焊缝射线照相工艺卡

产品编号	E401	产品名称	丙烯蒸发器管箱	容器类别	二类
规　格	φ600 mm×24 mm	材　质	09MnNiDR	焊接方法	埋弧自动焊
执行标准	JB/T 4730—2005	照相质量等级	AB 级	验收等级	Ⅲ
设备型号	XX2505	焦点尺寸	φ2 mm×2 mm	检测时机	焊后外观检验合格
胶片牌号	天津Ⅲ型	胶片规格	360 mm×100 mm	增感屏	Pb：0.03 mm（前、后）
像质计型号	FeⅡ	像质计灵敏度	Z=11	底片黑度	2.0～4.0
显影液配方	天津Ⅲ型	显影时间	5 min	显影温度	20±2℃

焊缝编号	焊缝长度 (mm)	检测比例 (%)	T_A（mm）	透照方式	L_1（mm）	L_3（mm）	N（张）	kV	曝光时间 (min)
A1	300	≥20	24+4	外透法	600	300	1	210	3.3
B1	1 884	≥20	18+4	外透法	600	150	3	160	4.0
B2	1 884	≥20	24+4	外透法	600	150	3	210	3.3

焊缝透照布置示意图：

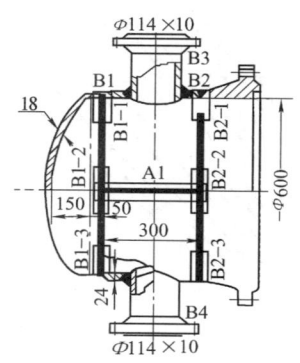

技术要求：
①底片标识：产品编号—焊缝号—底片号—透照日期，以及返修标记/扩拍标记（需要时）；
②缝透照部位应覆盖 B1、B2 与 A1 焊缝交叉部位及以 B3、B4 开孔中心为圆心、半径 171 mm 的圆中所包括的焊缝。

编制（资格）	×××（Ⅱ）	年　月　日	审核（资格）：	×××（Ⅲ）	年　月　日

同上题不同，本题中所使用的曝光曲线的底片黑度为 2.0，此黑度值为 JB/T 4730—2005 规定的下限，因此，横坐标"钢透照厚度 T_A"的值应选用"母材公称厚度+焊缝余高"，即 A1=24+4，B1=18+4，B2=24+4，这样才能保证底片上焊缝部位的黑度值满足要求。

4.5.3　焊缝透照的基本操作

透照操作应严格遵守工艺规定，操作程序、内容及有关要求简述如下：

1. 试件检查及清理

试件上如有妨碍射线穿透或妨碍贴片的附加物，如设备附件、保温材料等，应尽可能去除。试件表面质量应经外观检查合格,如表面不规则状态可能在底片上产生掩盖焊缝中缺陷的图像时,应对表面进行打磨修整。

2. 划线

按照工艺文件规定的检查部位、比例、一次透照长度,在工件上划线。采用单壁透照时,需要在试件两侧(射线侧和胶片侧)同时划线,并要求两侧所划的线段应尽可能对准。采用双壁单影透照时,只需在试件一侧(胶片侧)划线。

3. 像质计和标记摆放

按照标准和工艺的有关规定摆放像质计和各种铅字标记。

线型像质计应放在射源线侧的工件表面上,位于被检焊缝区的一端(被检长度的1/4处),钢丝横跨焊缝并与焊缝方向垂直,细丝置于外侧。单壁透照无法在射源侧放置像质计时,可将其放在胶片侧,但必须进行对比试验,使实际能显示的像质计丝号达到规定要求。像质计放胶片侧时,应加放"F"标记,以示区别。

当采用源在内($F=R$)的周向曝光技术时,只需在圆周上等间隔地放置3个像质计即可。

各种铅字标记应齐全,至少应包括:中心标记,搭接标记,工件编号,焊缝编号,部位编号。返修透照时,应加返修标记R。对余高磨平的焊缝透照,应加指示焊缝位置的圆点或箭头标记。

各种标记的摆放位置应距焊缝边缘至少5 mm。其中搭接标记的位置:在双壁单影或源在内$F>r$的透照方式时,应放在胶片侧,其余透照方式应放在射源侧。

4. 贴片

采用可靠的方法(磁铁、绳带等)将胶片(暗盒)固定在被检位置上,胶片(暗盒)应与工件表面紧密贴合,尽量不留间隙。

5. 对焦

将射线源安放在适当位置,使射线束中心对准被检区中心,并使焦距符合工艺规定。

6. 散射线防护

按照工艺的有关规定执行散射线防护措施。

7. 曝光

以上各步骤完成后,并确定现场人员放射防护安全符合要求,方可按照工艺规定的参数和仪器操作规则进行曝光。

曝光完成即为整个透照过程结束,曝光后的胶片应及时进行暗室处理。

4.6 射线透照技术和工艺研究

4.6.1 大厚度比试件的透照技术

射线透照常规工艺允许试件有一定的厚度差异,在射线底片上所能显示的符合标准规定的黑度上下限值范围的厚度,就称为射线照相厚度宽容度。但若试件厚度差过大,就会使透照质量失效，要解决此问题，必须采用一些特殊工艺或技术措施。

试件厚度差异的大小可用试件厚度比来衡量，试件厚度比可定义为一次透照范围内试件的最大厚度与最小厚度之比，用 K_s 表示。当 K_s 大于 1.4 时，可以认为属于大厚度比试件。实际工作中的大厚度比试件包括余高较高的薄板对接焊缝试件、小口径管试件、角焊缝试件，以及一些形状较复杂的机械零件。

大厚度比对射线照相质量的不利影响主要表现在两个方面：一是因试件厚度差较大导致底片黑度差较大，而底片黑度过低或过高都会影响射线照相灵敏度。二是因试件厚度变化导致散射比增大，产生边蚀效应。

对大厚度比试件透照的特殊技术措施包括适当提高管电压技术、双胶片技术和补偿技术。

1. 适当提高管电压技术

适当提高管电压是透照大厚度比试件常采用的技术措施。提高管电压的好处是可以减少厚度大的部位的散射比，降低边蚀效应。此外，随着管电压的提高，底片上不同部位的黑度差将减小，在规定的黑度范围内可以容许更大的试件厚度变化范围，即提高管电压可以获得更大的透照厚度宽容度，这对于大厚度比试件照相也是重要的。

小径管是一种典型的大厚度比试件。对小径管环焊缝照相经常采用高电压短时间的曝光参数。这样做不仅可以提高灵敏度，还能扩大一次透照的检出范围。

对余高较高的焊缝照相，适当提高管电压是有益的。如图 4—24 所示，提高管电压可以使焊缝中心部位的散射比大幅度减小。

但是射线能量提高后，衰减系数 μ 减小，从而会导致对比度减小，这一点对射线照相灵敏度不利。因此，管电压不能任意提高，究竟管电压提高多少比较合适，这是确定具体透照工艺需要研究的问题。

2. 双胶片技术

对厚度差较大的工件，可以采用在一只暗盒里放两张胶片同时透照的双胶片技术。

暗盒里放置的两张胶片一般应选用感光度不同的两种胶片（异速双片法），其中感光度较大的胶片适用于透照厚度较大部位的观察评定，感光度较小的胶片适用于透照厚度较小部位的观察评定。另一种是在暗盒中放置感光速度相同的两张胶片（同速双片法），观片方法是对黑度较小部位，将双片重叠观察评定，对黑度较大部位，用单片观察评定。

选择感光度不同的两种胶片时，应注意在有效黑度范围内，两种胶片的曝光量应有足够重叠。如图 4—30 所示，胶片 A 和胶片 B_1 的曝光量有重叠，而和胶片 B_2 的曝光量没有重叠。因此，可以选择胶片 A 和胶片 B_1 搭配，但不能选择胶片 A 和胶片 B_2 搭配。

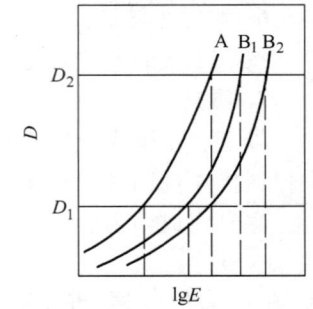

图 4—30　双胶片技术的胶片选择

3. 补偿技术

补偿技术是指用补偿块、补偿粉、补偿泥、补偿液等填补工件的较薄部分，使透照厚度差减小的方法，补偿材料的种类见本章 4.3 节。

4.6.2 安放式接管管座焊缝的射线照相技术要点

1. 贴片时，应将胶片要弯曲，尽量使胶片贴紧焊缝，以使底片上各部位 U_g 值达到最小。若胶片脱开焊缝，缺陷—胶片距离就会比实际焊缝厚度大得多，导致几何不清晰度增大。

2. 尽量减小试件厚度变化对影像质量的影响，可选择恰当的源位置或焦距，或设法进行补偿。

3. 为使底片黑度能保持在标准规定的范围内（如控制在黑度 2.0~4.0 之间）。可适当提高管电压以提高宽容度。必要时可从不同透照方向进行多次透照，如图 4—31a 所示。也可采用异速双片法增大厚度宽容度。

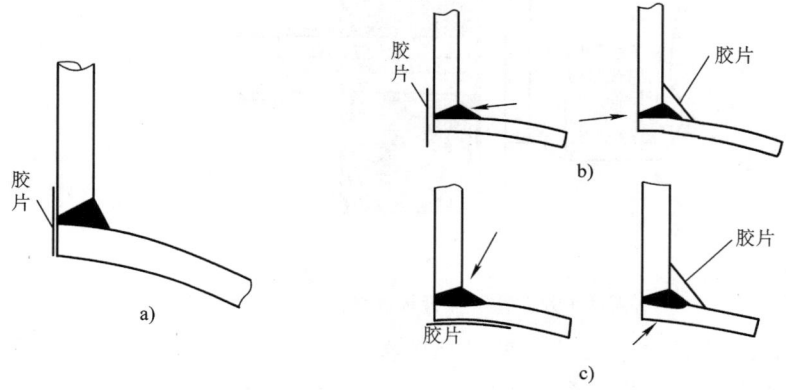

图 4—31 安放式接管管座角焊缝照相

4. 要保证所用射线方向对根部未焊透及危害性裂纹等面状缺陷具有最佳检出率。为此，充分了解焊缝坡口型式和焊接特点十分重要。如图 4—31 所示，要检出可能存在的根部裂纹和未焊透，宜选用 b 的布置，而不宜用 c 的布置。

5. 为使缺陷位置在底片上易于判别，透照时应在焊缝被检区长度两端的宽度两侧，附加铅质识别标记。评片时要注意影像畸变、位移造成的影响。

4.6.3 管子—管板角接焊缝的射线照相技术要点

管子—管板角接焊缝射线照相（见图 4—32）的特点是管径小，焦距短，透照厚度差大，散射严重，如不采取特殊措施，照相底片的影像质量极差。因此，需要综合采用特殊的微小焦点放射性同位素源，厚度补偿及屏蔽技术，以及配套工艺措施。有关技术工艺要点如下：

1. 从射线穿透能力和照相宽容度方面考虑，放射源一般应选用 Ir192 同位素。

2. 为减小几何不清晰度，必须采用特制的微小焦点放射源，典型的源尺寸是 $\phi 0.5$ mm×1.0 mm。

3. 从操作方便性和对焦准确度考虑，一般选择"向后透照"的透照布置，向前透照技术仅适用于向后透照技术所不能实施的场合。

4. 为保证照相灵敏度，应使用 T_2 类胶片或更细颗粒胶片。

5. 焦点—胶片距离应根据管子内径 D_i 选择，选择时应考虑减小投影畸变因素，同时兼顾照相灵敏度因素。

6. 为提高信噪比，减少源移动过程中造成的不清晰度和散射线影响，曝光时间一般应不少于 30 s。

7. 为防止边蚀散射，同时使被检区域曝光均匀，应使用补偿块。

8. 可同时采用滤板进一步减少散射。

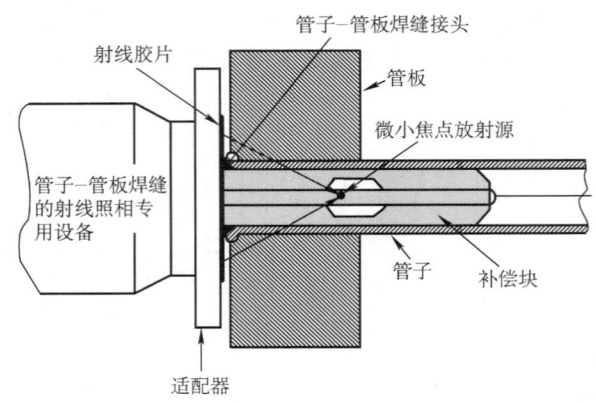

图 4—32　管子—管板焊缝的射线照相示意图

制定工艺时应进行工艺鉴定试验，试验在专用的管子—管板焊缝照相灵敏度鉴定试块上进行，试块上人工缺陷为一系列小孔，工艺鉴定试验应能检出试块上 $\phi0.5$ mm 小孔。

实际操作应严格执行鉴定合格的工艺。在现场照相可不放置像质计。如放置像质计，则所使用的像质计应不增加焊缝—胶片距离。

对底片的质量要求包括：

1. 底片上不应有边蚀散射迹象，管口部位显示的黑度应与被评定的焊缝区域一样均匀。
2. 底片上整个焊缝影像的变形程度应不影响缺陷的识别。
3. 底片评定区（焊缝和焊缝相连的区域）的黑度 D 范围为 2.5～3.5。

4.6.4　小径管的透照技术与工艺

外径 $D_o \leqslant 100$ mm 的管子称为小径管，一般采用双壁双影法透照其对接环缝。

按照被检焊缝在底片上的影像特征，又分椭圆成像和重叠成像两种方法。同时满足下列两条件，即 T（壁厚）$\leqslant 8$ mm；g（焊缝宽度）$\leqslant D_o/4$ 时，采用倾斜透照方式椭圆成像。不满足上述条件，或椭圆成像有困难，或为适应特殊需要（如特意要检出焊缝根部的面状缺陷）时，可采用垂直透照方式重叠成像。

1. 透照布置

（1）椭圆成像法　胶片暗袋平放，射源焦点偏离焊缝中心平面一定距离（称为偏心距

L_0），以射线束的中心部分或边缘部分透照被检焊缝（见图 4—33）。偏心距应适当，可按椭圆开口宽度（q）的大小算出。

$$L_0 = (b+q)L_1/L_2 \tag{4—31}$$
$$= \frac{F-(D_o+\Delta h)}{D_o+\Delta h}(b+q)$$

式中　Δh——焊缝余高；
　　　b——焊缝宽度；
　　　q——椭圆开口宽度（椭圆影像短轴方向间距）。

应控制椭圆影像的开口宽度（上下焊缝投影最大间距）在 1 倍焊缝宽度左右。如偏心距太大，椭圆开口宽度过大，窄小的根部缺陷（裂纹、未焊透等）有可能漏检，或者因影像畸变过大，难于评判。偏心距太小，椭圆开口宽度过小，又会使源侧焊缝与片侧焊缝根部缺陷不易分开。

（2）重叠成像法　对直径小（$D_o \leq 20$ mm），或壁厚大（$T > 8$ mm），或焊缝宽（$g > D_o/4$）的管子，或是为了重点检测根部裂纹和未焊透等特殊情况下，可使射线垂直透照焊缝，此时胶片宜弯曲贴合焊缝表面，以尽量减少缺陷到胶片距离。当发现不合格缺陷后，由于不能分清缺陷是处于射源侧或胶片侧焊缝中，一般多做整圈返修处理。

2. 厚度变化

小径管透照厚度变化很大，其最小值为管壁厚度的 2 倍（即 $2T$），理论最大值为假定射线束与内圆相切时的射线行程即 $[2\sqrt{T(D-T)}]$，故理论最大透照厚度比

$$K_\infty = \frac{\sqrt{T(D-T)}}{T} \tag{4—32}$$

因透照小径管时，焦距远大于管子直径，射线束可粗略地看做是平行入射于管子。透照厚度的变化可分以下三种情况（见图 4—34）。

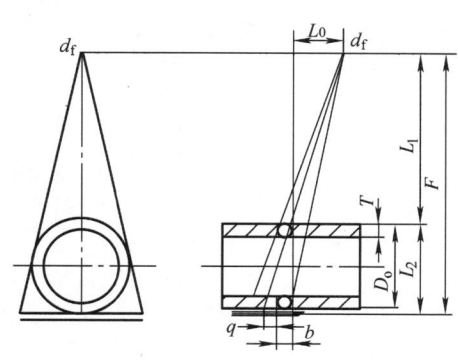

图 4—33　小径管椭圆透照布置

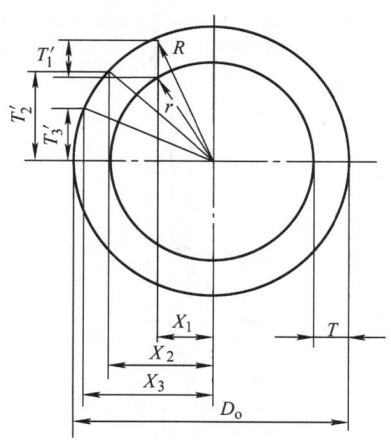

图 4—34　小径管透照厚度的变化

（1）$X = X_1 < r$ 时，

$$2T_1' = 2(\sqrt{R^2-X_1^2} - \sqrt{r^2-X_1^2})$$

$$= \sqrt{D_o^2 - 4X_1^2} - \sqrt{(D_o - 2T)^2 - 4X_1^2} \tag{4—33}$$

(2) $X = X_2 = r$ 时

$$2T_2' = 2\sqrt{R^2 - X_2^2} = \sqrt{D_o^2 - 4X_2^2} \tag{4—34}$$

(3) $X = X_3 > r$ 时，

$$2T_3' = 2(\sqrt{R^2 - X_3^2} - \sqrt{D_o^2 - 4X_3^2}) \tag{4—35}$$

例如：透照 $\phi 60 \times 5$ 的小径管，忽略焊缝余高，透照厚度的变化见表4—7和图4—36所示。从图4—35可见，小径管的透照厚度 T' 在 $X=0$ 时最小，$X=r$ 时最大。

表4—7　　　　　　　　$\phi 60 \times 5$ 小径管透照厚度（mm）变化

	$X<r$					$X=r$	$X>r$				
X	0	5	10	15	20	25	26	27	28	29	30
$2T'$	10.0	10.2	10.7	12.0	14.7	33.2	29.0	26.2	21.5	15.4	0

3. 透照次数

为对小径管的整圈环焊缝进行有效检测，通常要根据成像方式和壁厚与外径之比 T/D_o 确定透照次数。有关标准规定了小径管环向对接焊接接头100%检测的透照次数：采用倾斜透照椭圆成像时，当 $T/D_o \leqslant 0.12$ 时，相隔90°透照2次。当 $T/D_o > 0.12$ 时，相隔120°或60°透照3次。垂直透照重叠成像时，一般应相隔120°或60°透照3次。

规定 $T/D_o \leqslant 0.12$ 透照2次，$T/D_o > 0.12$ 透照3次，主要是为了限制透照厚度比。

由图4—36所示可见，小径管透照环焊缝次数 N 和圆心角 α 有如下关系：

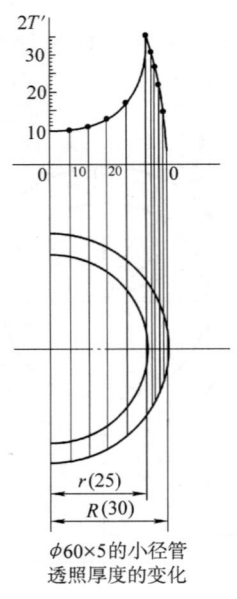

$\phi 60 \times 5$ 的小径管
透照厚度的变化

图4—35　$\phi 60 \times 5$ 的小径管透照厚度的变化

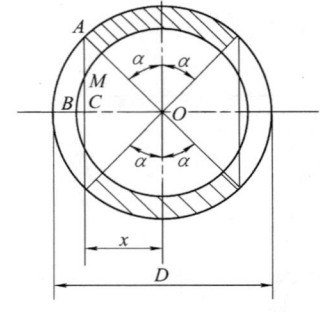

图4—36　小径管透照次数 N 和圆心角 α 关系
$OA=R$　$OB=r$　$OC=x$　$AM=T'$　（$T_e' - 2T'$）

$$N=360°/4\alpha=90°/\alpha \tag{4—36}$$

故 $\qquad N=2$ 时，$\alpha=45°$

$\qquad\qquad N=3$ 时，$\alpha=30°$

现研究 $T/D_o=0.12$，透照 2 次的透照厚度比：

将 $T=0.12D_o$ 代入公式（4—33）：$2T_1'=\sqrt{D_o^2-4X_1^2}-\sqrt{(D_o-2T)^2-4X_1^2}$

得 $\qquad 2T_1'=(D_o^2-4X_2^2)^{1/2}-[(D_o-0.24D_o)^2-4X_1^2]^{1/2}$

已知 $N=2$ 时，$\alpha=45°$，$X_1=0.707R=0.707D_o/2$，代入，

得 $\qquad T_1'=0.214D_o=0.214T/0.12$

所以有 $\qquad T_1'/T=1.78$

即 $T/D_o=0.12$ 时，相隔 $90°$ 透照 2 次的透照厚度比最大值为 $T_1'/T=1.78$。

同理，可求得透照 3 次（$N=3$），$\alpha=30°$ 时的透照厚度比最大值为 $T_1'/T=1.73$。

4. 像质要求

由于小径管透照截面厚度变化很大，又采用双壁双影透照，影像畸变较大，且源侧焊缝和片侧焊缝相对于胶片的距离变化较大，影像各处几何不清晰度和散射比不一，因此，影像质量和缺陷检出灵敏度与其他透照方式相比都要差些。即使底片黑度范围符合要求，基本问题仍然存在。

（1）像质计的型式及摆放　对小径管透照使用的像质计，不同的标准规定了不同的型式和摆放方法。主要有以下三种：

1）等比丝像质计　像质计可放在射源侧管子表面或置于胶片侧，丝的长度方向与焊缝走向相垂直。置于胶片侧要有附加标记，其像质计显示丝号要求与放在射源侧不一样。

2）等径丝像质计　置于射源侧管子表面，丝的长度方向与焊缝走向相垂直。其优点是评价有效评定范围准确，能显示等径丝的焊缝长度范围即为有效评定范围。

3）单丝像质计　置于管子环缝中心，金属丝绕管一圈，丝的长度方向与焊缝走向平行，以显示丝的长度作为有效评定范围。应用此法时，应防止丝的影像掩盖焊缝根部缺陷的显示。

（2）像质计灵敏度　小径管的椭圆透照工艺中，灵敏度与宽容度的矛盾尤为突出，为兼顾较大的厚度宽容度，灵敏度总要受到一定损失。

（3）黑度范围　小径管焊缝和热影响区的黑度范围可控制在 1.5～4.0。当有意提高局部区域的检出灵敏度时，可将该区域黑度控制在 2.5～3.5。

（4）椭圆开口度　射线底片上椭圆开口度太小会使源侧与片侧焊缝根部热影响区缺陷产生混淆，开口度太大又不利于根部裂纹、未焊透之类面状缺陷的检出。通常椭圆开口度应大致为一个焊缝宽度。

（5）标记　小径管透照必须放置片号、中心定位标记、及透照顺序号（表明某一接头的透照次数）等识别标记。评片时，通常以中心标记短矢所指位置作为 12 点，以钟点定位法标定缺陷位置。

有关小径管透照的计算举例。

【例】 采用平移法双壁双影透照管子对接环焊缝。已知管子外径×壁厚尺寸为 $\phi 76 \text{ mm} \times 4 \text{ mm}$，焊缝余高 2 mm，焊缝宽度 10 mm，X 射线机焦点尺寸为 $\phi 2 \text{ mm}$，如要求透照的最大几何不清晰度 $U_g = 0.2 \text{ mm}$，椭圆成像的开口宽度等于焊缝宽度，则焦距 F 及平移距离 L_0 应分别取多少？

解： 已知 $d_f = 2 \text{ mm}$，外径 $D_o = 76 \text{ mm}$，余高 $\Delta h = 2 \text{ mm}$，用于计算最大几何不清晰度 U_g 的工件表面至胶片距离 $L_2 = D_o + 2 \times \Delta h$，用于计算平移距离 L_0 所使用的工件表面至胶片距离 $L'_2 = D_o + \Delta h$

$$F = \frac{d_f L_2}{U_g} + L_2 = \frac{2 \times (76+4)}{0.2} + (76+4) = 880 \text{ mm}$$

$$L_0 = \frac{F - L'_2}{L'_2}(p+q) = \frac{880 - (76+2)}{76+2} \times (10+10) = 205.64 \approx 206 \text{ mm}$$

答： 满足 U_g 值为 0.2 mm 的焦距为 880 mm，

使椭圆开口宽度为 10 mm 的平移距离 $L_0 = 206 \text{ mm}$。

4.6.5 球罐 γ 射线全景曝光工艺

γ 射线全景曝光是将射源置于球形容器中心，对等径位置焊缝进行 360°一次曝光成像的技术，用这种方法一次摄片多可达数百至上千张，是一种效率很高、经济效益显著的拍片方法。

Ir192 全景曝光的工艺要点简述如下：

1. 设备和器材选择

（1）设备　Ir192 γ 射线探伤机 1 台。

（2）射源　尽量选用活度较大的射源，使曝光时间控制在 24 h 以内。如用活度较小的射源，会因曝光时间过长，影响底片成像质量。

（3）器材　宜选用 T2 型胶片，增感屏可采用前屏 0.1 mm、后屏 0.16 mm 的铅箔。通常用黑塑料暗袋，如有条件可用真空黑纸暗袋。可用宽 80～100 mm 的双层白帆布制成长带状布片带，用来固定底片。此外还应配备足够数量的磁铁、胶纸带、铅字、透度计等。

（4）监测仪器　便携式 γ 剂量仪和个人监测用的报警器各 1 台。

2. 工艺程序

整个透照过程可分为七个步骤：

划线→编号及标记→布片→送源→曝光→收源→取片→(冲洗)。

（1）划线　按选用胶片长度而定。除人孔焊缝用 240 mm×100 mm 胶片外，其余部分均用 360 mm×100 mm 胶片，划线长度应保证相邻两片有足够的搭接长度（一般取 20～30 mm）。

（2）编号、标记及像质计摆放　底片按顺序从小到大编号，搭接标记可用顺序号。由于一次布片量很大，其他识别标记不可能在每张底片上都放置齐全，可以每隔50张底片放全各种标记，包括顺序号、球罐编号、拍片时间及像质计等。像质计放胶片侧时应进行灵敏度对比校验，可在球罐内壁下温带0°、90°、180°、270°以及上下人孔处各放置一个像质计，与球罐外相应部位的像质计进行比较，以确认实际达到的像质计显示值。

采用图4—37所示透照布置时，在射源输出导管下方的下人孔处存在曝光不足的拍片死区，此处应增加像质计放置数量。

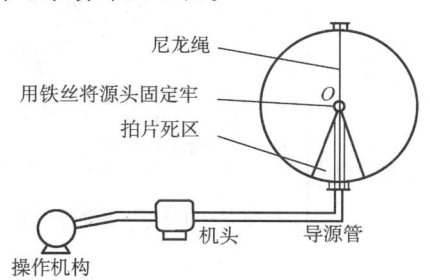

图4—37 球罐γ射线全景曝光示意图

(3) 布片　装有胶片的暗袋必须和焊缝紧贴，否则将增加底片的不清晰度，采用自制的布片带沿每条焊缝绷紧，暗袋按顺序插入，对处于下半球的暗袋还需在暗袋搭接处用磁铁或胶纸带加固，防止滑脱。如遇雨天曝光，每个暗袋外还应加装一个塑料袋，开口朝下，防止雨水浸入。

可在易收取的适当位置贴放若干张曝光测试片，作为提前冲洗，确认曝光量已满足要求之用。

(4) 送源　为保证球罐表面各方向曝光量均匀一致，必须使源处于球心位置，常用一根$\phi 10\ mm$的尼龙绳沿上、下人孔固定绷紧，事先应将源头导管计算好位置与绳子牢牢绑扎在一块，操作人员在人孔下方将源摇到球心位置，达到均匀曝光的效果（见图4—37）。

(5) 曝光　按预测的曝光时间，提前10%～20%时间取测试胶片到暗室冲洗，监测底片感光程度，一般可观察两次，确认曝光量已满足要求（底片上焊缝处的黑度在2～3.5之间），再停止曝光。

(6) 收源　胶片曝光达到规定量后，应立即将源摇回机头，并用剂量监测仪器确认源已收回。

(7) 取片　取片时要轻拿轻放，按编号顺序立置于纸箱内，小心运到暗室，防止折压暗袋。

(8) 冲洗

3. 曝光时间的计算

曝光时间应根据源强、焦距、材料种类、胶片特性及暗室处理条件等因素综合考虑。通常计算曝光时间的方法有两种，一是生产厂家提供的"专用计算尺"法，二是应用公式进行计算。

(1) 计算尺法　γ射线曝光计算尺是根据点源计算公式及衰减定律而得。具体制作方法是将胶片受照剂量（胶片受照剂量值见表4—8）以及放射源强、钢板厚度、焦距等分别作为单一变量制成两个定尺，两个动尺（见图4—38）。

使用时，可按下述顺序求得结果：

胶片受照剂量/定尺1→［源龄—钢厚］/动尺1→［源强—焦距］/动尺2→曝光时间/定尺2

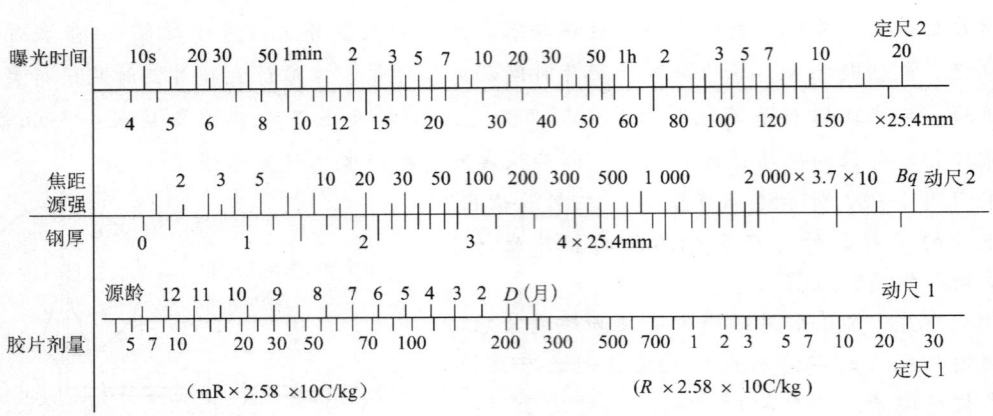

图 4—38　γ射线曝光计算尺

由于制作精度等原因，当焦距较大时，用计算尺求得的结果均偏小。

(2) 公式计算法　γ射线曝光时间，可用下式计算：

$$t=\frac{PR^2 2^{\delta/T_{1/2}}}{AK_r(1+n)} \tag{4—37}$$

式中　t——曝光时间，h；

P——胶片曝光所需的照射量，C/kg；

R——射源到胶片距离，m；

δ——透照厚度，mm；

$T_{1/2}$——半值层，mm；

A——射源活度，Bq；

K_r——Ir192 照射量率常数 32.9×10^{-16} C·m^2/(h·kg·Bq) 或 0.472 R·m^2/(h·Ci)。

公式中 R、δ、A 可以直接得到：R 为球罐外径，δ 为焊缝厚度，A 由源生产厂家提供；P 可查"胶片接受剂量—黑度对应表"（表4—8），$T_{1/2}$ 和 n 需通过试验实测求得。

表 4—8　　　　　　　胶片受照剂量和底片黑度对应表　　　　　C/(kg×10^{-4})

胶片种类	黑度					
	1.0	1.5	2.0	2.5	3.0	4.0
Agfa D7	2.06	3.10	4.13	5.16	6.19	7.74
AgfaD5	3.30	4.95	6.60	8.26	9.91	12.28
天津 V	1.89	3.16	4.53	5.96	7.59	11.05

表4—9为一组通过试验求得的 Ir192 球罐全景曝光 $T_{1/2}$ 和 n 的数值，可作为计算曝光时间的参考。

4. 注意事项

(1) 拍片死区　射源输出导管下方存在拍片死区，死区大小可在拍片前进行实测，（国产 TS—1 型 γ 射线机的死区角度约为 26°），处于死区范围内的焊缝主要是下人孔接管对接焊缝和极板拼接焊缝的一部分,这些焊缝需进行补拍。

表 4—9　　　　　　　　　Ir192 透照厚度—n, $T_{1/2}$ 对照表

球罐全景曝光—透照厚度 $n \cdot T_{1/2}$						
透照厚度（mm）	10	20	30	40	50	60
n	0.61	0.73	0.94	1.21	1.41	1.64
$T_{1/2}$ (mm)	8.18	9.19	9.86	10.06	10.30	10.32

(2) 夏季曝光　夏季太阳直晒钢板,温度高,暗袋长时间和钢板接触,胶片易发黏,底片上常出现因黏增感屏产生的黑点,严重影响评片,因此在炎热夏季进行 γ 射线全景曝光时,应尽量用大活度的射源,曝光时间尽可能在一个晚上完成,如果达不到这一要求,则球罐焊接用的防风棚必须保留,可防止钢板直接受太阳照射,减少高温造成的影响。

5. 安全管理

安全距离计算公式:

$$R_x = \left(\frac{AK_\gamma}{\dot{P}} \frac{1}{2^{\delta_0/T_{1/2}}} \right)^{\frac{1}{2}} \qquad (4—38)$$

式中　$\dot{P}$——安全剂量限值,可以用放射工作人员接受的电离辐射剂量限制 $\dot{P}=5.42\times 10^{-7}$ C/(kg·h), 或 2.1 mR/h 计算;

δ_0——射线穿透的球罐壁厚度（mm）。

其余各符号意义同式 (4—37)。

安全注意事项:

(1) γ 射线曝光时,应在大于 R_x 范围外设置警戒线,挂红灯,并在东、南、西、北四个方向设专人监护。

(2) 操作人员进入现场应穿铅防护服,并携带剂量监测仪器,定时记录监测结果。

(3) 拍片时应通知曝光场所附近的人员在曝光期间撤离现场。

(4) γ 射线机操作时应严格遵守设备操作规程。

【例】　对一个 400 m³ 球罐进行 γ 射线全景曝光照相,有关数据如下,试计算所需曝光时间和安全距离。

球罐半径 $R=4.6$ m,壁厚 $T=34$ mm,透照厚度 $\delta=T+4=34+4=38$ mm,源活度 $A=70$ Ci$=3.7\times 10^{10}\times 70=2.59\times 10^{12}$ Bq,使用胶片为天津 V 型。

解:Ir192 γ 常数 $K_\gamma=32.9\times 10^{-16}$ C·m/(kg·h·Bq)

由表 4—10 查得 $D=2.5$ 时,天津 V 胶片,胶片受照剂量为

$$P=5.96\times 10^{-4} \text{ C/kg}$$

散射比 n 和半价层 $T_{1/2}$ 由表 4—11 用插值法求得:

$$n=(38-30)/(40-30)\times(1.21-0.94)+0.94=1.156$$
$$T_{1/2}=(38-30)/(40-30)\times(10.06-9.96)+9.86=10.02 \text{ mm}$$

将上述数值代入,求得曝光时间 t:

$$t=\frac{PR^2 2^{\delta/T_{1/2}}}{AK_\gamma(1+n)}$$
$$=\frac{5.96\times 10^{-4}\times 4.6^2\times 2^{38/10.02}}{2.59\times 10^{12}\times 32.9\times 10^{-16}\times(1+1.56)}$$

射线检测

$$= 9.5(\text{h})$$

放射工作人员接受剂量限量按 $\dot{P}=5.42\times10^{-7}$ C/(kg·h) 计，则安全距离 R_X 为：

$$R_\text{X} = \left(\frac{AK_\gamma}{\dot{P}} \times \frac{1}{2^{\delta_0/T_{1/2}}}\right)^{1/2}$$

$$= \left(\frac{2.59\times10^{12}\times 32.9\times10^{-16}}{5.42\times10^{-7}} \times \frac{1}{2^{34/10.02}}\right)^{1/2}$$

$$= 38.68 \text{ mm}$$

答：曝光时间为 9.5 h，安全距离为 38.68 mm。

第5章 暗室处理技术

暗室处理是射线照相检验的一道重要工序，被射线曝光的带有潜影的胶片经过暗室处理后变为带有可见影像的底片。底片质量好坏与暗室工作的技术水平以及操作正确与否密切相关。作为射线检测人员，应熟练掌握暗室操作技术以及有关知识。

5.1 暗室基本知识

5.1.1 暗室布置知识

1. 暗室应有足够的空间，不宜过小、过窄。
2. 暗室应分为干区和湿区两部分。其中干区用于摆放胶片、暗盒、增感屏等器材并用来进行切片、装片等工作。而湿区用来进行显影、定影、水洗、干燥等工作。干区和湿区应尽可能相距远一些（见图5—1）。

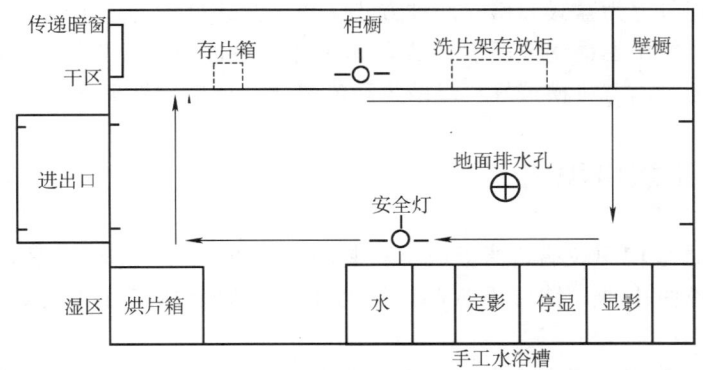

图5—1 手工冲洗的暗室

3. 各种设备器材摆放位置应适当，以利于工作，例如，冲洗胶片的设备的摆放次序应与操作次序一致。
4. 暗室要完全遮光，进口处应设置过渡间和双重门，以保证出入不漏光，为减少人员出入次数，应设置传递口，用于传送胶片和底片。
5. 如暗室附近有射线源，要注意屏蔽问题。
6. 暗室应有通风换气设备和排水系统，应有控制温度和湿度的设施。

7. 暗室地面和工作台应保持干燥、清洁，墙壁、工作台应有防水和防化学腐蚀的能力。

5.1.2 暗室设备器材使用知识

暗室常用的设备器材包括安全灯、温度计、天平、洗片槽、烘片箱等，有的还配有自动洗片机。

洗片机等设备的使用有专门的操作规程，其他设备使用时应注意以下几点：

1. 安全灯用于胶片冲洗过程中的照明

不同种类胶片具有不同的感光波长范围，此特性称为感色性。工业射线胶片对可见光的蓝色部分最敏感，而对红色或橙色部分不敏感，因此，用于射线胶片处理的安全灯采用暗红色或暗橙色。为保证安全，对新购置的安全灯应进行测试，对长期使用的安全灯也应作定期测试。测试方法为：在工作位置放置胶片，上盖黑纸，打开安全灯，每隔数分钟移动一下黑纸，使胶片不同部位在安全灯下经受不同时间的曝光，然后进行标准显影处理，将曝光部分与未曝光部分比较，以黑度不明显增大为安全，据此可确定安全灯的性能以及允许工作时间和工作距离。

2. 温度计用于配液和显影操作时测量药液温度

可使用量程大于 50℃，刻度为 1℃ 或 0.5℃ 的酒精玻璃温度计，也可使用半导体温度计。

3. 天平用于配液时称量药品

可采用称量精度为 0.1 g 的托盘天平。天平使用后应及时清洁，以防腐蚀造成称量失准。

胶片手工处理可分为盘式和槽式两种方式。由于盘式处理易产生伪缺陷，所以目前多采用槽式处理。洗片槽用不锈钢或塑料制成，其深度应超过底片长度 20% 以上，使用时应将药液装满槽，并随时用盖将槽盖好，以减少药液氧化。槽应定期清洗，保持清洁。

5.1.3 配液注意事项

1. 配液的容器应使用玻璃、搪瓷或塑料制品，也可使用不锈钢制品，搅拌棒也应用上述材料制作，切忌使用铜、铁、铝制品，因为铜、铁等金属离子对显影剂的氧化有催化作用。

2. 配液用水可使用蒸馏水、去离子水、煮沸后冷却水或自来水，对井水或河水应进行再制，以降低硬度，提高纯度。

3. 配制显影液的水温一般在 30~50℃，水温太高会促使某些药品氧化，太低又会使某些药品不易溶解。配制定影液的水温可升至 60~70℃，因为硫代硫酸钠溶解时会大量吸热。

4. 配液时应按配方中规定的次序进行，待前一种药品溶解后方可投入下一种药品，切不可随意颠倒次序。在显影液配制中，因米吐尔不能溶于亚硫酸钠溶液故最先加入，其余显影剂都应在亚硫酸钠之后加入。在配制定影液时，亚硫酸钠必须在加酸之前溶解，以防硫代硫酸钠分解；硫酸铝钾必须在加酸之后溶解，以防水解产生氢氧化铝沉淀。

5. 配液时应不停地搅拌，以加速溶解。但显影液的搅拌不宜过于激烈，且应朝着一个方向进行，以免发生显影剂氧化现象。

6. 配液时宜先取总体积 3/4 的水量，待全部药品溶解后再加水至所要求的体积，配好的药液应静置 24 h 后再使用。

5.1.4　胶片处理程序和操作要点

胶片手工处理过程可分为显影、停显、定影、水洗和干燥五个步骤，各个步骤的标准操作条件见表 5—1。

表 5—1　　　　　　　　胶片处理的标准条件和操作要点

步　骤	温度/(℃)	时间/(min)	药　　液	操作要点
显影	20±2	4～6	显影液（标准配方）	预先水浸，过程中适当搅动
停显	16～24	约 0.5	停显液	充分搅动
定影	16～24	5～15	定影液	适当搅动
水洗	—	30～60	水	流动水漂洗
干燥	≤40	—	—	去除表面水滴后干燥

有关说明如下：

1. 显影温度对底片质量影响很大，必须严格控制。

2. 胶片放入显影液之前，应在清水中预浸一下，使胶片表面润湿，避免进入显影液后胶片表面附有气泡造成显影不均匀。

3. 显影时正确的搅动方法：在最初 30 s 内不间断地搅动，以后每隔 30 s 搅动一次。

4. 停显阶段应不间断地充分搅动。

5. 停显温度最好与显影温度相近，停显温度过高，可能会产生"网纹""褶皱"等缺陷。

6. 定影总的时间为"通透时间"的 2 倍，所谓"通透时间"是指胶片放入定影液开始到乳剂的乳白色消失为止的时间。

7. 水洗应使用清洁的流水漂洗，水洗不充分的底片长期保存后会发生变色现象。

8. 水洗水温应适当控制，水温高时水洗效率也高，但药膜高度膨胀易产生"划伤""药膜脱落"等缺陷。

9. 底片干燥应选择没有灰尘的地方进行，因为湿底片极易吸附空气中的尘埃。

10. 热风干燥能缩短干燥时间，但如温度过高易产生干燥不均的条纹。

11. 水洗后的底片表面附有许多水滴，如不除去会因干燥不均产生水迹，可用湿海绵擦去水滴，或浸入脱水剂溶液，使水从底片表面快速流尽。

5.1.5　胶片处理的药液配方

1. 工业射线胶片常用的显影液配方

工业射线胶片常用的显影液配方见表 5—2 和表 5—3。

2. 停显液配方

停显液配方见表 5—4。

表 5—2 米吐尔显影液配方

配方组分	天津	柯达 D19b	阿克发	富士
温水（50℃）	750 mL	750 mL	750 mL	750 mL
米吐尔	4 g	2.2 g	3.5 g	4 g
无水亚硫酸钠	65 g	72 g	60 g	60 g
对苯二酚	10 g	8.8 g	9 g	10 g
无水碳酸钠	45 g	48 g	40 g	53 g
溴化钾	5 g	4 g	3.5 g	2.5 g
加水至	1 000 mL	1 000 mL	1 000 mL	1 000 mL
显影温度	20℃	20℃	18℃	20℃
显影时间	4~8 min	5 min	5~7 min	5 min

表 5—3 菲尼酮显影液配方

配方组分	普通槽用显影液	高活性显影液	自动洗片机用显影液
温水（50℃）	750 mL	750 mL	750 mL
无水亚硫酸钠	60 g	100 g	60 g
对苯二酚	11 g	35 g	24 g
菲尼酮	0.275 g	0.6 g	0.75 g
无水碳酸钠	40 g	25 g	—
偏硼酸钠	—	—	33 g
氢氧化钠	4 g	21 g	19 g
溴化钾	4 g	1 g	10 g
6—硝基苯丙咪唑	—	—	0.5 g
蒽醌—2—磺酸	—	—	0.2 g
苯丙三唑	0.1 g	0.5 g	—
E.D.T.A	2 g	2 g	3.5 g
聚乙二醇 200	—	—	0.2 mL
明胶坚膜剂（亚硫酸氢盐化合物）	—	—	17 g
加水至	1 000 mL	1 000 mL	1 000 mL
显影温度	20℃	26.5℃	32~40℃
显影时间	4~5 min	1.5~2 min	约 35 s

表 5—4 常用停显液配方

配方组分	停显配方	坚膜停显配方
水	750 mL	750 mL
冰醋酸	20 mL	20 mL
无水硫酸钠	—	45 g
加水至	1 000 mL	1 000 mL
停显时间	10~20 s	20 s

3. 定影液配方

定影液配方见表 5—5。

表 5—5　　　　　　　　　　常用定影液配方

配方组分	天津	柯达 F5	柯达 ATF—6 快速定影配方
温水（65℃）	600 mL	600 mL	600 mL
硫代硫酸钠	240 g	240 g	—
硫代硫酸铵	—	—	200 g
无水亚硫酸钠	15 g	15 g	15 g
冰醋酸	15 mL	15 mL	15.4 mL
硼酸	7.5 g	7.5 g	7.5 g
硫酸铝钾	15 g	15 g	15 g
加水至	1 000 mL	1 000 mL	1 000 mL

5.1.6　控制使用单位的胶片处理条件的方法

在新的胶片分类标准中，用"胶片系统"取代"胶片"进行分类，所谓"胶片系统"包括了胶片、增感屏和冲洗条件，将三者一并进行评价。这就牵涉如何控制胶片处理条件的问题。这里"胶片处理条件"包括胶片处理的药液配方、处理程序、工艺参数，以及场地器材条件等。

采用参考值方法控制胶片处理是目前国际国内一致规定的控制胶片处理条件方法：由胶片制造商提供一种"预先曝光胶片测试片"，用户以本单位的处理设备、化学处理剂和方法冲洗测试片，测出灰雾限值 D_0、速度系数 S_X、对比度系数 C_X，与胶片制造商提供的胶片产品鉴定证书进行比较，据此检测胶片处理条件和方法是否符合要求，并实施控制。

5.2　暗室处理技术

5.2.1　显影

显影在整个胶片处理过程中具有特别重要的意义。即使是同一种胶片，如果采用不同的显影配方和操作条件，所表现的感光性能是不一样的，底片的主要质量指标，例如，黑度、对比度、颗粒度等都受到显影的影响。

1. 显影液的组成及作用

一般显影液中含有四种主要成分：显影剂、保护剂、促进剂和抑制剂。此外有时还加入一些其他物质，例如，坚膜剂和水质净化剂等。

（1）显影剂　显影剂的作用是将已感光的卤化银还原为金属银，常用的显影剂有米吐尔、菲尼酮、对苯二酚。它们各有不同特点。显影配方通过选择不同显影剂和不同的配比来调整显影性能。

1) 米吐尔　为白色或灰色针状结晶或粉末，易溶于水，不易溶于亚硫酸钠溶液，因此配制显影液时将米吐尔在亚硫酸钠之前溶解。米吐尔显影能力强，其显影能力约为对苯二酚的20倍，速度快、初影时间短，得到的影像较柔和，反差小，称为软性显影剂。米吐尔适用的溶液pH范围很宽，在6～10之间均可使用。温度的变化对米吐尔的显影能力影响不大。

2) 菲尼酮　是另一种软性显影剂，呈白色结晶粉末状，常温下不溶于水，但易溶于碱性水溶液。大多数情况下菲尼酮无显影诱导期，出影快。菲尼酮本身属于中等活性显影剂，但它与其他显影剂合用呈现出超加和性，与对苯二酚配合使用时表现出极强的显影能力，且性能稳定。

3) 对苯二酚　为白色或黄色针状结晶，易溶于水和亚硫酸溶液。对苯二酚显影诱导期长，显影速度慢、初影时间长，一旦出影，则影像密度急增。对苯二酚可使影像具有很高的反差，称为硬性显影剂，对苯二酚在pH值9～11之间的碱性溶液中才有较好的显影能力，同时它对温度敏感，在10℃以下时几乎无显影能力，温度过高则易引起灰雾。此外它对溴化钾也很敏感，如显影液中溴化钾过量会大大抑制对苯二酚的显影作用。

（2）保护剂　保护剂的作用是阻止显影剂与进入显影液的氧发生作用，使其不被氧化。最常用的保护剂是亚硫酸钠。

显影剂在水溶液中，特别是在碱性溶液中很容易氧化，一旦氧化便失去显影能力。而产生的氧化物又会使溶液变黄，污染乳剂。亚硫酸钠比显影剂具有更强的与氧化合的能力，因而能够优先与氧化合，减少显影剂的氧化。同时亚硫酸钠还能与显影剂的氧化产物作用，生成可溶的无色的显影剂磺酸盐，从而延长显影液的使用寿命。

亚硫酸钠有两种：无水亚硫酸钠（Na_2SO_3），相对分子质量为126.12；另一种是结晶亚硫酸钠（$Na_2SO_3·7H_2O$），相对分子质量为252.14。一般配方中采用无水亚硫酸钠，如使用结晶亚硫酸钠应进行重量换算。

（3）促进剂　促进剂的作用是增强显影剂的显影能力和速度。各种有机显影剂的显影能力都随着溶液的pH值增大而增强，因此，大多数显影液都是碱性溶液。另一方面，在显影过程中，每一个卤化银被还原成一个金属银原子时，就产生一个氢离子。为了不使pH值局部降低而减缓显影速度，就必须有足够的氢氧根离子来中和氢离子。因此显影液不仅要呈碱性，而且还应具有保持碱性pH的良好的缓冲性能。通常使用的促进剂是一些强碱弱酸盐，如碳酸钠、硼砂，有时也用一些强碱，如氢氧化钠。

显影液的pH值在8～11之间，可通过改变促进剂的种类和数量来调节pH值。显影液中加入硼砂，pH值约8.0～9.2；加入碳酸钠，pH值约9.0～11.0；加入碳酸钠和氢氧化钠，pH值约10.5～12.0。显影液的pH值低，则显影速度较慢，所得影像颗粒较细，反差较小。显影液的pH值高，则显影速度较快，所得影像颗粒较粗，反差较大，灰雾也增大。根据性质和作用，称硼砂为软性促进剂，碳酸钠为中性促进剂，氢氧化钠为硬性促进剂。

碳酸钠有无水碳酸钠（Na_2CO_3，相对分子质量106）和结晶碳酸钠（$Na_2CO_3·nH_2O$

两种。一般配方中采用无水碳酸钠,如使用结晶碳酸钠,应作重量换算。硼砂的分子式为 $NaB_4O_7 \cdot 10H_2O$,相对分子质量 381。氢氧化钠分子式 NaOH,相对分子质量 40。氢氧化钠是强碱,使用时要注意安全。

(4) 抑制剂　抑制剂的主要作用是抑制灰雾,常用的抑制剂包括溴化钾、苯丙三氮唑等。

不加抑制剂的显影液对已感光和未感光的溴化银颗粒区别能力很小,从而有形成灰雾的倾向,在显影液中加入溴化钾后,离解出的溴离子会吸附在溴化银颗粒周围,从而阻滞显影作用,但这种阻滞程度有所不同,对未感光的颗粒阻滞作用最大,而对已感光的溴化银颗粒阻滞作用最小,从而使显影灰雾降低。抑制剂在抑制灰雾的同时也抑制了显影速度,这样有利于显影均匀。此外抑制剂对影像层次和反差也起着调节和控制作用。

2. 影响显影的因素

影响显影的因素很多,除了配方外,显影时间、温度、搅动情况和显影液老化程度对显影都有明显影响。

(1) 时间对显影的影响　合适的显影时间与配方有关,所以配方都附有推荐的显影时间。对于手工处理,大多规定为 4~6 min。显影时间进一步延长,虽然黑度和反差会增加,但影像颗粒和灰雾也将增大。而显影时间过短,将导致黑度和反差不足。如图 5—2 所示反映了显影时间与反差和灰雾的关系。

(2) 温度对显影的影响　显影温度也与配方有关,手工处理的显影配方推荐的显影温度多在 18~20℃。温度高时显影速度快,温度低时显影速度慢。温度高时对苯二酚显影能力增强,其结果使影像反差增大,同时灰雾也增大,颗粒变粗,此时药膜松软,容易划伤或脱落;温度低时对苯二酚显影能力减弱,此时显影主要靠米吐尔作用,因此,反差降低(见图 5—3)。

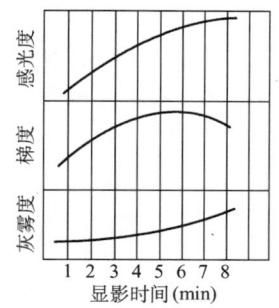

图 5—2　显影时间对射线底片像质的影响

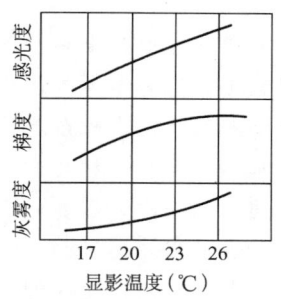

图 5—3　显影温度对射线底片像质的影响

(3) 搅动对显影的影响　在显影过程中进行搅动,可以使乳剂膜表面不断地与新鲜药液接触并发生作用,这样不仅使显影速度加快,还保证了显影作用均匀。此外,由于感光多的部分显影反应迅速,与之接触的药液容易疲乏,不感光的部分显影作用少,药液不易疲乏,搅拌的结果加速了感光多的部分的显影速度,从而提高了反差。

如果胶片在显影液中静止不动,会使反应产生的溴化物无法扩散,造成显影不均匀的条纹，为保证显影均匀，应不断进行搅动操作，尤其是胶片进入显影液的最初一分钟的频繁搅动特别重要。

（4）显影液活性对显影的影响　显影液的活性取决于显影剂的种类和浓度以及显影液的pH值。显影液在使用过程中，显影剂浓度逐渐减少，显影剂氧化物逐渐增加，pH值逐渐降低，溶液中卤化物离子逐渐增加，将导致显影作用减弱，活性降低，这种现象称为显影液老化。使用老化的显影液，显影速度变慢，反差减小，灰雾增大。

为保证显影效果，可在活性减弱的显影液中加入补充液。补充液应具有比显影液更高的pH值，更高的显影剂和亚硫酸盐浓度。补充液通常不含溴化物，如原配方中有有机防灰雾剂可以补充。每次添加的补充液最好不超过槽中显影液总体积的2%或3%，当加入的补充液达到原显影液体积2倍时，药液必须废弃。

3. 显影基本原理

化学显影的基本反应可用下式表示：

$$已感光的 AgBr + 显影剂 \rightarrow Ag + 显影剂氧化物 + HBr$$

可见显影剂在反应中起还原剂作用，将银离子 Ag^+ 还原成黑色的金属银 Ag。而自身被氧化。但实际上，并非所有能够还原银离子的物质都可作为显影剂，能用做照相显影剂的材料，其性能至少应包括以下五项要求：

（1）能给出电子，将银离子还原为黑色的金属银。
（2）只对已感光的溴化银起还原作用，而对未感光的溴化银不起作用。
（3）可溶于水或碱性溶液。
（4）比较稳定，能抗空气氧化。
（5）所产生的氧化物应是可溶的和无色的。

常用的显影液有两大类：一类由米吐尔和对苯二酚组成，称为MQ显影液；另一类由菲尼酮和对苯二酚组成，称为PQ显影液。当前，PQ显影液使用日益广泛，有取代MQ显影液的趋势。

菲尼酮之所以能取代米吐尔与对苯二酚配用，是因为它具有一系列优良性能，例如在强碱溶液中更稳定，显影活性受溴化物影响较小等，但更重要的原因是菲尼酮与对苯二酚配合时，其"超加和性"比米吐尔更佳。

所谓超加和性是指两种显影剂一起使用时产生的一种特殊效应，又称协和效应。当两种显影剂加在同一溶液中，在其他变数都固定时，混合液的显影速度有四种表现方式。

第一，加和作用：总显影速度等于两种显影剂分别速度之和。
第二，超加和作用：总显影速度大于两种显影剂分别速度之和。
第三，对抗作用：总显影速度小于分别速度之和。
第四，可能在某一浓度范围出现加和作用，而在另一浓度范围表现出对抗作用。

上述四种方式以第二种最有意义，显影配方常选用两种显影剂一起使用的依据即在于此。

米吐尔—对苯二酚和菲尼酮—对苯二酚是两种最常用的超加和体系。以后者为例，菲尼酮单独使用时只能表现出极低的显影活性，对苯二酚单独使用的活性也较低，而两者混合使用后，显影速度大大提高，图5—4表明了这种效应的结果。

5.2.2 停显

从显影液中取出胶片后,显影作用并不立即停止,胶片乳剂层中残留的显影液还在继续显影,此时将胶片直接放入定影液,容易产生不均匀的条纹和两色性雾翳,两色性雾翳是极细的银粒沉淀,在反射光下呈蓝绿色,在透射光下呈粉红色。另一方面,胶片上残留的碱性显影液如果带进酸性定影液,会污染定影液,并使 pH 值升高,将大大缩短定影液寿命。因此,显影之后必须进行停显处理,然后再进行定影。

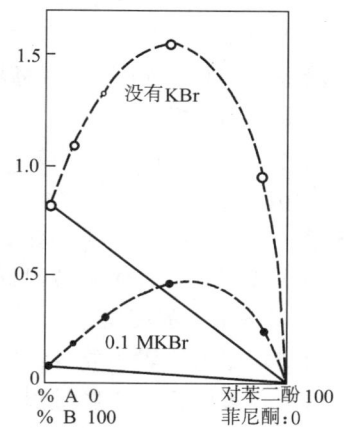

图 5—4　总显影速度与显影剂百分
比率之间的关系
———加和速度所得的曲线
- - -试验得到的显示超加和性的曲线

停显液通常为 2%～3% 的醋酸溶液,其他停显剂有酒石酸、柠檬酸、亚硫酸氢钠等。胶片放入停显液后,残留的碱性显影液被中和,pH 值迅速下降至显影停止点,明胶的膨胀也得到控制。

停显时由于酸碱中和,乳剂层中会产生 CO_2 气泡从表面排出,操作上应不停搅动。在热天或药液温度较高时,药膜极易损伤,可在停显液中加入坚膜剂无水硫酸钠。

5.2.3 定影

显影后的胶片,其乳剂层中大约还有 70% 的卤化银未被还原成金属银。这些卤化银必须从乳剂层中除去,才能将显影形成的影像固定下来,这一过程称为定影。在定影过程中,定影剂与卤化银发生化学反应,生成溶于水的络合物,但对已还原的金属银则不发生作用。

1. 定影液的组成及作用

定影液包含有四种组分:定影剂、保护剂、坚膜剂、酸性剂。

(1) 定影剂　定影剂是定影液的主要成分,常用的定影剂为硫代硫酸钠,又称大苏打、海波,分子式为 $Na_2S_2O_3$。有时也使用硫代硫酸铵 $(NH_4)_2S_2O_3$,后者有快速定影作用。

硫代硫酸根离子可与银离子反应生成多种形式的络合物并溶于水中,同时卤离子也进入溶液,但并不参与反应,这样卤化银就从乳剂层中除去而溶解在定影液中。

(2) 保护剂　定影剂硫代硫酸钠在酸性溶液中易发生分解析出硫而失效,需要使用保护剂来阻止这种现象发生。常用的保护剂为无水亚硫酸钠,亚硫酸根离子能与氢离子结合从而抑制硫代硫酸钠的分解。

(3) 坚膜剂　在定影过程中,胶片乳剂层吸水膨胀,易造成划伤和药膜脱落,因此,需要在定影液中加入坚膜剂。使用坚膜剂的另一好处是降低胶片的吸水性,干燥起来更容易。

常用的坚膜剂有硫酸铝钾(钾明矾),化学式为 $K_2SO_4 \cdot Al_2(SO_4)_3 \cdot 24H_2O$,硫酸铬钾(钾铬矾)化学式为 $K_2SO_4 \cdot Cr_2(SO_4)_3 \cdot 24H_2O$,后者的坚膜能力优于前者,上述坚

膜剂适用于酸性定影液，坚膜效果最佳的pH值约在4.3。

（4）酸性剂　为中和停显阶段未除净的显影液碱性物质，通常将定影液配制成酸性溶液，加入的酸性物质通常是醋酸和硼酸。

醋酸（CH_3COOH）在常温下呈白色晶体状，所以又称冰醋酸。硼酸（H_3BO_3）为无色的结晶透明晶粒。

定影液的pH值一般控制在4～6之间，若pH值低于4，硫代硫酸钠易发生分解而析出硫；当pH值高于6时，坚膜剂会发生水解形成氢氧化铝沉淀。其中硫酸铝钾比硫酸铬钾更易水解，单纯硫酸铝钾溶液在pH值升至4.2时即开始水解。硼酸可抑制水解的发生，定影液中加入硼酸后，可将硫酸铝钾不发生水解的pH值升高至6.5。

2. 影响定影的因素

影响定影的因素主要有：定影时间，定影温度，定影液老化程度，以及定影时的搅动。

（1）定影时间　定影过程中，胶片乳剂膜的乳黄色消失，变为透明的现象称为"通透"，从胶片放入定影液直至通透的这段时间称为"通透时间"。通透现象出现意味着胶片乳剂层中未显影的卤化银已被定影剂溶解，但要使被溶解的银盐从乳剂中渗出进入定影液，还需要附加时间。因此，定影时间应明显多于通透时间。为保险起见，规定整个定影时间为通透时间的2倍。

定影速度因定影配方不同而异，同时还受以下因素影响：卤化银的成分，颗粒的大小以及乳剂层厚度，定影温度，搅动以及定影液老化程度。射线照相底片在标准条件下，采用硫代硫酸钠配方的定影液，所需的定影时间一般不超过15 min。如采用硫代硫酸铵做定影剂，定影时间将大大缩短。

（2）定影温度　温度影响到定影速度，随着温度的升高，定影速度将加快。但如果温度过高，胶片乳剂膜过度膨胀，容易造成划伤或药膜脱落。因此，需要对定影温度做适当控制，通常规定为16～24℃。

（3）定影液的老化　定影液在使用过程中定影剂不断消耗，浓度变小，而银的络合物和卤化物不断积累，浓度增大，使得定影速度越来越慢，所需时间越来越长，此现象称为定影液的老化。老化的定影液在定影时会生成一些较难溶的银盐络合物，虽经过水洗也难以除去，仍残留在乳剂层中，经过若干时间后，会分解出硫化银，使底片变黄。对使用中的定影液，当需要的定影时间已长到新液所需时间的2倍时，即认为已经失效，需更换新液。

（4）定影时的搅动　搅动可以提高定影速度，并使定影均匀。在胶片刚放入定影液中时，应作多次抖动。在定影过程中，应适当搅动，一般每两分钟搅动一次。

3. 定影的化学知识

定影化学基本上是银离子和定影剂之间形成络离子的化学。由银离子和硫代硫酸根离子间形成络合物的通式可写为：

$$m\text{Ag}^+ + n\text{S}_2\text{O}_3^{2-} \rightleftharpoons [\text{Ag}_m(\text{S}_2\text{O}_3)_n]^{(2n-m)-}$$

式中的 m、n 可取一系列数值，据推测，定影液中的络离子不是一种结构，银离子的硫代硫酸根离子按照不同比例构成多种络合物，可能存在的形式有：

① $\text{Ag}_2(\text{S}_2\text{O}_3)_3^{4-}$；② $\text{Ag}_3(\text{S}_2\text{O}_3)_4^{5-}$；③ $\text{Ag}(\text{S}_2\text{O}_3)_3^{5-}$；④ $\text{Ag}(\text{S}_2\text{O}_3)_2^{3-}$…

上述反应是可逆的，对新鲜定影液，络离子浓度很低，反应主要向右进行。随着使用时间的延续，定影液中络离子的浓度越来越高，向右反应的速度也越来越慢，当反应速度减慢到一定程度时，即认为定影液已经老化，不能再继续使用。

在酸性溶液中，硫代硫酸盐是不稳定的，硫代硫酸盐分解析出硫的化学式为：

$$S_2O_3^{2-} + H^+ \rightarrow HSO_3^- + S$$

亚硫酸盐能够阻止上述分解过程，因此，被用作保护剂。

5.2.4 水洗和干燥

1. 水洗

胶片在定影后，应在流动的清水中冲洗 20～30 min，冲洗的目的是将胶片表面和乳剂膜内吸附的硫代硫酸钠以及银盐络合物清除掉。否则银盐络合物会分解产生硫化银，硫代硫酸钠也会缓慢地与空气中的水分和二氧化碳作用，产生硫和硫化氢，最后与金属银作用生成硫化银。硫化银会使射线底片变黄，影像质量下降，为使射线底片具有稳定的质量，能够长期保存，必须进行充分的水洗。

推荐使用的条件是采用 16～24℃ 的流动清水冲洗底片。但由于冲洗用水大多使用自来水，水温往往超出上述范围，当水温较低时，应适当延长水洗时间；当水温较高时，应适当缩短水洗时间，同时应注意保护乳剂膜，避免损伤。

2. 干燥

干燥的目的是去除膨胀的乳剂层中的水分。

为防止干燥后的底片产生水迹，可在水洗后、干燥前进行润湿处理，即把水洗后的湿胶片放入润湿液（质量分数约为 0.3% 的洗洁精水溶液）中浸润约 1 min，然后取出，使水从胶片表面流光，再进行干燥。

干燥的方法有自然干燥和烘箱干燥两种。自然干燥是将胶片悬挂起来，在清洁通风的空间晾干。烘箱干燥是把胶片悬挂在烘箱内，用热风烘干，热风温度一般应不超过 40℃。

5.3 自动洗片机

自动洗片机采用连续冲洗方式，能自动完成显影、定影、水洗、烘干整个暗室处理过程，它与手工处理胶片相比有以下优点：

速度快——自动洗片机能在 8～12 min 内提供干燥好的可供评定的射线照相底片。

效率高——每小时约可处理 360 mm×100 mm 胶片 100～200 张。

质量好——只要摄片条件正确，通过自动洗片机处理的底片表面光洁、性能稳定、像质好。

劳动强度低——操作者只需将胶片逐张输入自动洗片机即可，对操作者的技术熟练要求不高。

自动洗片机工作原理如图 5—5 所示。

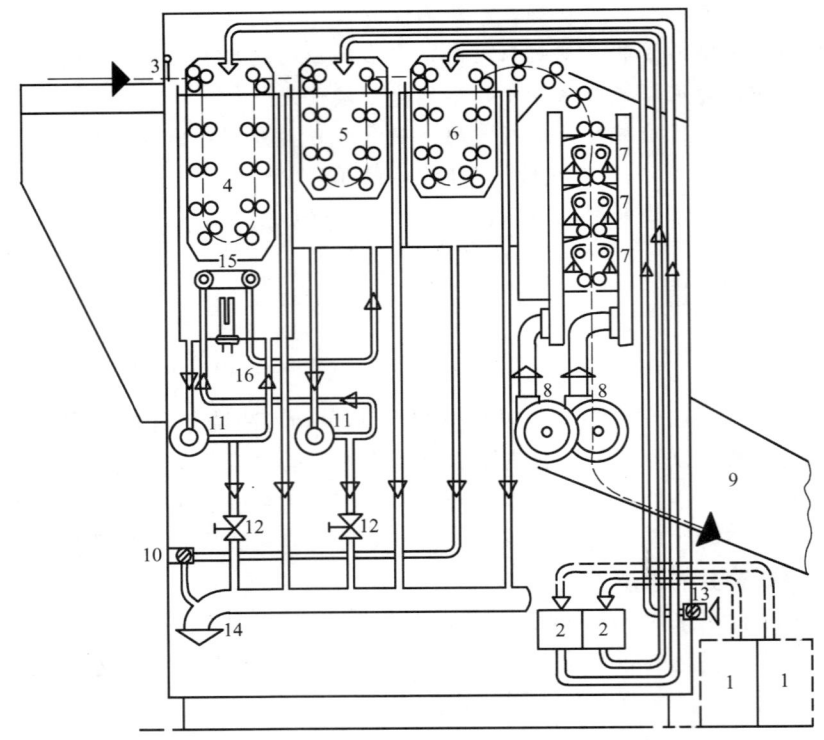

图 5—5 自动洗片机工作流程图

1—补充液供给箱（机外）　2—补给泵（机内）　3—进片扫描器（连补给）　4—显影箱
5—定影箱　6—水洗箱　7—红外回热器　8—风扇　9—收片斗　10—排水阀（外控）
11—循环泵　12—排放口（显影液和定影液）　13—冷水供给（可调球阀）
14—总排口　15—定影液热交换器　16—显影液加热器

1. 自动洗片机的组成

自动洗片机由下列五大机构组成：

（1）送片机构　送片机构是由 100 多个滚筒及其传动部件组成，它能使胶片从输入口进，按一定速率移动，完成显影、定影、水洗、干燥等各项胶片处理工作，最后将底片送入受片箱。送片滚筒分为几组，可以方便地从洗片机中取出，进行清洗、维修工作。

（2）温度控制机构　自动洗片机内显影、定影、水洗、干燥的温度要求是严格的，温度的自动控制通过自动电加热器及热交换器来完成，使各项温度达到恒定。

（3）干燥机构　采用电热器和鼓风机，或采用红外干燥装置，使水洗后的底片迅速干燥。

（4）补充机构　显影液、定影液在与胶片多次作用后药力会下降，然而自动洗片机显影、定影的时间和温度是一定的，所以要求药液的浓度不能变化，为了解决这一矛盾，自动洗片机配置了胶片面积扫描装置和显影液、定影液补充装置。每次进片，自动洗片机都能给出一个进片信号，使溶液泵自动按输入胶片的面积向机内补充一定数量的显影液、定影液，与此同时机内排出相应数量的溶液。每处理 1 m^2 的胶片约需补充 1 000 mL 显影液和 1 000 mL 定影液。

（5）搅拌装置　为了使机内药液温度、浓度均匀，并使胶片表面不断与溶液充分接触，自动洗片机设有搅拌机构。

2. 自动洗片机使用的注意事项

（1）自动洗片机正式投入使用前，除对主机作大量的调整试验外，由于自动洗片机显影的温度和时间是固定的，故对曝光参数要求较为苛刻，必须对所有射线探伤机重新制作曝光曲线，以适应自动洗片机的特点，否则底片的黑度不能达到预期效果。在透照时应严格按照采用自动洗片条件制作的新曝光曲线控制摄片条件，才能得到满意的底片。

（2）每次使用前要开机预热一段时间，使各项温度均满足自动处理条件，起始时，先输入一张 35 cm×43 cm 的清洗片，等它输出后检查无异常时，才能连续输入需冲洗的胶片。清洗片的作用是清除掉暴露在空气中的滚筒上沾染的被空气氧化的显影液和定影液。最好的清洗办法是在自动洗片机工作结束或开始工作前，将送片滚筒取出用清水冲洗。

（3）清洗片和胶片输入时必须注意与导向边一端成直角送入，并注意不要让暗盒等物的油污、灰尘沾污胶片，尤其要防止异物进入洗片机，防止划伤滚筒。

（4）普通手工冲洗显影液不能用于自动洗片机，自动洗片机必须使用专门的配方配制的药液。为了适应自动洗片机高温、快速、运动冲洗的工作条件，自动洗片机专用药液具有活性高，防灰雾性能好，坚膜能力强等特点。

第6章 射线照相底片的评定

6.1 评片工作的基本要求

缺陷是否能够通过射线照相而被检出,取决于若干个环节。首先,必须使缺陷在底片上留下足以识别的影像,这涉及照相质量方面的问题。其次,底片上的影像应在适当条件下得以充分显示,以利于评片人员观察和识别,这与观片设备和环境条件有关。第三,评片人员对观察到的影像应能做出正确的分析与判断,这取决于评片人员的知识、经验、技术水平和责任心。

按以上所述,对评片工作的基本要求可归纳为三个方面,即底片质量要求、设备环境条件要求和人员条件要求。

6.1.1 底片质量要求

通常对底片的质量检查包括以下六个项目:

1. 灵敏度检查

灵敏度是射线照相质量诸多影响因素的综合结果。底片灵敏度用像质计测定,即根据底片上像质计的影像的可识别程度来定量评价灵敏度高低。目前国内广泛使用的是丝型像质计,评价底片灵敏度的指标是底片上能识别出的最细金属丝的编号。显然,透照给定厚度的工件时,底片上显示的金属丝直径越小,底片的灵敏度也就越高。

灵敏度是射线照相底片质量的最重要指标之一,必须符合有关标准的要求。JB/T 4730标准根据不同透照方式、不同像质计摆放位置、不同透照厚度和不同照相质量等级,规定了应识别的丝号和丝径。标准给出3张表,分别为单壁透照、像质计置于源侧的像质计灵敏度值;双壁双影透照、像质计置于源侧的像质计灵敏度值;双壁单影或双壁双影透照、像质计置于胶片侧像质计灵敏度值。JB/T 4730标准规定的像质计灵敏度值见附录Ⅲ。表6—1为附录Ⅲ表示的示例。

对底片的灵敏度检查内容包括:底片上是否有像质计影像,像质计型号、规格、摆放位置是否正确,能够观察到的金属丝像质计丝号是多少,是否达到了标准规定的要求等。

2. 黑度检查

黑度是射线照相底片质量的又一重要指标,各个射线检测标准对底片的黑度范围都有规定。例如,JB/T 4730标准规定:底片评定范围内的黑度 D 应符合下列规定:

第6章 射线照相底片的评定

表 6—1　　　　　　　像质计灵敏度值——单壁透照、像质计置于源侧

应识别丝号 （丝径，mm）	公称厚度（T）范围（mm）		
	A 级	AB 级	B 级
18（0.063）	—	—	≤2.5
17（0.080）	—	≤2.0	>2.5～4.0
16（0.100）	≤2.0	>2.0～3.5	>4～6
15（0.125）	>2.0～3.5	>3.5～5.0	>6～8
14（0.160）	>3.5～5.0	>5.0～7	>8～12
—	—	—	—

A 级：$1.5 \leqslant D \leqslant 4.0$；

AB 级：$2.0 \leqslant D \leqslant 4.0$；

B 级：$2.3 \leqslant D \leqslant 4.0$。

由胶片特性曲线可知，胶片梯度随黑度的增加而增大，为保证底片具有足够的对比度，黑度不能太小，所以标准规定了黑度的下限值。另一方面，受观片灯亮度的限制，底片黑度又不能过大，黑度过大将造成透过光强不足，导致人眼观察识别能力下降，所以标准又规定了底片黑度的上限值。标准同时规定：如果有更亮的观片灯，对黑度 $D>4.0$ 的底片，也允许进行评定。

底片的黑度范围还影响照相宽容度，为扩大应用范围，标准还另作两条规定：

（1）用 X 射线透照小径管或其他截面厚度变化大的工件时，AB 级最低黑度允许降至 1.5；B 级最低黑度可降至 2.0。

（2）采用多胶片方法时，A 级允许双片叠加观察。叠加观察时，单片的黑度不低于 1.3。底片黑度用光学密度计测定。测定时应注意，最大黑度一般在底片中部焊接接头热影响区位置，最小黑度一般在底片两端焊缝余高中心位置，只有当有效评定区内各点的黑度均在规定的范围内，才能认为该底片黑度符合要求。

3. 标记检查

底片上标记的种类和数量应符合有关标准和工艺规定。常用的标记种类有：工件编号，焊缝编号，部位编号，中心定位标记，搭接标记。此外，有时还需使用返修标记、像质计放在胶片侧的区别标记以及人员代号、透照日期等。

标记应放在适当位置，距焊缝边缘应不少于 5 mm。

4. 伪缺陷检查

伪缺陷是指由于透照操作或暗室操作不当，或由于胶片、增感屏质量不好，在底片上留下非缺陷影像。常见的伪缺陷影像包括：划痕，折痕，水迹，静电感光，指纹，霉点，药膜脱落，污染等。

伪缺陷容易与真缺陷影像混淆，影响评片的正确性，造成漏检和误判，所以底片上有效评定区域内不允许有伪缺陷影像。

5. 背散射检查

背散射检查即"B"标记检查。照相时，在暗盒背面贴附一个"B"铅字标记，观片时若

发现在较黑背景上出现"B"字较淡影像,说明背散射严重,应采取防护措施重新拍照;若不出现"B"字或在较淡背景上出现较黑"B"字,则说明底片未受背散射影响,符合要求。黑"B"字是由于铅字标记本身引起射线散射产生了附加增感,不能作为底片质量判废的依据。

6. 搭接情况检查

双壁单影透照纵焊缝的底片,其搭接标记以外应有附加长度 ΔL($\Delta L = L_2 L_3 / L_1$),才能保证无漏检区。其他透照方式摄得的底片,如果搭接标记按规定摆放,则底片上只要有搭接标记影像即可保证无漏检区,但如果因某些原因搭接标记未按规定摆放,则底片上搭接标记以外必须有附加长度 ΔL,才能保证完全搭接。

6.1.2 环境设备条件要求

环境设备条件应能提供底片的最大的细节对比度,使评片人员感到舒适且疲劳度最小,各种干扰应尽量避免,以保证评片人员能聚精会神工作。

1. 环境

观片室应与其他工作岗位隔离,单独布置,室内光线应柔和偏暗,但不必全黑,一般等于或略低于透过底片光的亮度。室内照明应避免直射人眼或在底片上产生反光。观片灯两侧应有适当台面供放置底片及记录。黑度计、直尺等常用仪器和工具应靠近放置,取用方便。

2. 观片灯

观片灯应有足够的光强度,底片黑度 $D \leqslant 2.5$ 时,要求透过底片的光强不低于 $30\ cd/m^2$,底片黑度 $D > 2.5$ 时,要求透过底片的光亮度不低于 $10\ cd/m^2$。这样,为能观察黑度为 4.0 的底片,要求观片灯的最大亮度应大于 $10^5\ cd/m^2$;为能观察黑度 4.5 的底片,要求观片灯的最大亮度应大于 $3 \times 10^5\ cd/m^2$。

观片灯亮度必须可调,以便在观察低黑度区域时将光强减小,而在观察高黑度区域时将光强调大。

光源的颜色通常应是白色,也允许在橙色或黄绿色之间。偏红或偏紫色则不适合。

观片灯应有足够大的照明区,一般不小于 $300\ mm \times 80\ mm$,照明区过小会使人感到观察不方便,实际使用时采用一系列遮光板改变照明区面积,使其略小于底片尺寸。

观察屏各部分照明应均匀,照射到底片上的光应是散射的,光的散射系数应大于 0.7,通常用一块漫反射玻璃来实现这一要求。

观片灯应散热良好,无噪声。

3. 各种工具用品

评片需用的工具物品包括:

放大镜。用于观察影像细节,放大倍数一般为 2～5 倍,最大不超过 10 倍。

遮光板。观察底片局部区域或细节时,遮挡周围区域的透射光,避免多余光线进入评片人眼中。

直尺。最好是透明塑料尺。

记号笔。用于在底片上做标记。

手套。避免评片人手指与底片直接接触,产生污痕。

文件。提供数据或用于记录的各种规范、标准、图表。

6.1.3 人员条件要求

担任评片工作的人员应符合以下要求：
1. 应经过系统的专业培训，并通过法定部门考核确认其具有承担此项工作的能力与资格。
2. 应具有一定的评片实际工作经历和经验。
3. 除了系统地掌握射线检测理论知识外，还应具有焊接、材料等相关专业知识。
4. 应熟悉射线检测标准以及被检测试件的设计制造规范和有关管理法规。
5. 应充分了解被检测试件的状况，如材质、焊接和热处理工艺，以及表面形态等。
6. 应充分了解所评定的底片的射线照相工艺及工艺执行情况。
7. 应具有良好的职业道德，高度的工作责任心。
8. 应具有良好的视力。要求矫正视力不低于 1.0，近视力检查应能读出距离 400 mm 处高 0.5 mm，间隔 0.5 mm 的一组字母。

6.1.4 与评片基本要求相关的知识

1. 人眼的视觉特性

电磁波谱中可见部分波长为 400～700 nm，其中波长较短部分呈紫色，而波长较长部分呈红色，此范围内所有波长的光都存在时则呈白色。

人眼对不同颜色的可见光敏感程度不同，在较亮环境中对黄光最敏感，在较暗环境中对绿光最敏感，无论在何种亮度条件下，人眼对红光和蓝紫色光都不敏感（见图 6—1）。虽然片基对透射光的颜色有些影响，但影响光色的主要因素还是观片灯，所以要求观片灯的光色为白色、橙色或黄绿色，而不宜使用偏红或偏蓝色光。

人眼难以适应光强不断变化的环境，从亮环境到暗环境，适应时间至少应不少于 10 min，充分适应的时间大约需要 30 min（见图 6—2）。光强的不断变化，除了使视觉敏感度下降外，还容易引起视疲劳，所以观片室不宜过暗。

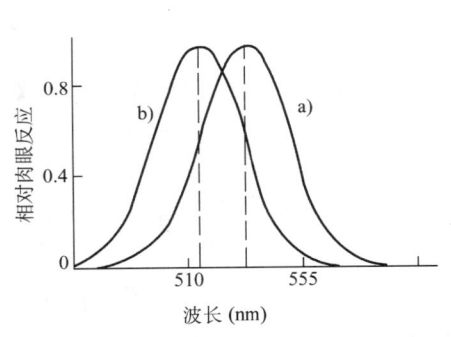

图 6—1 人眼的相对灵敏度与波长之间的函数关系
　　a）适光视觉　b）微光视觉

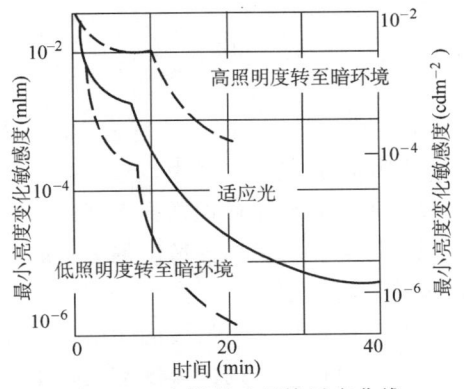

图 6—2 人眼的暗环境适应曲线

人眼能分辨物体的最小尺寸叫做目视分辨率，它依赖于物体对眼的张角，而张角又受眼的聚焦能力的限制。此外，光强、颜色、反差等因素对目视分辨率也有影响，一般条件下，正常眼睛大约能看清 0.25 mm 的点或 0.025 mm 的线，对更微小的细节，需要借助放大镜观察，合适的放大倍数应为 2~5 倍，高倍放大镜因易产生影像畸变而不宜采用。

在不同亮度条件下，人眼对黑度差识别的敏感程度不同，此即第 3 章讨论过的最小可见对比度 ΔD_{min}。在适宜的条件下，人眼对细长线型影像的识别黑度差约为 0.006；对细小点状影像的识别黑度差约为 0.008。

2. 表观对比度与观片条件

观片时，进入眼中的光线除了透过底片缺陷部位的光强 L 外，还要加上 L_s，L_s 主要是指透过底片的离缺陷周围稍远的对显示缺陷不起作用的光线，以及室内环境光线。由于 L_s 的影响，人眼辨别影像黑度差的能力下降，由此提出了表观对比度 ΔD_a 的概念，关于表观对比度 ΔD_a 的推导如下：

ΔD 与透过底片光强的关系为

$$\Delta D = D_1 - D_2 = \lg \frac{L_0}{L_1} - \lg \frac{L_0}{L_2} = \lg \frac{L_2}{L_1} \tag{6—1}$$

设 $L_1 = L$，$L_2 = L + \Delta L$，则式（6—1）可变为：

$$\Delta D = \lg \frac{L_2}{L_1} = \lg \frac{L + \Delta L}{L} = \lg\left(1 + \frac{\Delta L}{L}\right) \tag{6—2}$$

$$= 0.434 \ln\left(1 + \frac{\Delta L}{L}\right) \approx 0.434 \frac{\Delta L}{L}$$

考虑 L_s 的影响，应在 L_1 和 L_2 分别加上 L_s，令 $L_s/L = n'$，则表观对比度 ΔD_a 推导如下：

$$\Delta D_a = \lg \frac{L_2 + L_s}{L_1 + L_s} = \lg \frac{L + \Delta L + L_s}{L + L_s} = \lg \frac{1 + \frac{\Delta L}{L} + \frac{L_s}{L}}{1 + \frac{L_s}{L}}$$

$$= \lg \frac{1 + n' + \frac{\Delta L}{L}}{1 + n'} + \lg\left(1 + \frac{\frac{\Delta L}{L}}{1 + n'}\right) = 0.434 \ln\left(1 + \frac{\frac{\Delta L}{L}}{1 + n'}\right)$$

$$\approx 0.434 \frac{\frac{\Delta L}{L}}{1 + n'} = \frac{\Delta D}{1 + n'} \tag{6—3}$$

由式（6—3）可以看出，L_s 越大，n' 就越大，ΔD_a 越小，因此，应尽量避免那些对显示缺陷不起作用的光线进入眼中。

观片条件对像质计识别灵敏度的影响如下：

观片灯亮度与识别灵敏度的关系如图 6—3 所示，增大观片灯亮度能够增大可识别金属丝影像的黑度范围。

环境亮度对识别灵敏度的关系如图 6—4 所示，周围光线使得人眼感觉到的底片对比度变小，从而使得可识别的黑度范围减小，识别灵敏度下降。

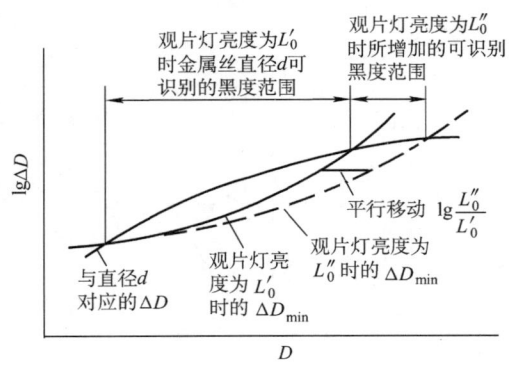 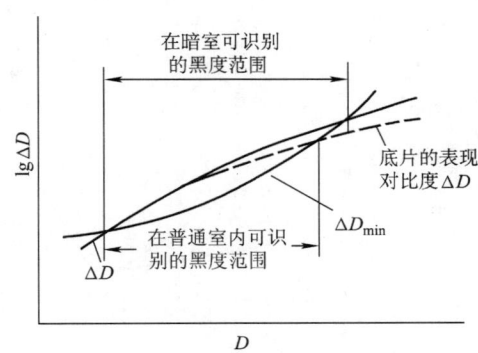

图 6—3　观片灯亮度与识别灵敏度的关系　　图 6—4　环境亮度与识别灵敏度的关系

6.2　评片基本知识

6.2.1　观片的基本操作

观察底片的操作可分为两个阶段，通览底片和影像细节观察。

1. 通览底片

通览底片的目的是获得焊接接头质量的总体印象，找出需要分析研究的可疑影像。通览底片时必须注意，评定区域不仅仅是焊缝，还包括焊缝两侧的热影响区，对这两部分区域都应仔细观察。由于余高的影响，焊缝和热影响区的黑度差异往往较大，有时需要调节观片灯亮度，在不同的光强下分别观察。

2. 影像细节观察

影像细节观察是为了做出正确的分析判断。因细节的尺寸和对比度极小，识别和分辨是比较困难的，为尽可能看清细节，常采用下列方法：

（1）调节观片灯亮度，寻找最适合观察的透过光强。

（2）用纸框等物体遮挡住细节部位邻近区域的透过光线，提高表观对比度。

（3）使用放大镜进行观察。

（4）移动底片，不断改变观察距离和角度。

6.2.2　投影的基本概念

投影概念对于影像识别和评定具有重要意义。

用一组光线将物体的形状投射到一个面上去，称为"投影"。在该面上得到的图像，也称作"投影"。这个面称为"投影面"（通常是平面）。光线称"投射线"。投射线从一点出发的称"中心投影"，投射线相互平行的称"平行投影"。平行投影中，投射线与投影面垂直的称"正投影"，倾斜的称"斜投影"（见图 6—5）。

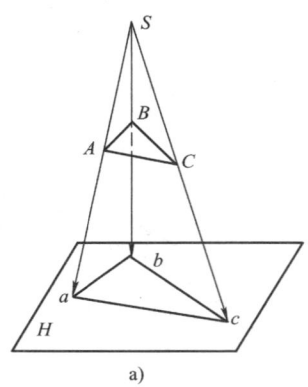 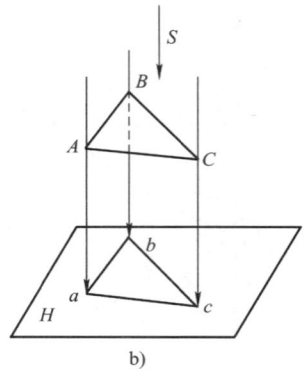

图 6—5 投影示意图
a) 三角形的中心投影　b) 三角形的平行正投影

射线照相就是通过投影把具有三维尺寸的试件（包括其中的缺陷）投射到底片上转化为只有二维尺寸的图像，由于射线源、物体（试件及缺陷）、胶片三者之间相对位置和角度的变化，会使底片上的影像与实际物体的尺寸、形状、位置有所不同，常见的情况有以下几种：

1. 放大

影像放大是指底片上的影像尺寸大于物体的实际尺寸。由于焦距比射源尺寸大得多，射源可视为"点源"，照相投影可视为"中心投影"，影像放大程度与 L_1、L_2 有关（见图 6—6），放大率 M 的计算公式为：

$$M = W'/W = (L_1 + L_2)/L_1 = 1 + L_2/L_1 \tag{6—4}$$

一般情况下 $L_1 \gg L_2$，所以，影像放大并不显著，底片评定时一般不考虑放大产生的影响。

2. 畸变

对于一物体，正投影和斜投影所得到的影像形状不同，如果正投影得到的像视为正常，则认为斜投影的像发生了畸变。

实际照相中，影像畸变大部分是由投射线和投影面不垂直的斜投影造成的。此外，当投影面不是平面时（胶片弯曲），也会引起或加剧畸变。球形气孔在斜投影中畸变影像为椭圆形（见图 6—7），裂纹影像有时会畸变为一个有一定宽度的，黑度不大的暗带。

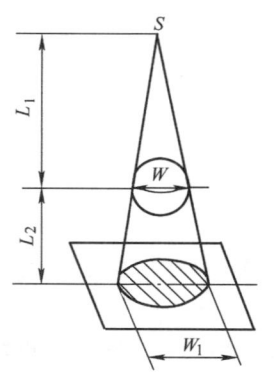 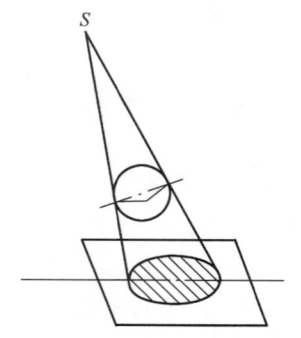

图 6—6　球孔透照的影像放大　　　　　图 6—7　球孔透照的影像畸变

畸变会改变缺陷的影像特征，有时给缺陷的识别和评定带来困难。

3. 重叠

影像重叠是射线照相投影特有的情况，由于射线能够穿透物质，试件对于射线是"透明"的，试件上下表面的几何形状影像和内部缺陷影像都能在底片上出现，从而造成影像重叠。例如，图 6—8 所示中，底片上 A 点的影像实际上是投射线经过各点 A_1、A_2、A_3……的影像的叠加。

射线照相底片上影像重叠的情况有以下几种：试件上下表面几何形状影像重叠；表面几何形状影像与内部缺陷影像重叠；两个或更多的缺陷影像重叠。在评片时应注意分析不同影像的层次关系。

4. 相对位置改变

比较正投影方式照相的底片和斜投影方式照相的底片，可以发现底片上影像的相对位置发生变化。例如，图 6—9 所示中，不同的投影角度使 a、b、c、d 点在底片上的相对位置改变。

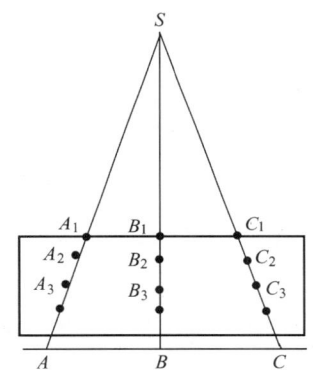
图 6—8　射线照相的影像重叠

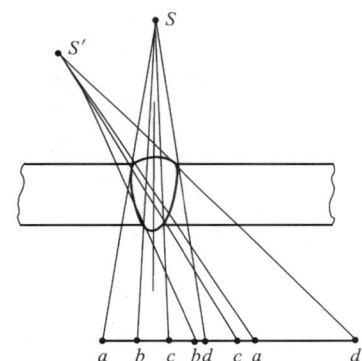
图 6—9　射线照相的影像相对位置改变

影像位置是判断和识别缺陷的重要依据之一，相对位置改变有时会给评片带来困难，需要通过观察，推测投影角度，作出正确判断。

6.2.3　焊接的基本知识

射线照相的检测对象主要是焊接接头，这里介绍一些焊接知识。

1. 焊接的冶金特点

两个分离的物体（同种或异种材料）通过原子或分子之间的结合和扩散造成永久性连接的工艺过程叫做焊接。熔化焊是金属材料焊接的主要方法。熔化焊接时，被焊金属在热源作用下被加热，发生局部熔化，同时熔化了的金属、熔渣、气相之间进行着一系列影响焊缝金属的成分、组织和性能的化学冶金反应，随着热源的离开，熔化金属开始结晶，由液态转为固态，形成焊缝。

熔化焊接是一种特殊的冶金过程，它具有以下特点：

（1）温度高　以手工电弧焊为例，电弧温度高达 6 000~8 000℃，熔滴温度约 1 800~2 400℃，在如此高温下，外界气体（如 N_2、O_2、H_2）会大量分解，溶入液态金属中，随后又在冷却过程中析出，所以焊缝易形成气孔缺陷。

(2) 温度梯度大　焊接是局部加热，熔池温度在 1 700℃以上，而其周围是冷态金属，形成很陡的温度梯度，从而会导致较大的内应力，引起变形或产生裂纹缺陷。

(3) 熔池小，冷却速度快　熔池的体积，手工焊约 2～10 cm³，自动焊约 9～30 cm³，金属从熔化到凝固只有几秒钟，在这样短的时间里，冶金反应是不平衡的，因此，焊缝金属成分不均匀，偏析较大。

2. 焊缝的结晶特点

焊接熔池从高温冷却到常温，其间经历过两次组织变化过程：第一次是液体金属转变为固体金属的结晶过程，称为一次结晶；第二次是温度降低到相变温度时，发生组织转变，称为二次结晶。

一次结晶从熔合线上开始，晶体的生长方向指向熔池中心，形成柱状晶体，当柱状晶生长至相互接触时，结晶过程即告结束。焊缝表面形态以及热裂纹、气孔等缺陷的成因，形态、位置均与一次结晶有关（见图 6—10）。

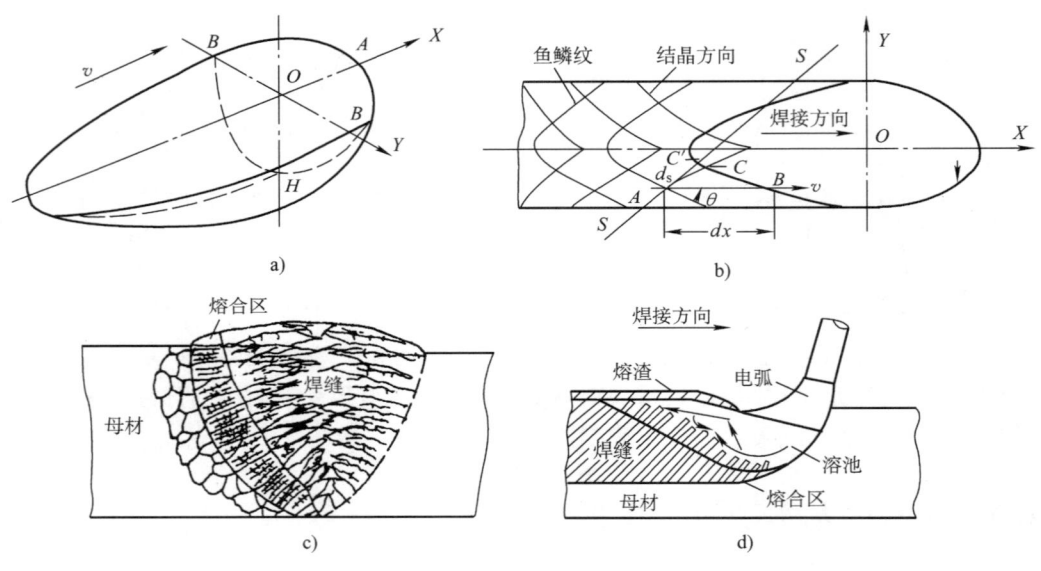

图 6—10　熔池金属的结晶方向
a) 溶池　b) 俯视　c) 剖面　d) 侧面

对低碳钢及低合金钢，一次结晶的组织为奥氏体，继续冷却到低于相变温度时，奥氏体分解为铁素体和珠光体，冷却速度影响着铁素体和珠光体的比率和大小，进而影响焊缝的强度、硬度和塑料韧性，当冷却速度很大时，有可能产生淬硬组织马氏体，冷裂纹的形成与淬硬组织有关。

3. 焊接接头的组成及热影响区组织

焊接接头由焊缝和热影响区两部分组成。

二次结晶不仅仅发生在焊缝，也发生在靠近焊缝的基本金属区域，该区域在焊接过程中受到不同程度加热，在不同温度下停留一段时间后又以不同速度冷却下来，最终获得各不相同的组织和机械性能,称为热影响区。根据组织特征可将热影响区划分为熔合区、过热区、相变重结晶区和不完全重结晶区四个小区,其中熔合区和过热区组织晶粒粗大,塑性很低,是产生裂纹、局部脆性破坏的发源地,是焊接接头的薄弱环节。

低碳钢焊接接头热影响区的划分、组织特征和性能如图6—11所示和见表6—2。

不同焊接方法热影响区平均尺寸见表6—3。

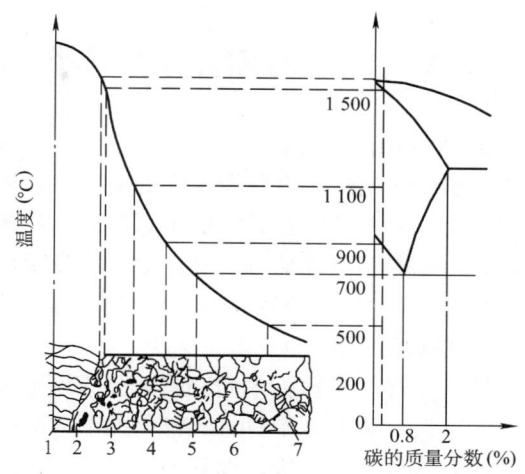

图6—11 焊接热影响区不同温度范围与钢状态图的关系

表6—2 低碳钢热影响区的组织特征及性能

部位	加热温度范围(℃)	组织特征及性能	图6—11上的位置
焊缝	>1 500	铸造组织柱状树枝晶	1
熔合区及过热区	1 400~1 250	晶粒粗大,可能出现魏氏组织,硬化之后,易产生裂纹,塑性不好	2
	1 250~1 100	粗晶与细晶交替混合	
相变重结晶区	1 100~900	又称正火区或细晶粒区,晶粒细化,机械性能良好	3
不完全重结晶区	900~730	粗大铁素体和细小的珠光体、铁素体,机械性能不均匀,在急冷的条件下可能出现高碳马氏体	4
时效脆化区	730~300	由于热应力及脆化物析出,经时效而产生脆化现象,在显微镜下观察不到组织上的变化	5~6
母材	300~室温	没有受到热影响的母材部分	7

表6—3 不同焊接方法热影响区的平均尺寸

焊接方法	各区平均尺寸(mm)			总宽(mm)
	过热	相变重结晶	不完全重结晶	
手工电弧焊	2.2~3.0	1.5~2.5	2.2~3.0	6.0~8.5
埋弧自动焊	0.8~1.2	0.8~1.7	0.7~1.0	2.3~4.0
电渣焊	18~20	5.0~7.0	2.0~3.0	25~30
氧乙炔气焊	21	4.0	2.0	27.0
真空电子束	—	—	—	0.05~0.75

6.2.4 焊接缺陷的危害性及分类

1. 焊接缺陷的危害性

焊接缺陷对锅炉压力容器安全的影响主要表现在三个方面：

(1) 由于缺陷的存在，减少了焊缝的承载截面积，削弱了拉伸强度。

(2) 由于缺陷形成缺口，缺口尖端会发生应力集中和脆化现象，容易产生裂纹并扩展。

(3) 缺陷可能穿透筒壁，发生泄漏，影响致密性。

2. 焊接缺陷分类

金属熔化焊焊接接头中的缺陷可分为以下六类：

(1) 裂纹 裂纹是指材料局部断裂形成的缺陷。

裂纹有多种分类方法。按延伸方向可分为纵向裂纹、横向裂纹、辐射状裂纹等；按发生部位可分为焊缝裂纹、热影响区裂纹、熔合区裂纹、焊趾裂纹、焊道下裂纹、弧坑裂纹等；按发生条件和时机可分为热裂纹、冷裂纹、再热裂纹等（见图 6—12）。

1) 热裂纹发生于焊缝金属凝固末期，敏感温度区间大致在固相线附近的高温区，最常见的热裂纹区是结晶裂纹，其生成原因是在焊缝金属凝固过程中，结晶偏析使杂质生成的低熔点共晶物富集于晶界，形成所谓"液态薄膜"，由于焊缝凝固收缩而受到拉应力，最终开裂形成裂纹。结晶裂纹最常见的情况是沿焊缝中心长度方向开裂，为纵向裂纹，有时也发生在焊缝内部两个柱状晶之间，为横向裂纹（见图 6—13）。弧坑裂纹是另一种形态的，常见的热裂纹。

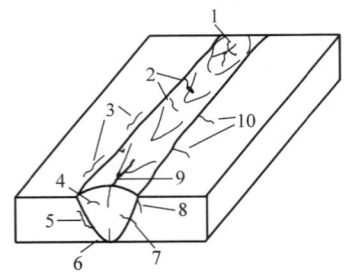

图 6—12　各种裂纹的分布情况
1—弧坑裂纹　2—焊缝上横向裂纹
3—HAZ 纵向裂纹　4—焊缝内晶间裂纹
5—焊道下裂纹　6—焊缝根部裂纹
7—HAZ 焊缝贯穿裂纹　8—焊趾裂纹
9—焊缝上纵向裂纹　10—HAZ 横向裂纹

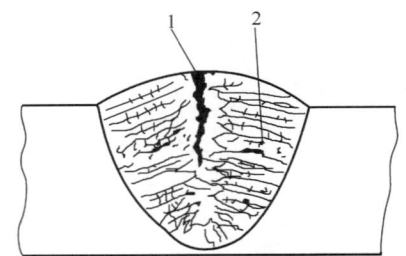

图 6—13　焊缝中结晶裂纹的出现地带
1—纵向裂纹　2—横向裂纹

热裂纹都是沿晶界开裂，通常发生在杂质较多的碳钢和奥氏体不锈钢等材料焊缝中。

2) 冷裂纹一般在焊后冷却至马氏体转变温度以下产生，对于低碳钢和低合金钢，大致在 300～200℃以下。冷裂纹可能在焊后立即出现，也有可能在几个小时，几天甚至更长时间以后才发生，这种冷裂纹称为延迟裂纹，具有更大的危险性。

拘束应力、淬硬组织和扩散氢是产生延迟裂纹的三大因素。延迟裂纹多发生在热影响区，少数发生在焊缝上，沿纵向和横向都有发生。焊趾裂纹、焊道下裂纹、根部裂纹都是延迟裂纹常见的形态。

冷裂纹微观形态有沿晶开裂，也有穿晶开裂。多发生在低合金高强钢和中、高碳钢的焊接接头。

3）再热裂纹是指某些含钼、钒、铬、铌、钛等沉淀强化元素的低合金高强钢和耐热钢，焊接冷却后又重新加热（通常是消除应力热处理）的过程中，在焊接热影响区的粗晶区产生的裂纹。产生裂纹的原因是再加热时焊接残余应力松弛，导致较大的附加变形，与此同时热影响区的粗晶部位会析出合金碳化物组成的沉淀硬化相，如果粗晶部位的蠕变塑性不足以适应应力松弛所产生的附加变形，则沿晶界发生裂纹。再热裂纹的敏感温度区间为550～650℃。

裂纹是焊接缺陷中危害性最大的一种。裂纹是一种面积型缺陷［具有三维尺寸的缺陷称为体积型缺陷，具有二维尺寸（第三维尺寸极小）的缺陷称为面积型缺陷］，它的出现将显著减少承载截面积，更严重的是裂纹端部形成尖锐缺口，应力高度集中，很容易扩展导致破坏。

焊接裂纹的详细分类见表6—4。

表6—4　　　　　　　　　　各种裂纹分类表

裂纹分类		基本特征	敏感的温度区间	被焊材料	位　置	裂纹走向
热裂纹	结晶裂纹	在结晶后期，由于低熔共晶形成的液态薄膜削弱了晶粒间的联结，在拉伸应力作用下发生开裂	在固相线温度以上稍高的温度（固液状态）	杂质较多的碳钢、低中合金钢、奥氏体钢、镍基合金及铝	焊缝上，少量在热影响区	沿奥氏体晶界
	多边化裂纹	已凝固的结晶前沿，在高温和应力的作用下，晶格缺陷发生移动和聚集，形成二次边界，它在高温处于低塑性状态，在应力作用下产生的裂纹	固相线以下再结晶温度	纯金属及单相奥氏体合金	焊缝上，少量在热影响区	沿奥氏体晶界
	液化裂纹	在焊接热循环峰值温度的作用下，在热影响区和多层焊的层间发生重熔，在应力作用下产生的裂纹	固相线以下稍低温度	含S、P、C较多的镍铬高强钢、奥氏体钢、镍基合金	热影响区及多层焊的层间	沿奥氏体晶界
再热裂纹		厚板焊接结构消除应力处理过程中，当热影响区的粗晶存在不同程度的应力集中时，由于应力松弛所产生附加变形大于该部位的蠕变塑性，则发生再热裂纹	600～700℃回火处理	含有沉淀强化元素的高强钢、珠光钢、奥氏体钢、镍基合金等	热影响区的粗晶区	沿晶界开裂

续表

裂纹分类		基本特征	敏感的温度区间	被焊材料	位置	裂纹走向
冷裂纹	延迟裂纹	在淬硬组织、氢和拘束应力的共同作用下产生的具有延迟特征的裂纹	在 M_s 点以下	中、高碳钢，低、中合金钢、钛合金等	热影响区，少量在焊缝	沿晶或穿晶
	淬硬脆化裂纹	主要是由淬硬组织，在焊接应力作用下产生的裂纹	M_s 点附近	含碳的 NiCrMo 钢、马氏体不锈钢、工具钢	热影响区，少量在焊缝	沿晶及穿晶
	低塑性脆化裂纹	在较低温度下，由于被焊材料的收缩应变，超过了材料本身的塑性储备而产生的裂纹	在 400℃ 以下	铸铁、堆焊硬质合金	热影响区及焊缝	沿晶及穿晶
层状撕裂		主要是由于钢板的内部存在分层的夹杂物（沿轧制方向），在焊接时产生的垂直于轧制方向的应力，致使在热影响区或稍远的地方，产生"台阶"式层状开裂	约 400℃ 以下	含有杂质的低合金高强钢厚板结构	热影响区附近	穿晶或沿晶

（2）未熔合　未熔合是指焊缝金属与母材金属，或焊缝金属之间未熔化结合在一起的缺陷。

按其所在部位，未熔合可分为坡口未熔合、根部未熔合、层间未熔合三种（见图 6—14）。

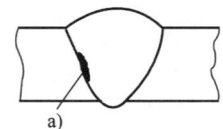
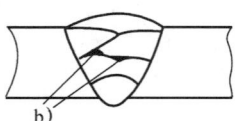
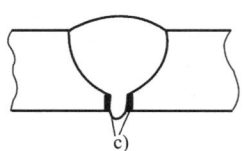
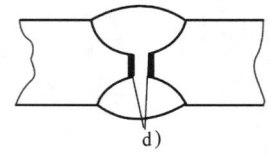

图 6—14　未熔合示意图
a）坡口未熔合　b）层间未熔合　c）单 V 坡口根部未熔合　d）X 坡口根部未熔合

产生未熔合缺陷的原因主要有：焊接电流过小；焊接速度过快；焊条角度不对；产生了弧偏吹现象；焊接处于下坡焊位置，母材未熔化时已被铁水覆盖；母材表面有污物或氧化物影响熔敷金属与母材间的熔化结合等。

未熔合也是一种面积型缺陷，坡口未熔合和根部未熔合对承载截面积的减小都非常明显，应力集中也比较严重，其危害性仅次于裂纹。

（3）未焊透　未焊透是指母材金属之间没有熔化，焊缝金属没有进入接头的根部造成的缺陷。

未焊透可分为双面焊未焊透和单面焊未焊透两种（见图 6—15）。

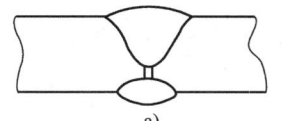 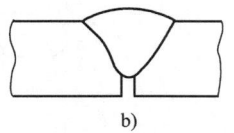

图 6—15　未焊透示意图
a）双面焊未焊透　b）单面焊未焊透

产生未焊透的原因主要有：焊接电流过小，焊接速度过快；坡口角度太小；根部钝边太厚；间隙太小；焊条角度不当；电弧太长等。

未焊透也是一种比较危险的缺陷，其危害性取决于缺陷的形状、深度和长度。

（4）夹渣　夹渣是指焊缝金属中残留有外来固体物质所形成的缺陷。

夹渣按形态，可分为点状夹渣、块状夹渣、条状夹渣（见图 6—16），按残留固体物质种类，夹渣可分为非金属夹渣和金属夹渣。

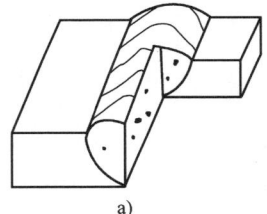 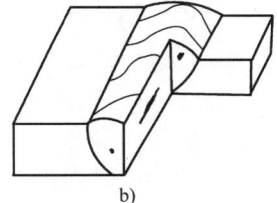

图 6—16　夹渣示意图
a）单个点状夹渣　b）条状夹渣

非金属夹渣的主要成分是硅酸盐，也有一些是氧化物和硫化物，它们主要来自焊条药皮和焊剂熔渣。金属夹渣最常见的是钨夹渣，它是由钨极氩弧焊中的钨极烧损，熔入焊缝中形成的。

产生非金属夹渣的主要原因是：焊接电流太小，焊接速度太快；熔池金属凝固过快；运条不正确；铁水与熔渣分离不好；层间清渣不彻底等。产生金属夹渣的主要原因是：焊接电流过大或钨极直径太小，氩气保护不良引起钨极烧损，钨极触及熔池或焊丝而剥落。

夹渣是一种体积型缺陷，容易被射线照相检出。夹渣会减少焊缝受力截面。夹渣的棱角容易引起应力集中，成为交变载荷下的疲劳源。

（5）气孔　气孔是指溶入焊缝金属的气体引起的空洞。

气孔按形状，可分为球形气孔、条形气孔、针形气孔；按分布状态，气孔可分为单个气孔、密集气孔、链状气孔、虫状气孔等（见图 6—17）。

生成气孔的气体主要是 H_2 和 CO，气体来自电弧区周围的空气，母材和焊材表面的杂质，如油污、锈、水分以及焊条药皮和焊剂的分解燃烧。熔化了的金属在高温下可以吸收大量气体，冷却时，气体在金属中的溶解度下降，气体便析出并聚集生成气泡上浮，如果受到焊缝金属结晶的阻碍无法逸出，就会留在金属内生成气孔。

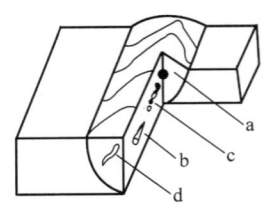 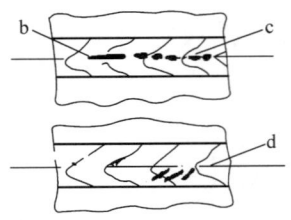

图 6—17 气孔示意图

a) 单个气孔 b) 条状气孔 c) 链状气孔 d) 虫状气孔

气孔是一种体积型缺陷。它对焊缝强度的影响主要是减少了受力截面,深气孔(针孔)有时会破坏焊缝的致密性。

(6) 形状缺陷 形状缺陷是指焊缝金属表面成形不良或其他原因造成的缺陷,包括咬边、烧穿、根部内凹、收缩沟、弧坑、焊瘤、未焊满、搭接不良等(见图 6—18~图 6—21)。

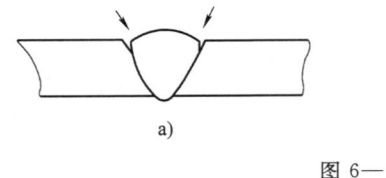

图 6—18 咬边

a) 外焊缝两侧咬边 b) 内焊缝(根部)两侧咬边

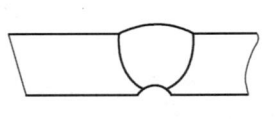　　　　　　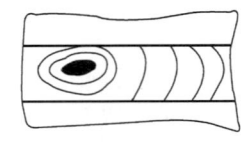

图 6—19 根部内凹　　　　图 6—20 弧坑缩孔

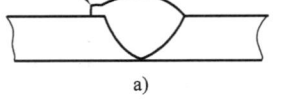　　　　　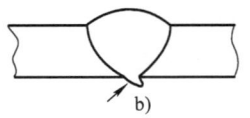

图 6—21 焊瘤

a) 外焊瘤 b) 根部焊瘤

6.3 底片影像分析

底片上影像千变万化,形态各异,但按其来源大致可分为三类:由缺陷造成的缺陷影像;由试件外观形状造成表面几何影像;由于材料、工艺条件或操作不当造成的伪缺陷影像。对于底片上的每一个影像,评片人员都应能够作出正确解释。影像分析和识别是评片工作的重要环节,也是评片人员的基本技能。

6.3.1 焊接缺陷影像

1. 裂纹

底片上裂纹的典型影像是轮廓分明的黑线或黑丝。其细节特征包括：黑线或黑丝上有微小的锯齿，有分叉，粗细和黑度有时有变化，有些裂纹影像呈较粗的黑线与较细的黑丝相互缠绕状；线的端部尖细，端头前方有时有丝状阴影延伸。

各种裂纹的影像差异和变化较大，因为裂纹影像不仅与裂纹自身形态有关，而且与射线能量、工件厚度、透照角度、底片质量等许多因素有关。例如，透照时射线束方向与裂纹深度方向平行，得到的裂纹影像是一条黑线，随着透照角度逐渐增大，黑线将变宽，同时黑度变小，透照角度更大时，可能只出现一条模糊的宽带阴影，完全失去了裂纹影像特征。又例如，薄板焊缝的裂纹影像比较清晰，各种细节特征可以显示出来，而当透照厚度增加后，细节特征可能有一部分丧失，甚至完全消失，影像将发生很大变化。所以在影像分析时，要注意各种因素对裂纹影像变化的影响。

裂纹可能发生在焊接接头的任何部位，包括焊缝和热影响区。

2. 未熔合

根部未熔合的典型影像是一条细直黑线，线的一侧轮廓整齐且黑度较大，为坡口或钝边痕迹，另一侧轮廓可能较规则也可能不规则。根部未熔合在底片上的位置应是焊缝根部的投影位置，一般在焊缝中间，因坡口形状或投影角度等原因也可能偏向一边。

坡口未熔合的典型影像是连续或断续的黑线，宽度不一，黑度不均匀，一侧轮廓较齐，黑度较大，另一侧轮廓不规则，黑度较小，在底片上的位置一般在焊缝中心至边缘的 1/2 处，沿焊缝纵向延伸。

层间未熔合的典型影像是黑度不大的块状阴影，形状不规则，如伴有夹渣时，夹渣部位的黑度较大。国外也有把不含夹渣的层间未熔合称为白色未熔合，而含夹渣的层间未熔合称为黑色未熔合的说法。

3. 未焊透

未焊透的典型影像是细直黑线，两侧轮廓都很整齐，为坡口钝边痕迹，宽度恰好为钝边间隙宽度。

有时坡口钝边有部分熔化，影像轮廓就变得不很整齐，线宽度和黑度局部发生变化，但只要能判断是处于焊缝根部的线性缺陷，仍判定为未焊透。

未焊透在底片上处于焊缝根部的投影位置，一般在焊缝中部，因透照偏、焊偏等原因也可能偏向一侧。未焊透呈断续或连续分布，有时能贯穿整张底片。

4. 夹渣

非金属夹渣在底片上的影像是黑点、黑条或黑块，形状不规则，黑度变化无规律，轮廓不圆滑，有的带棱角。

非金属夹渣可能发生在焊缝中的任何位置，条状夹渣的延伸方向多与焊缝平行。

钨夹渣在底片上的影像是一个白点，由于钨对射线的吸收系数很大，因此，白点的黑度极小（极亮），据此可将其与飞溅影像相区别，钨夹渣只产生在非熔化极氩弧焊焊缝中，该焊接方法多用于不锈钢薄板焊接和管子对接环焊缝的打底焊接。钨夹渣尺寸一般不大,形状不规则。大多数情况是以单个形式出现,少数情况是以弥散状态出现。

5. 气孔

气孔在底片上的影像是黑色圆点,也有呈黑线(线状气孔)或其他不规则形状的,气孔的轮廓比较圆滑,其黑度中心较大,至边缘稍减小。

气孔可以发生在焊缝中任何部位,手工单面焊根部线状气孔,双面焊根部链状气孔,焊缝中心线两侧的虫状气孔是发生部位与气孔形状有对应规律的例子。

"针孔"直径较小,但影像黑度很大,一般发生在焊缝中心。"夹珠"是另一类特殊的气孔缺陷,它是由前一道焊接生成的气孔,被后一道焊接熔穿,铁水流进气孔的空间而形成的,在底片上的影像为黑色气孔中间包含着一个白色圆珠。

6.3.2 常见伪缺陷影像及识别方法

伪缺陷是指由于照相材料、工艺或操作不当在底片上留下的影像,常见的有以下几种:

1. 划痕

胶片被尖锐物体(指甲、器具尖角、胶片尖角、砂粒等)划过,在底片上留下的黑线。划痕细而光滑,十分清晰。识别方法是借助反射光观察,可以看到底片上药膜有划伤痕迹。

2. 压痕

胶片局部受压会引起局部感光,从而在底片上留下压痕。压痕是黑度很大的黑点,其大小与受压面积有关,借助反射光观察,可以看到底片上药膜有压伤痕迹。

3. 折痕

胶片受弯折,会发生减感或增感效应。曝光前受折,折痕为白色影像,曝光后受折,折痕为黑色影像,最常见的折痕形状呈月牙形。借助反射光观察,可以看到底片有折伤痕迹。

4. 水迹

由于水质不好或底片干燥处理不当,会在底片上出现水迹,水滴流过的痕迹是一条黑线或黑带,水滴最终停留的痕迹是黑色的点或弧线。

水迹可以发生在底片的任何部位,黑度一般不大。水流痕迹直而光滑,可以找到起点和终点;水珠痕迹形状与水滴一致;借助反射光观察,有时可以看到底片上水迹处药膜有污物痕迹。

5. 静电感光

切装胶片时,因摩擦产生的静电发生放电现象使胶片感光,在底片上留下黑色影像。静电感光影像以树枝状为最常见,也有点状或冠状斑纹影像。静电感光影像比较特殊,易于识别。

6. 显影斑纹

由于曝光过度,显影液温度过高,浓度过大导致快速显影,或因显影时搅动不及时,均会造成显影不均匀,从而产生显影斑纹。

显影斑纹呈黑色条状或宽带状,在整张底片范围出现,影像对比度不大,轮廓模糊,一般不会与缺陷影像混淆。

7. 显影液沾染

显影操作开始前，胶片上沾染了显影液。沾上显影液的部位提前显影，黑度比其他部位大，影像可能是点、条或成片区域的黑影。

8. 定影液沾染

显影操作开始前，胶片沾染了定影液，沾上定影液的部位发生定影作用，使得该部位黑度小于其他部位，影像可能是点、条或成片区域的白影。

9. 增感屏伪缺陷

由于增感屏的损坏或污染使局部增感性能改变而在底片上留下的影像。如增感屏上的裂纹或划伤会在底片上造成黑色伪缺陷影像，而增感屏上的污物在底片上造成白色影像。

增感屏引起的伪缺陷，在底片上的形状和部位与增感屏上完全一致。当增感屏重复使用时，伪缺陷会重复出现，避免此类伪缺陷的方法是经常检查增感屏，及时淘汰损坏了的增感屏。

底片上其他伪缺陷还有：因胶片质量不好或暗室处理不当引起的药膜脱落、网纹、指印、污染等，因胶片保存或使用不当造成的跑光、霉点等。

6.3.3 表面几何影像的识别

表面几何影像是指由于试件的结构和外观形状投影形成的影像，大致可分为以下几类：

1. 试件结构影像

如母材厚度的变化、焊缝垫板、试件内部结构件投影等因素造成的影像。

2. 焊接成形影像

如焊缝余高、根部形状、焊缝表面波纹、焊道间沟槽等生成的影像。

3. 焊接形状缺陷影像

如上节所述的咬边、烧穿、内凹、收缩沟、弧坑、焊瘤、未填满、搭接不良等因焊接造成的表面缺陷的影像。

4. 表面损伤影像

由非焊接因素造成的表面缺陷的影像，如机械划痕、压痕、表面撕裂、电弧烧伤、打磨沟槽等。

为能正确地识别表面几何影像，首先要求评片人员仔细了解试件结构和焊接接头形式。其次评片人员应熟悉不同焊接方法和焊接位置的焊缝成形特点。此外，评片人员应注意焊缝外观检查的结果，掌握试件的表面质量状况，对可能影响缺陷识别的表面几何形状进行打磨，评片时应注意对表面缺陷的核查。

底片上焊接形状缺陷的影像和表面损伤的影像主要根据其位置、形状、表面结晶形态以及影像轮廓清晰度等特征来加以识别。

6.3.4 底片影像分析要点

底片上包含着丰富的信息。评片人员从底片上能获得的不仅仅是缺陷情况，还能了解到一些试件结构、几何尺寸、表面状态以及焊接和照相投影等方面的情况。注意提取上述信息并进行综合分析,有助于作出正确的评定。

本节简要叙述了观察底片时应提取的信息要点以及影像分析的一般方法。只有在理论学习的基础上经过大量的实践训练,才能较好掌握影像分析的技能。

1. 通览底片时的影像分析要点

结合已掌握的情况,通过观察底片,一般应进行以下分析并作出判断:

(1) 焊接方法 区分手工焊、自动焊、氩弧焊等。

(2) 焊接位置 区分平焊、立焊、横焊或仰焊(对管子环焊缝则有水平固定、垂直固定或滚动焊等)。

(3) 焊缝形式 区分双面焊、单面焊、加垫板单面焊。

(4) 评定区范围 认清焊缝余高边缘、热影响区范围。

(5) 投影情况及投影位置 判断投影是否偏斜,认清焊缝上缘和下缘以及根部的位置。

(6) 认清焊接方向,估计结晶方向,查找起弧和收弧位置。

(7) 了解试件厚度,判断试件厚度变化情况,大致判断清晰度、对比度、灰雾度的大小和成像质量水平,判定底片质量是否满足标准规定的要求。

2. 缺陷定性时的影像分析要点

观察影像时,一般首先注意的是影像形状、尺寸、黑度,除此以外,还应做下列观察与分析:

(1) 影像位置 根据影像在底片上的位置以及影像特征,结合投影关系,推测其在焊缝中的位置在根部、坡口还是表面;在焊缝还是在热影响区。

(2) 影像的延伸方向 影像的延伸方向有一定规律性,例如,未熔合、未焊透等沿焊缝纵向,热裂纹、虫状气孔与焊缝结晶方向有关,咬边、弧坑的轮廓与焊缝表面波纹相吻合。

(3) 影像轮廓清晰程度 除了照相工艺条件影响清晰度外,还应注意以下影响轮廓清晰程度的因素并据此进行分析厚板与薄板中影像清晰程度的差异、缺陷和某些伪缺陷清晰度差异、内部缺陷和表面缺陷轮廓清晰度的差异等。

(4) 影像细节特征 注意寻找细节特征,如裂纹的尖端、锯齿、未焊透的直边等。

3. 影像定性分析方法——列举排除法

列举排除法是影像定性分析常用的方法,对一定形状的影像,先列出它可能是什么,再根据每一类影像的特点,逐个鉴别,排除与影像特征不符的推测,最终得到正确的结论。

例如,对底片的一个黑点,它可能是气孔、点状夹渣、弧坑、压痕、水迹、显影液沾染、霉点,可逐个进行鉴别。

气孔、点状夹渣、压痕、水迹、显影液沾染的影像特征和识别方法在本章内已有叙述。弧坑的特征是发生在焊道中央,在收弧部位,焊接位置应处于平焊,如果是霉点,则应大量发生,在底片上广泛分布,不会是孤立黑点。

对底片上的一条黑线,可以列出它可能是裂纹、未熔合、未焊透、线状气孔、咬边、错口、划痕、水迹、增感屏伪缺陷等。

裂纹、未熔合、未焊透、划痕、水迹、增感屏伪缺陷影像的特征和识别方法本章内已有叙述,线状气孔为细长黑线,黑度均匀,轮廓圆滑,发生在手工单面焊的焊缝根部;咬边发生在焊缝边缘,与焊缝波纹的起伏走向一致;错口发生在焊缝中心线上,如果细看的话可以发现它不是一道黑线而是一道不同黑度区域的明暗分界线。

4. 影像分析示例:小径管环焊缝底片评判要点

(1) 小径管环焊缝双壁双影照相特点　透照厚度变化大,例如,对 $\phi51\ mm\times3.5\ mm$ 的管子照相,最大透照厚度为最小透照厚度的 3.7 倍,因此,底片上不同部位的黑度和灵敏度差异较大。

为错开上下焊缝,透照时射线束有一倾角,对 $\phi51\ mm\times3.5\ mm$ 的管子,这一倾角约为 $12°\sim18°$,会引起影像畸变,对纵向裂纹检出亦有影响。

上下焊缝几何不清晰度存在较大差异,对 $\phi51\ mm\times3.5\ mm$ 的管子,上焊缝 U_g 约为下焊缝的 10 倍。

边蚀效应较严重,散射比较大,因此,成像质量不高。

(2) 通览底片时的影像分析要点

1) 辨认焊接方法　小径管焊口多采用手工焊,由根部成形情况判断是否用氩弧焊打底。

2) 辨认焊接位置　根据焊缝波纹判断水平固定、垂直固定或是滚动焊;如果是水平固定,找出起弧的仰焊位置和收弧的平焊位置。

3) 确定有效评定范围　根据黑度和灵敏度情况判断检出范围是否达到 90%。

4) 辨明投影位置　焊缝根部投影位于椭圆影像的内侧;根据影像放大或畸变情况以及清晰程度有时可分辨出上焊缝和下焊缝。

(3) 缺陷定性时的影像分析要点

1) 常见缺陷　裂纹、根部未熔合、未焊透、夹渣、气孔、焊穿、内凹、内咬边。

2) 常见形状缺陷　焊瘤、弧坑、咬边。

3) 影像位置的一般规律　根部裂纹、未熔合、未焊透、线状气孔、内凹、内咬边、烧穿都发生在焊缝根部,底片上的位置处于椭圆内侧;内凹一般在仰焊位置;根部焊瘤,焊漏,弧坑在平焊位置。

4) 观察影像的主要特征和细节特征,注意未焊透与内凹的区别,烧穿、弧坑与气孔的区别,线状气孔与裂纹的区别。

6.4　焊接接头的质量等级评定

底片上的缺陷被确认以后,下一步就是对照有关标准,评出焊接接头的质量等级。

射线照相标准有许多种,例如,国家标准、行业标准以及国外标准等。在我国,锅炉、压力容器、压力管道属于承压类特种设备,所执行的无损检测标准由国家有关特种设备安全监察法规和产品设计制造规范指定。法规和规范同时还对探伤方法的选用、探伤部位、比例以及验收质量等级等方面作出规定。

不同的射线照相标准关于质量分级的具体规定各不相同,但确定质量等级的原则和依据大体是一致的。缺陷的危害性、焊接接头的强度水平、制造要求的工艺水平是质量分级考虑的主要因素,缺陷性质、尺寸大小、数量、密集程度是划分质量等级的主要依据。

评片人员应熟悉标准中的有关内容,正确运用并严格执行规定。

6.4.1 焊接接头质量分级规定评说

本节结合 JB/T 4730 标准,简单评说承压设备熔化对焊接接头质量分级的有关规定。

1. 级别划分

标准将焊缝质量划分为四个等级,Ⅰ级质量最好,Ⅳ级质量最差。

2. 缺陷性质与质量等级

标准在承压设备焊接接头评定中提到了五种焊接缺陷:裂纹、未熔合、未焊透、条形缺陷、圆形缺陷。对于小径管环焊缝评定增加了根部内凹和根部咬边。至于其他焊接形状缺陷未提及,这是因为射线探伤应在焊缝外观检验合格后进行,形状缺陷应由外观目视检查发现,不属无损探伤检测范畴,因此不做评级规定。但对于目视检查无法进行的场合或部位,包括小径管、小直径容器、钢瓶、锅炉联箱以及其他带垫板焊缝的根部缺陷,如内凹、烧穿、内咬边等应由射线照相检出并作评级规定。

标准有关缺陷性质的评级规定如下:

裂纹、未熔合、双面焊和加垫板单面焊的未焊透属不允许存在的缺陷,只要发生即评为Ⅳ级。

不加垫板单面焊允许未焊透存在(这取决于焊缝系数),但最高只能评Ⅲ级,其允许长度按条状夹渣Ⅲ级的有关规定。

对夹渣和气孔按长宽比重新分类:长宽比大于 3 的定义为条状夹渣,长宽比小于或等于 3 的定义为圆形缺陷,对两者分别制定控制指标,其中Ⅰ级焊缝不允许条状夹渣存在。

3. 缺陷数量与质量等级

缺陷数量包括单个尺寸、总量和密集程度三个方面。定量的依据(包括缺陷长度和宽度尺寸以及间距)是底片上量得的尺寸,不考虑投影放大或畸变造成的影响。黑度不作为缺陷定级依据,特殊情况下需要考虑缺陷高度和黑度对焊缝质量影响时应另作规定。

标准允许圆形缺陷存在,根据母材厚度对缺陷数量加以限制。规定单个缺陷尺寸不得超过母材厚度的 1/2;对缺陷总量采用点数换算,对缺陷密集程度采用评定区控制。各质量等级允许的缺陷点数都有明确规定。

标准对于条状夹渣,也是根据母材厚度来限制的,以单个条渣长度、条渣总长和间距三项指标分别对单个缺陷尺寸、总量、密集程度作出限制。此外,如果在圆形缺陷评定区内同时存在圆形缺陷和条状夹渣或单面焊的未焊透,则需要进行综合评级,这也属对缺陷密集程度限制的规定。

标准关于缺陷定量和评级的各种规定甚多,应在标准讲解时逐条详细说明并示例,本节不作赘述。

6.4.2 射线照相检验的记录与报告

评片人员应对射线照相检验结果及有关事项进行详细记录并出具报告,其主要内容包括:

1．产品情况：工程名称、试件名称、规格尺寸、材质、设计制造规范、探伤比例部位、执行标准、验收、合格级别。

2．透照工艺条件：射源种类、胶片型号、增感方式、透照布置、有效透照长度、曝光参数（管电压、管电流、焦距、时间）、显影条件（温度、时间）。

3．底片评定结果：底片编号、像质情况（黑度、像质计丝号、标记、伪缺陷）、缺陷情况（缺陷性质、尺寸、数量、位置）、焊缝级别、返修情况、最终结论。

4．评片人签字、日期。

5．照相位置布片图。

第7章 辐射防护

7.1 辐射量的定义、单位与标准

辐射效应的研究和应用，离不开对电离辐射的计量，需要规定各种辐射量的定义和单位，用以表征辐射的特征，描述辐射场的性质，度量电离辐射与物质相互作用时的能量传递及受照物理内部的变化程度和规律。

从放射防护角度出发，可将描述 X 射线和 γ 射线的辐射量分为电离辐射常用辐射量和辐射防护常用辐射量两类。前者包括照射量、比释动能、吸收剂量等；后者包括当量剂量、有效剂量等。

描述辐射量时经常使用"剂量"这一术语，所谓"剂量"是指对某一对象所接受或"吸收"的辐射的一种量度。根据上下文，它可以指吸收剂量、剂量当量、器官剂量、当量剂量、有效剂量等。

剂量的单位采用国际单位制（SI）单位。为了照顾当前新旧单位过渡的需要，在给出辐射剂量的 SI 单位的同时，还将指出过去沿用的专用单位。

7.1.1 描述电离辐射的常用辐射量和单位

1. 照射量

当 X 射线或 γ 射线穿过空气时，由于它们和空气中的分子（或原子）相互作用的结果，便产生了次级电子（即光电、康普顿、电子对三大效应产生的电子）。这些次级电子具有一定能量，当它们和空气分子作用时能使空气分子电离，形成离子对——正离子和负离子。X 射线或 γ 射线的能量越高，数量越大，对空气电离本领越强，被电离的总电荷量也就越多。因此，可用次级电子在空气中产生的任何一种符号的离子（电子或正离子）的总电荷量，来反映 X 射线或 γ 射线对空气的电离本领。由此引出照射量这个物理概念。照射量是用来表征 X 射线或 γ 射线对空气电离本领的大小的物理量，也是沿用最久的辐射量。

（1）照射量的定义和单位 所谓照射量，是指 X 射线或 γ 射线的光子在单位质量的空气中释放出来的所有次级电子（负电子和正电子），当它们被空气完全阻止时，在空气中形成的任何一种符号的（带正电或负电的）离子的总电荷的绝对值。其定义为 dQ 除以 dm 所得的商，即：

$$P = \mathrm{d}Q/\mathrm{d}m \qquad (7-1)$$

式中　dQ——当光子产生的全部电子被阻止于空气中时，在空气中所形成的任一种符号的离子总电荷量的绝对值；

　　　dm——体积球的空气质量。

照射量（P）的 SI 单位为库伦·千克$^{-1}$，用符号 C·kg^{-1} 表示。

沿用的专用单位为伦琴，用字母 R 表示，简称伦。

$$1\ R = 2.58 \times 10^{-4}\ C \cdot kg^{-1}$$

1 R＝1 静电单位/0.001 293 g＝(3.33×10^{-10} C)/(1.293×10^{-6} kg)＝2.58×10^{-4} C·kg^{-1}

$$1\ C \cdot kg^{-1} = 3.877 \times 10^{3}\ R$$

另外，还常用毫伦（mR），微伦（μR）等单位，与伦琴的关系为：

$$1\ R = 10^{3}\ mR = 10^{6}\ \mu R$$

照射量这个概念，不能用于所有的射线，只适用于 X 射线或 γ 射线对空气的效应，而且由于测量所要求的电子平衡条件难以实现，它只适用于光子能量大约在几千伏到 3 MV 之间的 X 射线或 γ 射线。照射量不能作为剂量计量单位，这是因为当 X 射线或 γ 射线与物质相互作用时，伦琴单位的定义不能正确反映被照射物质实际吸收辐射能量的客观规律。当能量相同的 X 射线与物质相互作用时，物质的种类不同，吸收的辐射能量也不同。

（2）照射量率的定义和单位　　照射量率（亦称照射率）用字母 $\dot{P}$ 表示。照射量率的定义是单位时间的照射量，也就是 dP 除以 dt 所得的商，即：

$$\dot{P} = dP/dt \tag{7—2}$$

照射量率（$\dot{P}$）的 SI 单位为库伦·千克$^{-1}$·秒$^{-1}$，用符号 C·kg^{-1}·s^{-1} 表示。其专用单位是伦琴或其倍数或其分倍数除以适当的时间而得的商，如伦/秒（R/s），伦/分（R/min）、毫伦/时（mR/h）等。

2. 比释动能

X 射线或 γ 射线与物质相互作用最重要的标志是将能量转移给物质，这是产生辐射效应的依据。能量转移过程分为两个阶段。首先 X 射线或 γ 射线的能量转移给次级电子，然后次级电子通过电离和激发的形式，将能量转移给物质。比释动能是用于描述第一阶段的能量转移情况，即描述不带电粒子有多少能量转移带电粒子的一个辐射量。

（1）比释动能的定义和单位　　比释动能的定义是指不带电粒子与物质相互作用，在单位质量的物质中释放出来的所有带电粒子的初始动能的总和。若在质量为 dm 的物质中，不带电粒子释放出来的全部带电粒子的初始动能之和为 dE_{tr}，则比释动能 K 定义的表示式为：

$$K = \frac{dE_{tr}}{dm} \tag{7—3}$$

式中　dE_{tr}——不带电电离粒子在质量为 dm 的某一物质内释放出的全部带电电离粒子的初始动能的总和。

比释动能只适用于 X 射线或 γ 射线等不带电粒子的辐射，但适用于各种物质。

比释动能的 SI 单位是焦耳/千克（J/kg），其特定名称为戈［瑞］（Gy）。1 Gy 等于 1 kg 受照射的物质吸收 1 J 的辐射能量，即：

$$1\ Gy = 1\ J/kg$$

其他单位有毫戈瑞（mGy）、微戈瑞（μGy）等，其间关系为：

$$1\ Gy = 10^3\ mGy = 10^6\ \mu Gy$$

已废除但有时仍沿用的专用单位是拉德，其符号为"rad"。

$$1\ rad = 10^{-2}\ Gy$$

(2) 比释动能率的定义和单位　比释动能率用字母 $\dot{K}$ 表示，是单位时间的比释动能。若在时间 dt 内，比释动能的增量为 dK，则比释动能率定义为：

$$\dot{K} = dK/dt \qquad (7\text{—}4)$$

比释动能率的 SI 单位为戈瑞·秒$^{-1}$，用符号 $Gy \cdot s^{-1}$ 表示。其他常用单位有毫戈瑞·时$^{-1}$（$mGy \cdot h^{-1}$）等。

(3) 参考空气比释动能率　源的参考空气比释动能率是在空气中距源 1 m 的参考距离处对空气衰减和散射修正后的比释动能率，用 1 m 处的 $\mu Gy \cdot h^{-1}$ 表示。

3. 吸收剂量

电离辐射与物质的相互作用实际是一种能量的传递过程，结果是电离辐射的能量被物质所吸收，引起被照射物质的性质发生各种变化，其中有物理的、化学的、生物学的等。物质吸收的辐射能量越多，则由辐射引起的效应就越明显。为了衡量物质吸收辐射能量的多少，用以研究能量吸收与辐射效应的关系，引进了"吸收剂量"这个物理量。

(1) 吸收剂量的定义和单位　任何电离辐射照射物体时，受照物体将吸收电离辐射的全体或部分能量。用比释动能描述第一阶段的能量转移情况，而对于第二阶段的能量转移情况，即描述次级电子有多少能量被物质吸收，可用吸收剂量表示，即吸收剂量是表征受照物体吸收电离辐射能量程度的一个物理量。

吸收剂量的定义为：任何电离辐射，授予质量为 dm 的物质的平均能量 $d\bar{\varepsilon}$ 除以 dm 所得的商，即：

$$D = d\bar{\varepsilon}/dm \qquad (7\text{—}5)$$

式中的 $\bar{\varepsilon}$ 为平均授予能。授予能 ε 为进入一基本体积的全部带电电离粒子和不带电电离粒子能量和与离开该体积的全部带电电离粒子和不带电电离粒子的能量总和之差，再减去在该体积内发生任何核反应或基本粒子反应所增加的静止质量的等效能量。

吸收剂量不像照射量和比释动能，只适用 X 射线或 γ 射线，它适用于任何类型和任何能量的电离辐射，同时也适用于任何被照射物质。吸收剂量的大小一方面取决于电离辐射的能量，另一方面取决于被照射物质本身的性质。因此，在提及吸收剂量时，必须说明是什么物质的吸收剂量。

吸收剂量（D）的单位与比释动能相同，SI 单位是焦耳·千克$^{-1}$，用符号 $J \cdot kg^{-1}$ 表示，其特定名称为戈［瑞］（Gy）。已废除但有时仍沿用的专用单位是拉德（rad）。

(2) 吸收剂量率的定义和单位　各种电离辐射的生物效应，不仅与吸收剂量的大小有关，还与吸收剂量的速率有关，因此，引入"吸收剂量率"的概念。一般说来，吸收剂量率（$\dot{D}$）表示单位时间内吸收剂量的增量。严格定义为：某一时间间隔 dt 内吸收剂量的增量 dD 除以该时间间隔 dt 所得的商，即

$$\dot{D} = dD/dt \qquad (7\text{—}6)$$

吸收剂量率的单位与比释动能率相同，用戈瑞（Gy）或其倍数或其分倍数除以适当的时间而得的商表示，如毫戈瑞·时$^{-1}$（$mGy \cdot h^{-1}$）、微戈瑞·秒$^{-1}$（$\mu Gy \cdot S^{-1}$）等。

4. 照射量、比释动能、吸收剂量的联系与区别

(1) 照射量和比释动能的关系　X射线或γ射线照射空气时，如果忽略次级电子能量转移成热能和辐射能的部分，即认为：在单位质量空气中所产生的次级电子能量全部用于使空气分子电离，则空气中某点照射量 P 和比释动能 K 在带电粒子平衡条件下的关系为：

$$K = 33.72\, P \tag{7—7}$$

公式中，照射量的单位为库伦·千克$^{-1}$（$C·kg^{-1}$）；比释动能的单位为戈瑞（Gy）。

【例】　已知空气中某点X射线的照射量 P 是 $1.29\times10^{-4}\,C·kg^{-1}$，求空气中该点的比释动能 K 是多少？

解：$K = 33.72\,P = 33.72\times 1.29\times 10^{-4} = 4.35\times 10^{-3}$（Gy）

(2) 比释动能和吸收剂量的关系　比释动能和吸收剂量分别反映物质吸收电离辐射的两个阶段。对于一定质量 dm 的物质，不带电粒子转移给物质次级电子的平均能量 $d\bar{\varepsilon}_{tr}$ 与物质最终吸收能量 $d\bar{\varepsilon}$ 相等，则比释动能和吸收剂量相等。即：

$$K = d\bar{\varepsilon}_{tr}/dm = d\bar{\varepsilon}/dm = D \tag{7—8}$$

上式成立必须满足两个条件，首先要求是在带电粒子平衡条件下，其次是带电粒子产生的辐射损失可以忽略不计。

(3) 照射量和吸收剂量的关系　在实际工作中，仪器直接测量的只能是照射量，而不是吸收剂量。因此，要计算辐射场中某点被照射物质的吸收剂量，就只能用该点的照射量进行换算。也就是说，测量或计算出辐射场中某点的照射量，才能换算出某一物质在该点的吸收剂量。常见的有下列两种换算关系：

1) 将空气中某点的照射量换算成该点空气的吸收剂量　如果以 $D_{空}$ 表示空气的吸收剂量（单位：Gy），$P_{空}$ 表示空气的照射量（单位：$C·kg^{-1}$），则空气中的吸收剂量与照射量换算公式为：

$$D_{空} = 33.72\, P_{空} \tag{7—9a}$$

如果吸收剂量单位用 Gy，而照射量单位用 R，则空气中的吸收剂量与照射量换算公式为：

$$D_{空} = 8.69\times 10^{-3}\, P_{空} \tag{7—9b}$$

2) 将空气中某点的照射量换算成该点被照射物质的吸收剂量　由于吸收剂量的大小既取决于光子的能量又取决于受照射物质的性质，显然把照射量换算成吸收剂量就需要乘以一个既能反映入射光子的能量，又能反映被照射物质性质的换算因子 f，即：

$$D_{物质} = \frac{(\mu_{en}/\rho)_{物质}}{(\mu_{en}/\rho)_{空气}} D_{空气} = fP \tag{7—10}$$

式中　$(\mu_{en}/\rho)_{物质}$——物质的质能吸收系数；

$(\mu_{en}/\rho)_{空气}$——空气的质能吸收系数；

$D_{物质}$——受照射物的吸收剂量，Gy；

$D_{空气}$——空气的吸收剂量，GY；

P——空气的照射量，$C·kg^{-1}$；

f——换算因子，或称转换系数，与光子的能量和受照射物质的性质有关，若 $D_{物质}$ 的单位是 Gy，P 的单位是 $C·kg^{-1}$，则 f 的单位是 $Gy·kg·C^{-1}$。

表7—1中列出了水、肌肉和骨骼对不同能量光子的 f 值。由表中数据可见，对于低能光子，在照射量相同的情况下，骨骼的吸收剂量比肌肉高3～4倍，当光子能量超过200 keV后，对于相同照射量，各种物质的吸收剂量都非常接近。

表7—1　　　　　对于不同光子能量，几种物质的 f 值　　　　　Gy·kg·C^{-1}

光子能量，MeV	水	肌肉组织	骨骼
0.010	35.1	36.1	140.7
0.020	33.9	35.8	162.4
0.10	37.0	37.0	56.2
0.20	37.4	37.2	37.9
0.50	37.7	37.4	36.2
1.0	37.6	37.3	35.9
10.0	37.4	37.1	36.1

（4）照射量、比释动能及吸收剂量之间的区别的归纳　　照射量、比释动能及吸收剂量之间的区别见表7—2。

表7—2　　　　　照射量、比释动能及吸收剂量之间的区别

辐射量种类		照射量 P	比释动能 K	吸收剂量 D
剂量学含义		表征X或γ射线在所关心的体积内用于电离空气的能量	表征不带电粒子在所关心的体积内交给带电粒子的能量	表征任何辐射在所关心的体积内被物质吸收的能量
适用范围	辐射场	X、γ射线	不带电粒子的辐射	任何带电粒子和不带电粒子的辐射
	介质	空气	任何物质	任何物质
单位及换算关系		1 C·kg^{-1}＝3.877×10^3 R	1 Gy＝100 rad	1 Gy＝100 rad

7.1.2　描述辐射防护的常用辐射量和单位

辐射防护中使用的辐射量有很多种，本节只介绍与人体有关的辐射量——当量剂量和有效剂量。同时介绍国际放射防护委员会的一些新规定。

1. 当量剂量及单位

（1）当量剂量 H_T　　吸收剂量在一定程度上可以反映生物体因受到辐射而产生的生物效应。但辐射的生物效应不只是仅仅依赖于吸收剂量的大小，还与其他因素有关。同样的吸收剂量，由于射线的种类和能量不同，对机体产生的生物效应亦有不同。考虑到这一影响因素，应该有一个与辐射种类和射线能量有关的因子对吸收剂量进行修正，这个因子叫做辐射权重因子（ω_R）。用辐射权重因子修正后的吸收剂量叫做当量剂量。

需要特别指出的是：在辐射防护中，关心的往往不是受照体某点的吸收剂量，而是某个器官或组织吸收剂量的平均值。辐射权重因子正是用来对某组织或器官的平均吸收剂量进行修正的。因此，用辐射权重因子修正的平均吸收剂量即为当量剂量。

对于某种辐射 R 在某个组织或器官 T 中的当量剂量 $H_{T,R}$ 可由下式给出：

$$H_{T,R} = D_{T,R} W_R \tag{7—11}$$

式中　W_R——辐射 R 的辐射权重因子；

　　　$D_{T,R}$——辐射 R 在器官或组织 T 内产生吸收剂量。

如果对于某一组织或器官 T 的照射是由几种具有不同种类和能量的辐射组成，则应将吸收剂量分成若干组，每组各有与其对应的辐射权重因子 W_R，分别用不同的 W_R 对相应种类辐射的吸收剂量进行修正，而后相加即可得出总的当量剂量。

因此，对于受到多种辐射的组织或器官 T，其当量剂量应表示为：

$$H_T = \sum_R W_R D_{T,R} \tag{7—12}$$

上式中 $D_{T,R}$ 和 W_R 的物理意义同公式（7—11）。

辐射权重因子的数值大小是由 ICRP 选定的。其数值大小表示特定种类和能量的辐射在小剂量时诱发生物效应的情况。表 7—3 列出了某些射线的辐射权重因子。

表 7—3　　　　　　　　　　　　一些射线的辐射权重因子

辐射的类型及能量范围	辐射权重因子 W_R	辐射的类型及能量范围	辐射权重因子 W_R
光子，所有能量	1	中子，能量<10 keV	5
电子及介子，所有能量*	1	10 keV－100 keV	10
		>100 keV－2 MeV	20
质子（不包括反冲质子），能量>2 MeV	5	>2 MeV－20 MeV	10
α粒子、裂变碎片、重核	20	>20 MeV	5

*　不包括由原子核向 DNA 发射的俄歇电子，此种情况下需进行专门的微剂量测定考虑

从表 7—3 可见，对 X 射线和 γ 射线，不管能量多高，辐射权重因子 W_R 始终为 1，也就是说对任一器官或组织，被 X 射线和 γ 射线照射后的吸收剂量和当量剂量在数值上是相等的。

（2）当量剂量的单位　辐射权重子 W_R 是无量纲的，当量剂量的 SI 单位与吸收剂量的 SI 单位相同，为 $J \cdot kg^{-1}$，专用名称是希沃特（Sv），因此：

$$1 \text{ Sv} = 1 \text{ J} \cdot \text{kg}^{-1}$$

此外还有厘希沃特（cSv）、毫希沃特（mSv）和微希沃特（μSv）等单位，它们之间的关系为：

$$1 \text{ Sv} = 10^2 \text{ cSv} = 10^3 \text{ mSv} = 10^6 \text{ μSv}$$

2. 当量剂量率及单位

当量剂量率 $\dot{H}_T$ 是单位时间内的当量剂量。若在 dt 时间内，当量剂量的增量为 dH_T，则当量剂量率为：

$$\dot{H}_T = (dH_T)/(dt) \tag{7—13}$$

当量剂量率的 SI 单位为希沃特·秒$^{-1}$（$Sv \cdot s^{-1}$）、此外还有希沃特或其倍数或其分倍数除以适当的时间单位而得的商，如厘希沃特·秒$^{-1}$（$cSv \cdot s^{-1}$）、希沃特·分钟$^{-1}$（$Sv \cdot min^{-1}$）等。

【例】　某组织受到 X 射线的照射，在 30 s 内当量剂量的增量为 0.8 mSv，求该组织的

当量剂量率。

解：该组织的当量剂量率为：
$$\dot{H}_T = (dH_T)/(dt) = (0.8/30) \text{ mSV} \cdot \text{s}^{-1} = 0.027 \text{ mSv} \cdot \text{s}^{-1}$$

3. 有效剂量

（1）组织权重因子　辐射防护中通常遇到的情况是小剂量慢性照射，在这种条件下引起的辐射效应主要是随机性效应。

随机性效应发生的概率与受照的组织或器官有关，也就是不同的组织或器官，虽然吸收了相同当量剂量的射线，但发生随机性效应的概率有可能不一样。为了考虑不同器官或组织对发生辐射随机性效应的不同敏感性，引入一个新的权重因子对当量剂量进行加权修正，使得修正后的当量剂量能够更好地反映出受照组织或器官吸收射线后所受的危害程度。这个对组织或器官 T 的当量剂量加权的因子称为组织权重因子，用 W_T 表示。ICRP 推荐的各组织或器官的 W_T 值列于表 7—4 中。

由表 7—4 中可以看出，每个组织的权重因子均小于 1。对射线越是敏感的组织，权重因子的数值越大，所有组织权重因子的总和为 1。

（2）有效剂量及单位　经过组织权重因子 W_T 加权修正后的当量剂量称为有效剂量，用字母 E 表示。因为 W_T 无量纲，所以有效剂量的单位与当量剂量的单位相同，为 $J \cdot kg^{-1}$，其专用名称是 Sv。

表 7—4　　　　　　　　各组织或器官的组织权重因子 W_T

组织或器官	组织权重因数 W_T	组织或器官	组织权重因数 W_T
性腺	0.20	肝	0.05
（红）骨髓	0.12	食道	0.05
结肠a)	0.12	甲状腺	0.05
肺	0.12	皮肤	0.01
胃	0.12	肝表面	0.01
膀胱	0.05	骨表面	0.01
乳腺	0.05	其余组织或器官b)	0.05

注：a) 结肠的权重因数适用于在大肠上部和下部肠壁中当量剂量的质量平均。

　　b) 为进行计算用，表中其余组织或器官包括肾上腺、脑、外胸区域、小肠、肾、肌肉、胰、脾、胸腺和子宫。在上述其余组织或器官中有一单个组织或器官受到超过 12 个规定了权重因数的器官的最高当量剂量的例外情况下，该组织或器官应取权重因数 0.025，而余下的上列其余组织或器官所受的平均当量剂量亦应取权重因数 0.025。

通常在接受照射中，会同时涉及几个组织或器官，所以应该有不同组织或器官的 ω_T 分别给当量剂量 H_T 进行修正，所以有效剂量 E 是对所有组织或器官加权修正后的当量剂量之总和，其公式如下：

$$E = \sum_T W_T \cdot H_T \tag{7—14}$$

式中　H_T——组织或器官 T 所受的当量剂量；

　　　W_T——组织或器官 T 的组织权重因子。

由当量剂量的定义，可以得到：

$$E = \sum_T W_T \sum_R W_R D_{T,R} \tag{7—15}$$

式中 W_R——辐射 R 的辐射权重因子；

$D_{T,R}$——组织或器官 T 内的平均吸收剂量。有效剂量的单位是 $J \cdot kg^{-1}$，称为希［沃特］(Sv)。

4. ICRP60 号出版物的一些新规定

国际放射防护委员会（ICRP）成立于 1928 年，是放射卫生与防护领域的最权威国际性机构，它的一系列报告书成为世界各国放射防护的根本指南。1977 年 ICRP 26 号出版物提出了剂量限值制度，明确了"在考虑经济和社会因素后把一切照射保持在可以合理达到的尽可能低的水平"（防护最优化），奠定了现代放射卫生防护学的基础。近年来，电离辐射致人类危害的研究以及小剂量情况外推模式研究又有了重要进展，防护工作积累了大量经验。在此基础上，ICRP 于 1990 年出版了引人注目的 60 号出版物，将过去的剂量限值制度改称为放射防护体系，其中不仅对剂量限值有了新的建议，而且更加注重防护最优化，改变了过去委员会推荐的剂量限值目的，反复强调不能将剂量限值作为防护成绩的衡量标准。

60 号出版物中，对放射防护中使用的一些名词术语和剂量单位做出进一步明确和重新定义。

（1）以"确定性效应"取代"非随机性效应" ICRP1977 年发表的 26 号出版物中将辐射的生物效应分为"随机性效应"和"非随机性效应"。而在 60 号出版物中，将"非随机性效应"另定义为"确定性效应"使表述更为准确。

"随机性效应"和"确定性效应"的定义如下：

随机性效应，是指发生概率与剂量成正比而严重程度与剂量无关的辐射效应。一般认为，在辐射防护感兴趣的低剂量范围内，这种效应的发生不存在剂量阈值。

确定性效应，是指通常情况下存在剂量阈值的一种辐射效应，超过阈值时，剂量越高则效应的严重程度越大。

（2）进一步明确吸收剂量定义 按照原先国际辐射单位与测量委员会（ICRU）的定义，吸收剂量可以表示出某一无限小的点的吸收剂量。但在 ICRP60 号出版物中规定：除另有文字说明外，吸收剂量均指某一组织或器官的平均吸收剂量（D_T），单位 J/kg，专用名称为戈瑞（gray, Gy）。对于随机性效应的概率，可以用平均剂量来指示，这主要基于这样一种关系：即诱发某一效应的概率与剂量的关系是线性的，这在有限的剂量范围内是合理的近似。对确定性效应，剂量与效应的关系不是线性的，所以除非剂量在整个器官或组织内分布相当均匀，否则把平均吸收剂量直接用于确定性效应是不贴切的。

（3）新定义的放射防护剂量单位——当量剂量 当量剂量 H_T 是针对特定组织或器官的，用辐射权重因子 W_R 修正后的吸收剂量。当量剂量与过去的剂量当量的差别在于权重因子的概念上。剂量当量用品质因子 Q 修正，而 W_R 与 Q 的实质含义有极大的差别。按 ICRP 规定，Q 值按照辐射的传能线密度（LET）来确定。ICRP 把 Q 与 LET 联系起来的原意只是为了粗略地指示出 Q 随辐射类型的变化。可是这样却造成了一个学术上的误解，认为 Q 与 LET 有一种精确的数学关系。然而，从放射生物学上看，这种精确的数学关系是不存在的。因此，ICRP 另用 W_R 来对吸收剂量加权，使其能代表不同类型辐射在小剂量时诱发随机性效应的相对生物效能（RBE_M）。需要强调的是，既然 W_R 是针对随机性效应而制定的，因此，不能处处都用当量剂量来恰当地表示它与确定性效应的关系。

7.2 剂量测定方法和仪器

7.2.1 辐射监测的内容及分类

从事电离辐射的实践离不开对辐射的监测。辐射监测是放射防护的一项重要技术，其主要目是保护工作人员和居民免受辐射的有害影响。因此，辐射监测的内容应包括辐射测量和参照电离辐射防护及辐射源安全基本标准对测定结果进行卫生学评价两个方面。

工业射线照相一般使用的是 X 射线和 γ 射线。工作人员处于辐射场中工作，主要受外照射。因此，辐射监测的内容主要是防护监测，按监测的对象可分为工作场所辐射监测和个人剂量监测两大类。

辐射防护监测的实施包括辐射监测方案的制定、现场测量、照射场测量、数据处理、结果评价等。在监测方案中，应明确监测点位、监测周期、监测仪器与方法，以及质量保证措施等。辐射防护监测特别强调质量保证措施，监测人员应经考核持证上岗，监测仪器要定期送计量部门检定，对监测全过程要建立严格的质量控制程序。

1. 工作场所辐射监测

工作场所辐射监测包括透照室内的辐射场测定和周围环境的剂量场分布测定两部分。

（1）透照室内辐射场测定　在透照室内辐射场测定中，需测定不同射线源在不同条件下射线直接输出剂量、散射线量以及有散射体存在时剂量场的分布情况，以便及时发现潜在的高剂量区，从而采取必要的防护措施。根据剂量场的分布资料，可以计算工作人员的允许连续工作时间，估计工作者在给定条件下将受到的照射剂量。另外，还可测定增添防护设施后剂量场的改变情况，以便评定防护设施的性能。

（2）周围环境剂量场分布测定　周围环境剂量场分布测定包括透照室门口、窗口、走廊、楼上、楼下和其他相邻房间以及周围环境的照射量率，它可为改善防护条件提供有价值的信息，保证环境剂量水平符合放射卫生防护要求。

（3）控制区和监督区剂量场分布测定　现场透照时，应根据剂量水平划分控制区和监督（管理）区。作业场所启用时，应围绕控制区边界测量辐射水平，并按空气比释动能不超过 40 $\mu Gy \cdot h^{-1}$ 的要求进行调整。操作过程中，应进行辐射巡测，观察放射源的位置和状态。

控制区是指在辐射工作场所划分的一种区域，在该区域内要求采取专门的防护手段和安全措施，以便在正常工作条件下能有效控制照射剂量和防止潜在照射。监督（管理）区是指辐射工作场所控制区以外、通常不需要采取专门防护手段和安全措施但要不断检查其职业照射条件的区域。

现行标准规定：以空气比释动能率低于 40 $\mu Gy \cdot h^{-1}$ 作为控制区边界。对管理区的规定是：X 射线照相，控制区边界外空气比释动能率在 4 $\mu Gy \cdot h^{-1}$ 以上的范围划为管理区；γ 射线照相，控制区边界外空气比释动能率在 2.5 $\mu Gy \cdot h^{-1}$ 以上的范围划为监督区。

2. 个人剂量监测

个人剂量监测是测量被射线照射的个人所接受的剂量，这是一种控制性的测量。它可以告知在辐射场中工作的人员直到某一时刻为止，已经接受了多少照射量或吸收剂量，因此，就可以控制以后的照射。如果被照射者接受了超剂量的照射，个人剂量监测不仅有助于分析超剂量的原因，还可以为医生治疗被照射者提供有价值的数据。当然，个人剂量监测和工作场所监测是相辅相成的。此外，个人剂量监测对加强管理、积累资料、研究剂量与效应关系有很大的作用。

实际上，并不是任何外照条件下都需要进行个人剂量监测。通常只有受照射剂量达到某一水平的地方或偶尔可能发生大剂量照射的地方，才需要进行个人剂量监测。

GB 18871—2002《电离辐射防护与辐射源安全基本标准》规定了个人剂量监测三种情况：

对于任何在控制区工作的工作人员，或有时进入控制区工作并可能受到显著职业照射的工作人员，或其职业照射剂量可能大于 5 mSv/a 的工作人员，均应进行个人监测。在进行个人监测不现实或不可行的情况下，经审管部门认可后可根据工作场所监测的结果和受照地点和时间的资料对工作人员的职业受照作出评价。

对在监督区或只偶尔进入控制区工作的工作人员，如果预计其职业照射剂量在 1～5 mSv/a 范围内，则应尽可能进行个人监测。应对这类人员的职业受照进行评价，这种评价应以个人监测或工作场所监测的结果为基础。

如果可能，对所有受到职业照射的人员均应进行个人监测。但对于受照剂量始终不可能大于 1 mSv/a 的工作人员，一般可不进行个人监测。

7.2.2 剂量测定仪器的工作原理

众所周知，人的感觉器官不能察觉电离辐射的存在，要完成辐射监测的任务，必须依靠专门的探测装置，即辐射剂量仪。

剂量仪之所以能测量电离辐射，其基本原理是根据电离辐射的物理和化学效应，利用这些效应制成各种不同型号和用途的剂量仪。这些效应包括：

1. 利用射线通过气体时的电离效应。
2. 利用射线通过某些固体时的电离和激发。
3. 利用射线与某种物质的核反应或弹性碰撞所产生的易于探测的次级粒子。
4. 利用射线的能量在物质中所产生的热效应。
5. 利用射线（α、β 等）所带的电荷。
6. 利用射线和物质作用而产生的化学变化。

辐射剂量仪可分为探测器和测量装置（电子线路）两部分，前者是选用某种物质按一定方式对辐射产生响应（即物理、化学反应）；后者是选用电子线路测量响应的程度。常见剂量仪的探测器主要有三类：一是利用射线在空气中的电离效应的气体探测器，如电离室、正比计数器、盖革—弥勒计数管等；二是利用射线在半导体产生电子和空穴现象的半导体探测器；三是利用射线在闪烁体中产生发光效应的闪烁计数器；此外还有其他探测器，如热释光剂量计，固体径迹剂量计等。

7.2.3 剂量仪器的选择及其校准

1. 仪器的选择

在辐射防护监测中，监测仪器的选择一般应掌握以下原则：

（1）射线性质　对于射线种类及性质清楚的场所，应选用针对性强的仪器。对于辐射场性质不清楚的场所，应选用带有多用探头的监测仪器或多种监测仪。

（2）量程范围　仪器的量程下限值至少应在个人剂量限值的 1/10 以下，上限值根据具体情况而定。

（3）能量响应　理想的测量仪器应该是不论射线能量大小，只要照射量相同，其仪器的响应就应该相同。然而事实上仪器的响应总是随着能量的不同而产生一定的差异，这种差异越小，仪器的能量响应越好。对剂量率仪表，一般要求与 Cs137 相比，在 50 keV 到 3 MeV 范围内能量响应差异不大于 ±30%。对数百千电子伏特以上的光子来说，能量响应差别不大，但对 100 keV 以下的光子就需要注意仪器的能量响应性能与被测光子的能量是否相适应。

（4）环境特征　对于温度，要求在 10～40℃ 的温度范围内仪器读数变化在 ±5% 以内；对于相对湿度，要求在 10%～95% 的范围内读数变化在 ±5% 以内。此外，还应考虑气压和电磁场的影响。

（5）对其他辐射的响应　高能 γ 射线和 β 射线都能穿透电离室或计数管的壁引起仪器响应，造成 β、γ 射线测量相互干扰；中子场中往往有 γ 辐射场。所以，一般 γ 辐射监测仪应对能量直到 2.27 MeV（Sr90 发出）的 β 射线无响应。

（6）其他因素　仪器零点漂移要小；测量的方向性误差应不大于 ±30%；仪器响应速度要快；质量要轻，体积要小。

2. 仪器的校准

仪器校准的目的是保证仪器正常工作，满足仪器测量结果总的误差要求，包括能量响应、方向响应、环境效应、分量程线性等。

校准仪器的基本方法有两种，即标定法和替代法。标定法是一种利用性质已充分了解的辐射场、标准源标定；当对辐射场不十分了解时则采用替代法，可用标准仪器比对基准、次级标准、工作标准的误差传递。

国际辐射单位与测量委员会报告（ICRV）提出过以下意见：考虑剂量限值是在偏于保守方式下导出的，所以在辐射防护监测中似乎不需要有很高的准确度：

（1）当最大当量剂量与最大容许剂量可以比拟时，准确度应达 ±30%。

（2）当剂量水平为最大容许剂量的 1/10 时，误差达 3 倍似乎是可以接受的。

（3）万一遇到剂量水平要比最大容许剂量大得多的时候，应该以很大的努力来提高辐射测量准确度。

7.2.4 场所辐射监测仪器

用于场所辐射监测的仪器按体积、质量和结构可分为携带式和固定式两类。携带式仪器体积小、质量轻,具有合适的量程,便于个人携带使用。固定式监测装置,一般由安装在操作室的主机和通过电缆安装在监测处的探头两部分组成(如伦琴计)。还可采用带有音响,或灯光讯号的报警装置,一旦场所的剂量超过某一预定阈值时,仪器能自动给出信号。

在场所辐射监测中,有用射线束的照射场内辐射水平很高,而一般散、漏射线的辐射水平较低,必须根据探测对象选用适当的仪器进行测量。

以下介绍几种常用的辐射监测仪器。

1. 气体电离探测器

电离室、正比计数器和 G—M 计数管统称为气体电离探测器,其工作原理的共同点是:利用射线使气体发生电离的特性,通过收集探测器工作室内的气体电离所产生的电荷来测定辐射剂量。

(1) 电离室探测器　电离室相当于一个充气的密封电容器。由于电离室没有放大功能,其输出的电离电流很弱,因此,要特别考虑弱电流测量的要求。

电流电离室具有结构简单、使用方便、测量范围宽、能量响应好和工作稳定可靠等优点,虽然灵敏度不是很高,但足够常规防护监测的需要,因此广泛应用于 X 射线和 γ 射线的剂量测量。

高气压电离室是测量辐射剂量率的新型探测器,由高气压电离室(一般充氩气到约 2×10^6 Pa)探测器和电子线路组成。与一般电离室探测器相比,其灵敏度和测量精度更高。这类仪器价格比较贵,目前国外已普遍应用,国内也已有产品生产。

(2) G—M 计数管　G—M 计数管比电离室灵敏度高,入射射线只要产生一个离子对就能引起放电而被记录,输出脉冲的幅度大,仪器结构简单,不易损坏,价格低廉。其缺点是:分辨时间太长,不能用于高计数率测量,在很强的辐射场中,由于计数率太大会发生"饱和"。对 γ 射线探测效率较低。目前国内有多种型号产品。

2. 闪烁探测器

闪烁探测器是利用某些物质在辐射作用下会发光的特性来探测辐射的,这些物质称为荧光物质或闪烁体。常用的闪烁体可分无机闪烁体和有机闪烁体两类,前者大多是含有杂质的无机盐晶体,例如 CsI(Tl)、NaI(Tl) 等;后者大多属于环苯结构的芳香族化合物,例如蒽晶体等。

闪烁探测器由闪烁体和光电倍增管、放置放大器等组成,射线在闪烁体中产生的荧光极弱,须用光电转换器件(光电倍增管)来把荧光转换成电脉冲,并加以放大,其脉冲幅度正比于带电粒子或光子在闪烁体晶体中累积的能量。

闪烁探测器的优点是对 γ 射线探测效率高,灵敏度比 G—M 计数管高,分辨时间短,能测量射线的强度和能量。

3. 半导体探测器

半导体探测器是20世纪60年代后迅速发展起来的一种测量辐射剂量率的新型探测器，其工作原理与气体电离室探测器十分相似。半导体探测器有硅PN结型、锂漂移型、高纯锗型等多种类型，其中大多为PN结结构。在没有受到辐射时，处于反向偏压下的PN结绝缘电阻很大，漏电流很小。在受到辐射时，由辐射产生的带电粒子在半导体中产生电子—空穴对，在外电场作用下分别向两电极漂移，在电路中形成电流并产生电压脉冲信号。

与气体电离室探测器相比，半导体探测器的优点是：①由于半导体密度比气体大得多，在输出同样脉冲情况下，半导体探测器的体积比气体探测器小得多；②半导体探测器的能量分辨能力很高，比闪烁探测器还要高数十倍，可用于X射线谱和γ能谱测量。

7.2.5 个人剂量监测仪器

个人剂量检测仪的探测器件通常佩戴在人员身上，以监测个人受到的总照射量或者组织的吸收剂量。因此，探测元件或仪器必须非常小巧、轻便、牢固、容易使用、佩戴舒适，而且能量响应要好，并不受所测辐射以外的因素干扰。

常用的个人剂量监测仪有电离室式剂量笔、胶片剂量计，以及属于固体剂量仪的玻璃剂量仪和热释光剂量仪。目前使用较多的是固体剂量仪。

1. 个人剂量笔

个人剂量笔（个人剂量计），实际上是一种直读式袖珍电离室，又叫携带剂量表。是一种形似钢笔的小验电器，如图7—1所示，其基本结构包括两个电极，一个带正电（中心电极），一个带负电（外电极），中心电极（阳极）与外电极（阴极）绝缘，中心电极有一个活动的石英丝，当电离室充电后，因同性电相斥，活动丝被固定中心电极推开，把刻度按活动丝到固定电极的距离与剂量的关系校准，电荷最多，斥力最大的刻度为零位，依据活动丝位置刻度X射线剂量。当γ射线及X射线与电离室的空气或电离室壁相互作用形成正、负离子对时，电离室两极板电荷减少、斥力减弱，活动丝下垂，即可直接读出X射线剂量。

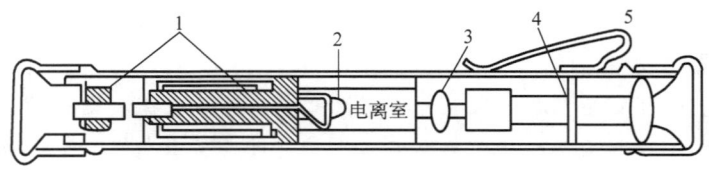

图7—1 个人剂量笔
1—绝缘体 2—可动纤维 3—物镜 4—刻度 5—目镜

这种个人剂量笔具有读数迅速、简便的优点，但它能量响应较差，并且常由于绝缘性能不良或受到冲撞震动而引起错误的读数，目前已很少使用。

2. 热释光剂量计

热释光剂量计和荧光玻璃剂量计都是固体发光剂量计。这是20世纪50年代以来迅速发展起来的剂量测量仪器。热释光剂量计具有灵敏度和精确度较高等优点，且尺寸小，剂量元件可加工成小徽章，有的还可加工成一定形状的指环戴在手指上，佩戴方便。热释光剂量计的缺点是不能直接显示读数，需要通过专门的加热读出装置读取剂量值。

热释光剂量计和测量仪器（读数装置）的工作原理如图 7—2 所示：具有晶体结构的固体剂量元件（磷光体），常因含有杂质或其中的原子、离子缺位、错位等原因造成晶体缺陷。这种缺陷导致周围电中性状态的破坏，从而造成带电中心，带电中心具有吸引异性电荷的本领。若带电中心吸引异性电荷的本领很强，甚至能把异性电荷束缚住，则称之为"陷阱"。陷阱吸引、束缚异性电荷的能力，即称为陷阱深度。当固体受到射线照射时，电子获得足够能量，从其正常位置（禁带）跳到导带而运动，直到被陷阱捕获为止，如图 7—3a 所示。如果陷阱深度很大，那么常温下电子将长久地留在陷阱之中。只有当固体被加热到一定程度时，它才能从陷阱中逸出，当逸出电子从导带返回禁带时，即发出蓝绿色的可见光，如图 7—3b 所示。发光强度与陷阱中的电子数有关，而电子数又取决于受照射的射线量，因此，测量发光强度，即可推算出射线的照射量。

热释光剂量元件的品种很多，目前最常用的是氟化锂（LiF）类热释光材料，其中早期的 LiF（Mg、Ti）灵敏度低，本底高，而 20 世纪 80 年代研制的 LiF（Mg、Cu、P）具有高灵敏度特性，应用日益广泛。其他热释光剂量元件有用硼酸锂（$Li_2B_4O_7$）和氟化钙（CaF_2）等。

热释光剂量元件，一经加热读数，其内部储存的辐射信息随即消失，因而它不具备复测性，但是作为剂量元件，可重复投入使用。

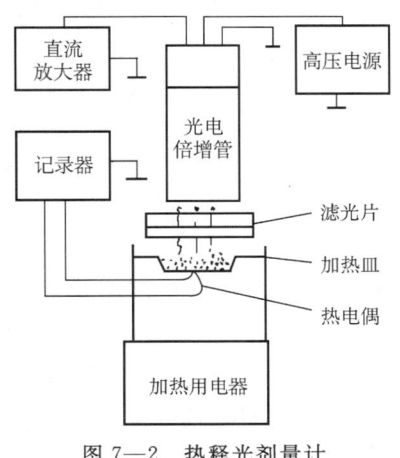

图 7—2　热释光剂量计

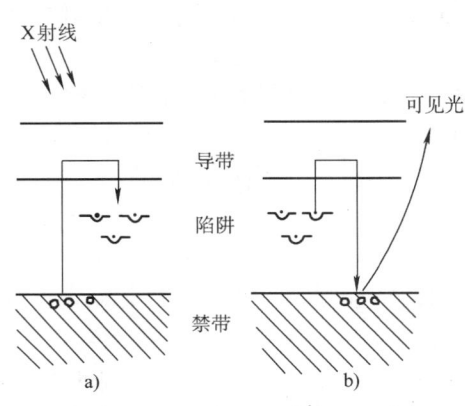

图 7—3　热释光剂量计的工作原理
a）受照　b）加热

7.3　辐射防护的原则、标准和辐射损伤机理

7.3.1　辐射防护的目的和基本原则

对于辐射防护，往往会形成两种截然相反的观念：一是马虎大意，漠不关心；二是谈虎

色变，盲目增加防护成本。这二者都是不对的。要正确实施辐射防护，必须明确辐射防护的目的和基本原则。这些目的和基本原则基于以下事实：

1. 电离辐射是不能够完全避免的，因此盲目增加防护成本是没有意义的

在人类生活的环境中，天然存在多种射线和放射性物质，称为天然本底辐射。据报道，世界上多数地区的人的年平均天然本底辐射剂量水平为 1～6 mSv。此外，各种人工辐射也不可避免，以医疗照射为例，一次诊断过程中病人受到的局部剂量大约相当于天然辐射年剂量的 1～50 倍。辐射治疗应用的剂量往往超过几个 Gy。

2. 电离辐射所致随机性效应是"线性无阈"的，因此应避免任何不合理的照射

所谓"无阈"是指不存在一个在其以下不产生人体伤害的阈值。所谓"线性"是指随机性效应发生概率随剂量的增加而增大。因此，应尽量减少不必要的照射。

辐射防护的目的有两方面：一方面，防止有害的确定性效应；另一方面，限制随机性效应的发生率，使之达到被认为可以接受的水平。

因此，辐射防护应遵循以下三个基本原则：

(1) 辐射实践的正当化，即辐射实践所致的电离辐射危害同社会和个人从中获得的利益相比是可以接受的，这种实践具有正当理由，获得的利益超过付出的代价。

(2) 辐射防护的最优化，即应当避免一切不必要的照射。在考虑经济和社会因素的条件下，所有辐射照射都应保持在可合理达到的尽可能低的水平。直接以个人剂量限值作为设计和安排工作的唯一依据并不恰当，设计辐射防护的真正的依据应是防护最优化。

(3) 个人剂量限值，即在实施辐射实践的正当化和辐射防护的最优化原则的同时，运用剂量限值对个人所受的照射加以限制，使之不超过规定。

辐射防护的三个基本原则是一个有机的统一整体，在实际工作中，应同时予以考虑，只有这样才能保证辐射防护正常和合理的进行。

7.3.2　剂量限值规定

我国现行放射防护标准 GB 18771—2002《电离辐射防护与辐射源安全基本标准》规定的剂量限值如下：

1. 职业照射剂量限值

(1) 应对任何工作人员的职业照射水平进行控制，使之不超过下述限值：

1) 由审管部门决定的连续 5 年的年平均有效剂量（但不可作任何追溯性平均），20 mSv。

2) 任何一年中的有效剂量，50 mSv。

3) 眼晶体的年当量剂量，150 mSv。

4) 四肢（手和足）或皮肤的年当量剂量，500 mSv。

(2) 对于年龄为 16～18 岁接受涉及辐射照射就业培训的徒工和年龄为 16～18 岁在学习过程中需要使用放射源的学生，应控制其职业照射使之不超过下述限值：

1) 年有效剂量，6 mSv。

2) 眼晶体的年当量剂量，50 mSv。

3) 四肢（手和足）或皮肤的年当量剂量，150 mSv。

(3) **特殊情况** 在特殊情况下，可依据标准中有关"特殊情况的剂量控制"的规定，对剂量限值进行如下临时变更：

1) 依照审管部门的规定，可将剂量平均期由 5 个连续年延长到 10 个连续年；并且，在此期间内，任何工作人员所接受的平均有效剂量不应超过 20 mSv，任何单一年份不应超过 50 mSv；此外，当任何一个工作人员自此延长平均期开始以来所接受的剂量累计达到 100 mSv 时，应对这种情况进行审查。

2) 剂量限制的临时变更应遵循审管部门的规定，但任何一年内不得超过 50 mSv，临时变更的期限不得超过 5 年。

2. 公众照射剂量限值

公众中有关关键人群组的成员所受到的平均剂量估计值不应超过下述限值：

(1) 年有效剂量，1 mSv。

(2) 特殊情况下，如果 5 个连续年的年平均剂量不超过 1 mSv，则某一单一年份的有效剂量可提高到 5 mSv。

(3) 眼晶体的年当量剂量，15 mSv。

(4) 皮肤的年当量剂量，50 mSv。

7.3.3 辐射损伤的机理

1. 关于确定性效应和随机性效应的进一步说明

辐射对机体带来的损害，分为确定性效应和随机性效应。确定性效应是指射线剂量高于某一个剂量值时，临床上即可观察到这种效应，而射线剂量低于该值时，就不会产生这种效应。随机性效应不存在剂量阈值，它的发生概率随着剂量的增大而增大。

(1) **确定性效应** 射线照射人体全部或局部组织，若能杀死相当数量的细胞，而这些细胞又不能由活细胞的增殖来补充，则细胞丢失可在组织或器官中产生临床上可检查出的严重功能性损伤，这种照射引起的生物效应称为确定性效应。可以预测，确定性效应的严重程度与剂量有关，而且存在一个阈剂量：低于阈剂量时，因被杀死的细胞较少，不会引起组织或器官出现可检查到的功能性损伤，在健康人中引起的损害概率为零。随着剂量的增大，被杀死的细胞增加，当剂量增加到一定水平时，其概率陡然上升到 100%，这个值称为剂量阈值。

人体不同组织或器官对射线照射的敏感程度差异很大。单次（即急性）低于几 Gy 的剂量照射，很少有组织表现出临床意义的有害作用。对于分散在几年中的剂量，对大多数组织在年剂量低于 0.5 Gy 时不致有严重效应。但性腺、眼晶状体及骨髓等组织或器官对辐射则表现较为敏感，一般而言，这些组织效应发生的频率随剂量增加而增加，其严重程度也随剂量增加而变化。

(2) **随机性效应** 电离辐射的随机性效应被认为无剂量阈值，其有害效应的严重程度与受照剂量的大小无关，但其发生概率随剂量的增加而增大。

随机性效应分为两大类：第一类发生在体细胞内，当电离辐射使细胞发生变异（基因突变或染色体畸变）而未被杀死，这些存活着的但发生变异的细胞能继续繁殖，经过长短不一的潜伏期，可能在受照射体内诱发癌症，此种随机性效应称为致癌效应。第二类发生在生殖组织细胞内，当电离辐射使生殖细胞发生变异，就可能传给受照射者的后代，使其后裔出现遗传疾患，这种随机性效应称为遗传效应。

2. 影响辐射损伤的因素

辐射损伤是一个复杂的过程，它与许多因素，如辐射性质、剂量、剂量率、照射方式、机体的生理状态等有关。

（1）辐射性质　辐射性质包括辐射的种类和能量。不同质的辐射在介质中的传能线密度（LET）不一，所产生的电离程度不同，因而相对生物效应有异。X 射线和 γ 射线的生物效应基本一致，而中子和 γ 相比，由于中子的 LET 较大，所以中子产生的生物效应比 γ 射线大。对同一种类型的辐射，由于射线能量不同，产生的生物效应也不同。例如，低能 X 射线造成皮肤红斑所需的照射量小于高能 X 射线。这是因为低能 X 射线主要被皮肤所吸收，而高能 X 射线照射时，将能量同时分布到较深的组织中去的缘故。

（2）剂量　剂量与生物效应之间存在着复杂的关系，一般来说，吸收剂量越大，生物效应也越大。以一次全身照射为例，不同剂量的照射对人体损伤可大致估计为：0.25 Gy 以下的一次照射，观察不出明显的病理变化；吸收剂量 0.5 Gy 左右，可见一时性迹象变化；吸收剂量再大时便出现机能的和血象的改变，因个体差异有的可能表现出轻的辐射症状；一般 1 Gy 以上能引起程度不同（轻度、重度、极重度）的急性放射病。一次全身照射的半致死剂量约 5 Gy。如剂量达 10 Gy 以上，受照者在一二个月内 100% 死亡。几十 Gy 的全身照射，可破坏中枢神经系统而在几分钟至几小时内致死。

（3）剂量率　由于人体对射线的生物损伤有一定的恢复作用，故在受照总剂量相同时，小剂量的分散照射比一次大剂量率的急性照射所造成的生物损伤要小得多。例如，若一生全身均匀照射的累积剂量为 2 Gy，并不会发生急性生物损伤，如一次急性照射的剂量为 2 Gy，则可能产生严重的躯体效应，在临床上表现为急性放射病。因此，进行剂量控制时，应尽可能低的剂量水平下分散进行。

（4）照射方式　照射方式分为外照射和内照射两种。对于射线检测工作者来说，主要是外照射。在外照射的情况下，单方向与多方向进行照射的生物损伤不一样。一次照射与多次照射，或多次照射之间的时间间隔不同所产生的生物损伤也有差别。

（5）照射部位　生物损伤与受照部位有关，受照部位不同，产生的生物损伤也不同。例如，以 6 Gy 照射全身可引起致死，而同样的剂量照射手足，可能不会发生明显的临床症状。在相同剂量和剂量率照射条件下，不同部位的辐射敏感性的高低依次排列为：腹部、盆腔、头部、胸部、四肢。因此，要特别注意腹部的防护。

（6）照射面积　在相同剂量照射下，受照面积越大，产生的效应也越大。以 6 Gy 照射为例，在几平方厘米的面积上照射，仅引起皮肤暂时变红，不会出现全身症状；受照面积增大到几十平方厘米，就会有恶心、头痛等症状出现，但经过一个时期就会消失；若再增大受照射面积，症状就会更严重，如受照面积达到全身的 1/3 以上，就有致死的危险。因此，应尽量避免大剂量的全身照射。

当然，照射面积所产生影响同时还与照射部位密切相关，如果受照部位是重要的器官所在，即使是小面积的照射也会造成该器官的严重损伤。

3. 辐射损伤的机理

电离辐射把能量传递给物质，从原子水平的激发或电离开始，继而引起分子的破坏，又进一步影响到细胞、组织、器官，还可以引起机体继发性的损伤，进而使机体组织发生一系列生物化学变化、代谢的紊乱、机能的失调以及病理形态等方面的改变。损伤严重则导致机体死亡。

电离辐射扰乱和破坏机体细胞和组织的正常代谢活动，破坏细胞和组织的结构，引起损伤的方式，既有直接的作用，也有间接的作用。

直接的作用是指射线照射生物体时，与肌体细胞、组织、体液等物质相互作用，引起物质的原子或分子电离，甚至可以直接破坏机体内某些大分子结构，如使蛋白分子链断裂、核糖核酸或脱氧核糖核酸的断裂、破坏一些对物质代谢有重要意义的酶等。

间接作用是指射线通过电离生物体内广泛存在的水分子，形成一些自由基，通过这些自由基的作用来损伤机体。所谓自由基是指有一个或多个不配对电子而能独立存在的分子或原子，具有极高的不稳定性和化学反应性，存在时间极其短暂，但却能迅速地引起其他生物分子结构的破坏。

电离辐射的生物作用是一个包含着一系列矛盾的非常复杂的过程。机体从吸收能量到引起损伤有其特有的原发和继发反应过程，要经历许多性质不同而又相互联系的变化，在作用时间上可以从 10^{-16} s 延伸至数年或更长。人的机体又存在着对损伤进行修复的能力，损伤和修复几乎是同时进行的，无论是大分子损伤或是自由基的产生，体内都有相应的修复机制，一旦损伤因素解除，机体在短时间内即能恢复。

7.4 辐射防护的基本方法和防护计算

7.4.1 辐射防护的基本方法

辐射防护的目的在于控制辐射对人体的照射，使之保持在可以合理做到的最低水平，保证个人所受到的当量剂量不超过规定标准。

对于工业射线检测而言，只需要考虑外照射的防护。总的来说，外照射的防护比内照射的防护容易解决。下面的三个因素是外照射防护的基本要素：

①时间——控制射线对人体的曝光时间；②距离——控制射线源到人体间的距离；③屏蔽——在人体和射线源之间隔一层吸收物质。

下面分别论述这三个要素。

1. 时间

众所周知，在具有恒定剂量率的区域里工作的人，其累积剂量正比于他在该区域内停留的时间。

$$剂量 = 剂量率 \times 时间$$

从上式可见，在照射率不变的情况下，照射时间越长，工作人员所接受的剂量越大。为了控制剂量，对于个人来说，就要求操作熟练，动作尽量简单迅速，减少不必要的照射时间。为确保每个工作人员的累积剂量在允许的剂量限值以下，有时一项工作需要几个人轮换操作，从而达到缩短照射时间的目的。

2. 距离

增大与辐射源间距离的可以降低受照剂量。这是因为，在辐射源一定时，照射剂量或剂量率与离源的距离平方成反比。即

$$\frac{D_1}{D_2} = \frac{R_2^2}{R_1^2} \quad \text{或} \quad D_1 R_1^2 = D_2 R_2^2 \tag{7—16}$$

式中　D_1——距辐射源 R_1 处的剂量或剂量率；
　　　D_2——距辐射源 R_2 处的剂量或剂量率；
　　　R_1——辐射源到 1 点的距离；
　　　R_2——辐射源到 2 点的距离。

从上式可见，当距离增加一倍时，剂量或剂量率减少到原来的 1/4。其余依次类推。在实际工作中，为减少工作人员所接受的剂量，在条件允许的情况下，应尽量增大人与辐射源之间的距离，尤其是在无屏蔽的室外工作，应尽量利用连接电缆长度达到距离防护的目的。无论何时何种情况，不得用手直接抓取放射源。

3. 屏蔽

在实际工作中，当人与辐射源之间的距离无法改变，而时间又受到工艺操作的限制时，欲降低工作人员的受照剂量水平，只有采用屏蔽防护。屏蔽防护就是根据辐射通过物质时强度被减弱的原理，在人与辐射源之间加一层足够厚的屏蔽，把照射剂量减少到容许剂量水平以下。

（1）屏蔽方式　根据防护要求的不同，屏蔽物可以是固定式的，也可以是移动式的。属于固定式的屏蔽物是指防护墙、地板、天花板、防护门等。属于移动式的如容器、防护屏及铅房等。

（2）屏蔽材料　用作 γ 射线和 X 射线的屏蔽材料是多种多样的。按道理讲，任何材料对射线强度都有程度不同的削弱，但原子序数高的或密度大的防护材料，其防护效果更好。在实用中，铅和混凝土是最常用的防护材料。

总之，屏蔽材料必须根据辐射源的能量、强度、用途和工作性质来具体选择，同时还必须考虑成本和材料来源。

7.4.2　照射量的计算

照射量和居里的关系式

$$P = AK_\gamma t / R^2 \tag{7—17}$$

式中　P——照射量，R；
　　　A——放射性活度，Ci；
　　　K_γ——γ 常数（照射量率常数），R·m²/(h·Ci)；
　　　R——到点源的距离，m；

t——受照时间，h。

同理，照射率和居里的关系式是：
$$\dot{P} = AK_\gamma/R^2 \text{(R/h)} \tag{7—18}$$

式中符号的物理意义和单位同式（7—17）。

K_γ 是放射性同位素本身的一种属性，表示从 1Ci 点源释放出的未经过滤的 γ 射线在距源 1 m 处所造成的照射率（R/h），K_γ 常数的单位为伦·米^2/时·居里［R·m^2/(h·Ci)］。射线检测中常用放射源的 K_γ 常数列于表 7—5 中。

表 7—5　　　　　　　　　常见 γ 源的 K_γ 常数

γ 源名称	K_γ [R·m^2/(h·Ci)]	K_γ [×10^{-16} C·m^2/(kg·h·Bq)]
Co60	1.32	92
Cs137	0.32	22.3
Tm170	0.001 4	0.097
Ir192	0.472	32.9
Se75	0.20	13.9

前面列出的照射量（或照射量率）与放射性活度的关系式的适用条件是，放射源必须是点源。所谓点源是指测量点到源距离（R）应至少比源的尺寸大 5~10 倍，满足此条件即可把源看做点源。

【例】　今有探伤用 Co60 源 5Ci，工作人员操作时离源 5 m，问工作人员所在处的照射率是多少？

解：由式（7—18）得：　　　　　　$\dot{P}=AK_\gamma/R^2$
已知　　　　　　　　　　　　　　$A=5$ Ci，$R=5$ m
从表 7—5 查得　　　　　　　　　$K_\gamma=1.32$ R·m^2/(h·Ci)
代入式中，得　　　　　　　　　　$\dot{P}=5\times1.32/5^2=0.26$ R/h

答：工作人员所在处照射率为 0.26 R/h。

7.4.3　防护计算

以下分别介绍时间、距离、屏蔽防护计算的方法。

1. 时间防护

【例 1】　已知辐射场中某点的剂量率为 50 μSv/h，在不超过剂量限值的情况下，问工作人员每周可从事工作多少时间？

解：放射性工作人员年剂量限值为 50 mSv，一年的工作时间按 50 周计算，每周的剂量限值为 50 mSv/50＝1 mSv＝10^3 μSv

因为，剂量＝剂量率×时间，即 $P=\dot{P}t$
所以有　　　　　　　　　　　　　1 000＝50t
　　　　　　　　　　　　　　　　$t=1 000/50=20$ h

答：每周可以工作 20 h。

【例2】 如果一个工作人员，每周需要在某照射场停留 40 h，在不允许超过剂量限值的情况下，试问照射场中所允许的最大剂量率为多少？

解：由上题已知每周的剂量限值为 1 000 μSv

由

$$P = \dot{P} t$$

得

$$1\,000 = \dot{P} \cdot 40$$

$$\dot{P} = 1\,000/40 = 25 \text{ μSv/h}$$

答：照射场中所允许的最大剂量率为 25 μSv/h。

2. 距离防护

【例3】 距离一个特定的 γ 源 2 m 处的剂量率是 400 μSv/h（40 mrem/h），在距源多远处的剂量率为 25 μSv/h（2.5 mrem/h）？

解：

$$D_1 R_1^2 = D_2 R_2^2$$

$$400 \times 2^2 = 25 \times R_2^2$$

所以

$$R_2^2 = 64, \quad R_2 = 8 \text{ m}$$

答：离源 8 m 处其剂量率为 25 μSv/h（2.5 mrem/h）。

3. 屏蔽防护的近似计算

当需要快速计算屏蔽防护时，可根据所需半价层（或 1/10 价层）个数来确定防护层厚度。在第 1 章第 3 节中曾给出半价层定义，所谓半价层厚度 $T_{1/2}$ 是指将入射 X 或 γ 光子的照射量（或照射率）减弱一半所需的屏蔽层厚度。同理可定义 1/10 价层厚度 $T_{1/10}$，后者是指将入射 X 或 γ 光子的照射量（或照射率）减弱到 1/10 所需的屏蔽层厚度。

$T_{1/2}$ 和 $T_{1/10}$ 之间下列关系：

$$T_{1/2} = 0.301\, T_{1/10} \tag{7—19}$$

$$T_{1/10} = 3.32\, T_{1/2} \tag{7—20}$$

利用半价层计算屏蔽厚度的公式：

$$I_0/I = 2^n \tag{7—21}$$

$$d = n T_{1/2} \tag{7—22}$$

式中 I_0——屏蔽前的射线强度；

I——屏蔽后的射线强度；

n——半价层个数；

d——屏蔽层厚度；

$T_{1/2}$——半价层厚度。

通过半价层计算确定屏蔽层厚度的步骤如下：

（1）求出屏蔽前的照射量（或照射率）I_0。

（2）确定屏蔽后的安全剂量 I（国家标准规定 $I = 2.5$ μSv/h）。

（3）根据公式 7—21 求出半价层个数 n 值。

（4）根据射线能量和屏蔽物质的种类由表 7—6 或 7—7 查出 $T_{1/2}$。

（5）根据公式 7—22 求出屏蔽层厚度值 d。

【例4】 将 Co60 照射量率减小到 1/2 000，所需铅防护层厚度为多少？

解：

$$I_0/I = 2\,000 = 2^n$$
$$n\lg2 = \lg2\,000$$
$$n = \lg2\,000/\lg2 = 10.96 \approx 11$$

由表 7—6 查出 Co60 的 $T_{1/2} = 1.06$ cm

所以 $$d = n \cdot T_{1/2} = 11 \times 1.06 = 11.7 \text{ cm}$$

答：所需铅防护层厚度为 11.7 cm。

【例 5】 离 250 kV X 光机一定距离处测得照射率为 200 mR/h，若要将该点照射率降到 10 mR/h，试估算所需混凝土屏蔽厚度？

解： 减弱倍数 $K = 200/10 = 20 = 2^n$，$n = \lg20/\lg2 = 4.3$

即需 4.3 个 $T_{1/2}$，由表 7—7 查得 250 kV 时混凝土的 $T_{1/2} = 2.8$ cm，所以混凝土屏蔽层的厚度为 $4.3 \times 2.8 = 12$ cm。

答：所需混凝土厚度为 12 cm。

表 7—6　　　　　　　　　γ 射线的半价层 $T_{1/2}$ 的厚度值　　　　　　　　　　cm

γ 射线能量 (MeV)	屏蔽物质			
	水	水泥	钢	铅
0.5	7.4	3.7	1.1	0.4
0.6	6.0	3.9	1.2	0.44
0.7	8.6	4.2	1.3	0.59
1.1	10.6	5.2	1.6	0.97
1.2	11.0	5.5	1.6	1.03
1.3	11.5	5.7	1.7	1.1

表 7—7　　强衰减、宽 X 射线束的近似半价层厚度 $T_{1/2}$ 和 1/10 价层厚度 $T_{1/10}$

峰值电压 (kV)	$T_{1/2}$ (cm)		$T_{1/10}$ (cm)	
	铅	混凝土	铅	混凝土
50	0.006	0.43	0.017	1.5
70	0.017	0.84	0.052	2.8
100	0.027	1.6	0.088	6.3
125	0.028	2.0	0.093	6.6
150	0.030	2.24	0.099	7.4
200	0.052	2.5	0.17	8.4
250	0.088	2.8	0.29	9.4
300	0.147	3.1	0.48	10.9
400	0.250	3.3	0.83	10.9
500	0.360	3.6	1.19	11.7
1 000	0.790	4.4	2.6	14.7

应该指出，利用半价层计算屏蔽厚度虽然简单方便，但只是一种近似算法。无论对单色射线还是连续射线，只要有散射线存在，即属于宽束的情况，其半价层就不是固定数值，半

价层厚度随防护层的厚度增加而增加。但在厚度很大时，半价层的厚度不再随防护层的增加而增加。因此，根据所需半价层的数目而计算出的防护层不够准确。

4. 精确计算确定屏蔽层厚度时应考虑的因素

屏蔽层厚度的精确计算，首先要根据 GB 18871—2002《电离辐射防护与辐射源安全基本标准》的规定，确定职业照射和公众人员的安全剂量限值，以及企业所选用的射源种类和活度，屏蔽材料种类以及透照室的面积和用途。

由于 X 和 γ 射线的能谱有所不同，因此，在精确计算屏蔽层厚度时所考虑的因素和计算方法及计算公式并不相同。

（1）确定 γ 射线屏蔽层厚度的精确计算必须考虑散射线的影响，计算时应用公式 $I=(1+n)I_0e^{-\mu d}$。但由于散射比 n 不是确定数值，与屏蔽层厚度有关，所以要根据具体情况预设屏蔽层厚度值，由散射线数据表中查出该厚度下的散射比 n，带入公式，通过逐步逼近法，进行反复多次计算，最终求出精确厚度。由于计算烦琐，在此不做介绍。

（2）由于 X 射线的能谱是连续谱，很难用公式准确的计算它们在物质中减弱，一般通过 X 射线在各种屏蔽材料中的吸收曲线来确定其减弱程度，吸收曲线（减弱曲线）示例如图 7—4 和图 7—5 所示。

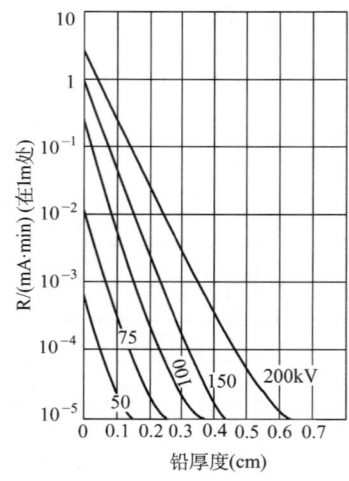

图 7—4 管电压为 50～200 kV 的宽束 X 射线穿过铅（密度 11.35 g/m³）的减弱曲线

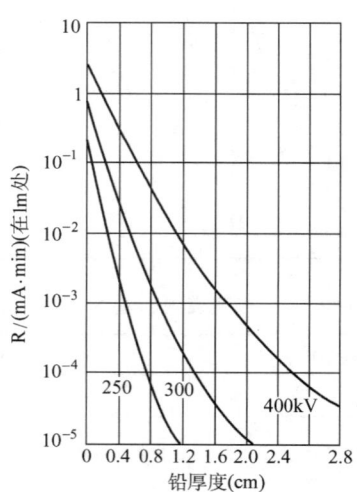

图 7—5 管电压为 250～400 kV 的宽束 X 射线穿过铅（密度 11.35 g/m³）的减弱曲线

X 射线屏蔽层厚度的计算包括两个方面内容：防护初级射线的主屏蔽层厚度和防护散射线的次屏蔽层厚度。计算时要考虑多项因素：

1) 工作负荷 W　指周工作负荷，在数值上，等于每周 X 射线机的曝光时间 t（分）与管电流 I（毫安）的乘积，即 $W=It$。单位：毫安·分/每周。W 一般取数周或 1 年工作量的平均值，它表征 X 射线机使用的频繁程度，同时也是输出量多少的一种标志。

2) 居留因子 T　它是表示工作人员在工作场所停留情况的因子，是一种与工作负荷 W 相乘之后，用以校正有关区域的居留程度和类型的因素。在屏蔽设计中分全居留、部分居留与偶然居留三种情况选取 T 值。

全居留，$T=1$。对于控制区，包括控制室、暗室、工作室、走廊、休息室、职业性照射人员常规使用的办公室。对于非控制区包括位于 X 机房邻近建筑物中用于居留的地方。如商店、办公室、居住区、运动场所等。

部分居留，$T=1/4$。包括非控制区中日常非职业性照射人员所用的公共走廊、公共房间、休息室及娱乐室、电梯及无人管理的停车场。

偶然居留，$T=1/16$。包括非控制区的公共浴室、楼梯、自动电梯、行人或车辆通过的外部区域。

3）使用因子 U 它是表示射线利用程度的一个因素，即有用射线（初级束）射向有关点的工作负荷的分数。在屏蔽计算时按充分使用、部分使用与不常使用三种情况选 U 值。

充分使用，$U=1$。它直接受射线照射。如透照室直接受到有效射线束照射的门、墙及一花板。

部分使用，$U=1/4$。指不直接受射线照射。如透照室不直接受到有效射线束照射的门、墙。

不常使用，$U=1/16$。指基本上不受到有效射线束的照射。如透照室不经常受到有效射线束照射的天花板。

确定 X 射线屏蔽层厚度的精确计算也很复杂，在此也不做介绍。

7.4.4　屏蔽防护常用材料

1. 对屏蔽材料的要求

虽然理论上任何物质都能使穿过的射线受到衰减，但并不是都适合作屏蔽防护材料。在选择屏蔽防护材料时，必须从材料的防护性能、结构性能、稳定性能和经济成本等方面综合考虑。

（1）防护性能　防护性能主要是指材料对辐射的衰减能力，也就是说，为达到某一预定的屏蔽效果所需材料的厚度和质量。在屏蔽效果相当的情况下，成本差别不大，厚度最薄，质量最轻的材料最理想。此外，还应考虑所选材料在衰减入射的过程中不产生贯穿性的次级辐射，或即使产生，也非常容易吸收。

（2）结构性能　屏蔽材料除应具有很好的屏蔽性能，还应成为建筑结构的部分。因此，屏蔽材料应具有一定的结构性能，包括材料的物理形态、力学特性和机械强度等。

（3）稳定性能　为保持屏蔽效果的持久性，要求屏蔽材料稳定性能好，也就是材料具有抗辐射的能力，而且当材料处于水、汽、酸、碱、高温环境时，能耐高温、抗腐蚀。

（4）经济成本　所选用的屏蔽材料应成本低、来源广泛、易加工，且安装、维修方便。

2. 常用屏蔽防护材料及特点

屏蔽 X 射线和 γ 射线常用的材料有两类：一类是高原子序数的金属，另一类是低原子序数的建筑材料。

（1）铅　原子序数 82，密度 $11\,350\ \text{kg}\cdot\text{m}^{-3}$。具有耐腐蚀、在射线照射下不易损坏和强衰减 X 射线的特性，是一种良好的屏蔽防护材料。但铅的价格贵，结构性能差，机械强度差，不耐高温，具有化学毒性，对低能 X 射线散射量较大。选用时需根据情况具体分析，例如，用作 X 射线管管套内衬防护层、防护椅、遮线器、铅屏风和放射源容器等。

在 X 射线防护的特殊需要中，还常采用含铅制品，如铅橡皮、铅玻璃等。铅橡皮可制成铅橡胶手套、铅橡胶围裙、铅橡胶活动挂帘和各种铅橡胶个人防护用品等；铅玻璃保持了玻璃的透明特性，可做 X 射线机透视荧光屏上的防护用铅玻璃，以及铅玻璃眼镜和各种屏蔽设施中的观察窗。

（2）铁　原子序数 26，密度 $7\,800\ \text{kg}\cdot\text{m}^{-3}$。铁的机械性能好，价廉，易于获得，有较好的防护性能，因此，是防护性能与结构性能兼优的屏蔽材料，通常多用于固定式或移动式防护屏蔽。对 100 kV 以下的 X 射线，大约 6 mm 厚的铁板就相当于 1 mm 厚铅板的防护效果。因此，可在很多地方用铁代铅。

（3）砖　价廉、通用、来源容易。在医用诊断 X 射线能量范围内，一砖厚（24 cm）实心砖墙约有 2 mm 的铅当量。对低 kV 产生的 X 射线，砖的散射量较低，故是屏蔽防护的好材料，但在施工中应使砖缝内的砂浆饱满，不留空隙。

（4）混凝土　由水泥、粗骨料（石子）、沙子和水混合做成，密度约为 $2\,300\ \text{kg}\cdot\text{m}^{-3}$，含有多种元素。混凝土的成本低廉，有良好的结构性能，多用作固定防护屏障。为特殊需要，可以通过加进重骨料（如重晶石、铁矿石、铸铁块等），以制成密度较大的重混凝土。重混凝土的成本较高，浇注时必须保证重骨料在整个防护屏障内的均匀分布。

第 8 章 其他射线检测方法和技术

除了以 X 射线和 γ 射线为探测手段，以胶片作为信息载体的常规射线照相方法外，还有许多其他种射线检测方法：例如，利用加速器产生的高能 X 射线进行检测的高能射线照相，利用中子射线进行检测的中子射线照相，应用数字化技术的图像增强器射线实时成像、计算机 X 射线照相（CR）、线阵列扫描成像（LDA）、数字平板成像（DR），以及层析照相等。此外还有一些特殊照相方法，例如，几何放大照相、移动照相、康普顿散射照相等。

本章重点介绍在目前工业生产中得到应用的高能射线照相、图像增强器射线实时成像，以及近年来发展很快的数字化成像技术。

8.1 高能射线照相

能量在 1 MeV 以上的 X 射线被称为高能射线。工业检测使用的高能射线大多数是通过电子加速器获得的。工业射线照相通常使用两种加速器，即回旋加速器和直线加速器。

8.1.1 电子回旋加速器和电子直线加速器

1. 电子回旋加速器

电子回旋加速器采用变压器的磁感效应使电子加速。变压器的一次绕组与交流电源连接，使铁心上的二次绕组产生的电压等于二次绕组的匝数与磁通量的时间变化速率的乘积，产生的电子流由存在于导线中的自由电子构成，电子回旋加速器本质上是一个变压器。如图 8—1 所示。

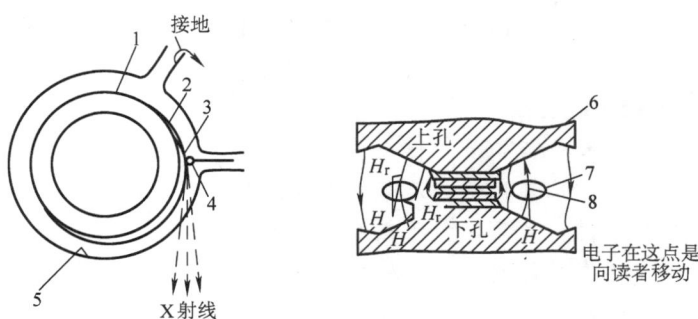

图 8—1 电子回旋加速器示意图

1—平衡轨道 2—盘形轨道 3—靶结构 4—发射器 5—内部深靶 6—钢片 7—环形室 8—电子轨道

二次绕组是一个抽成真空的环形管,又称为环形真空室。环形管通常是瓷制的,内侧涂有导电的靶层并接地。除了代替导线之外,环形管还用来容纳被加速做高速旋转的电子。

环形真空管位于产生脉冲磁场的电磁体的两级之间,射入管中的电子由于磁场作用将在环形通道中加速,作用在粒子上的力与磁通量变化速率和磁场大小成正比。被加速电子在撞击靶之前要环绕轨道转几十万圈,以获得足够的能量。

电子回旋加速器的焦点很小,照相几何不清晰度小,可以获得高灵敏度的照片,但设备复杂,造价高,体积大,射线强度低,影响了它的应用。

2. 直线加速器

直线加速器的主体是由一系列空腔构成的加速管,空腔两端有孔可以使电子通过,从一个空腔进入到下一个空腔。直线加速器使用射频(RF)电磁场加速电子,利用磁控管产生自激振荡发射微波,通过波导管把微波输入到加速管内。加速管空腔被设计成谐振腔,由电子枪发射的电子在适当的时候射入空腔,穿过谐振腔的电子正好在适当的时刻到达磁场中某一加速点被加速,从而增加了能量,被加速的电子从前一腔体出来后进入下一个空腔被继续加速,直到获得很高能量。电子到靶时的速度可达光速的 99%,高速电子撞击靶产生高能 X 射线。目前用于探伤的有两种直线加速器,一种采用行波加速,另一种采用驻波加速。

与电子回旋加速器相比,直线加速器焦点稍大,但其体积小,电子束流大,所产生的 X 线强度大,更适合用于工业射线照相。

8.1.2 高能射线照相的特点

在应用方面,高能射线照相有以下五个特点:

1. 射线穿透能力强,透照厚度大

目前 X 射线机对钢的穿透厚度通常小于 100 mm,Co60γ 射线对钢的穿透厚度极限约 200 mm,而工业应用的高能射线的能量范围在 1~24 MeV,对钢透照厚度可达 400 mm 以上,因此,对 200 mm 以上大厚度工件射线照相,高能射线几乎是唯一选择。

2. 焦点小,焦距大,照相清晰度高

高能 X 射线装置体积比一般 X 射线探伤机要大得多,散热问题比较好解决,所以焦点可以做得很小。如电子回旋加速器只有 0.3~0.5 mm,直线加速器焦点也只有 1~3 mm。另外,为保证足够大的辐照场,高能射线照相需要选用大焦距,小焦点和大焦距均有利于提高照相清晰度。

3. 散射线少,照相灵敏度高

在高能范围,射线光量子与物质的作用主要是康普顿散射和电子对效应,散射比变化趋势是随着射线能量的提高散射比不断降低。另一方面,由于相互作用过程所产生的次级粒子具有很高的能量,所引起的进一步散射主要集中在一次射线方向,大角度散射总量少。因此,高能射线照相散射比小,照相灵敏度高(见图 8—2)。

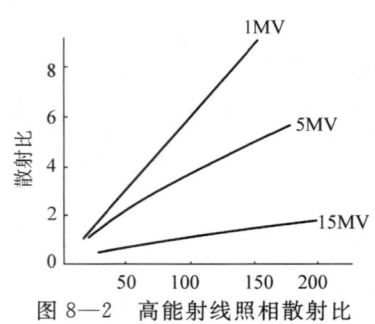

图 8—2 高能射线照相散射比

4. 射线强度大，曝光时间短，可以连续运行，工作效率高

直线加速器距离靶 1 m 处的剂量可达 4～100 Gy/min，大大高于应用于工业检测的各种 γ 射线源的剂量率。普通工业 X 射线机工作与间歇之比一般是 1∶1，而加速器可以连续运行不需间歇。因此，采用直线加速器照相透照工件的曝光时间很短，尤其对于大厚度工件照相的工作效率很高，透照 100 mm 厚的钢工件曝光时间约为 1 min 左右，这是其他设备所无法比拟的。

5. 照相厚度宽容度大

物质对高能射线吸收规律明显不同于低能射线，其吸收系数随能量变化较缓慢。大致在 1～10 MeV 范围，物质的射线吸收系数随能量增高缓慢减小，而在 10～100 MeV 范围，物质的射线吸收系数随能量增高缓慢增大。这种变化规律使高能射线照相具有很大的厚度宽容度。

应用高能射线照相对厚度差异大的试件，如曲轴、涡轮叶片等进行检测，可不需要考虑采用补偿块或其他特殊的工艺措施，即使工件的厚度相差一倍也能达到一般标准所规定的黑度要求，而低能射线照相则达不到这样的厚度宽容度。

8.1.3 高能射线照相的几个技术数据

1. 固有不清晰度

高能 X 射线装置焦点小，且高能射线照相时，为了得到足够大的照射场，通常采用较大的焦距。因此，几何不清晰度较小，而固有不清晰度却因为射线能量高而较大。与低能 X 射线照相检验时相反，固有不清晰度成为影响高能射线照相清晰度的主要因素。表 8—1 给出的是高能射线照相的固有不清晰度值。

表 8—1　　　　　　　　　　　高能射线照相的固有不清晰度

能量（MeV）	1	2	4	8	10	16
U_i (mm)	0.15	0.3	0.4	0.6	0.8	1.0

2. 灵敏度

在大多数材质和厚度范围内，如果工艺正确，高能射线照相灵敏度能够达到或低于 1%，图 8—3 所示为钢的高能射线照相的线型像质计的灵敏度曲线。

3. 增感屏

高能射线照相中，前屏的厚度对增感和滤波作用均产生显著影响，而后屏的厚度对增感来说相对不重要。因此，高能射线照相时，可以不使用后屏。实验证明，某些条件下高能射线照相的灵敏度在不使用后屏时反而有所提高，这一点与常规射线照相有所不同。实际照相时，前屏通常选择厚度 0.25 mm 左右的铅增感屏，如使用后屏，其厚度可与前屏相同。

高能射线照相的增感屏厚度可根据表 8—2 的数据选择。

除铅之外，还可以根据实际需要采用铜、钽及钨等材料做增感屏，以满足不同的探伤要求。

射线检测

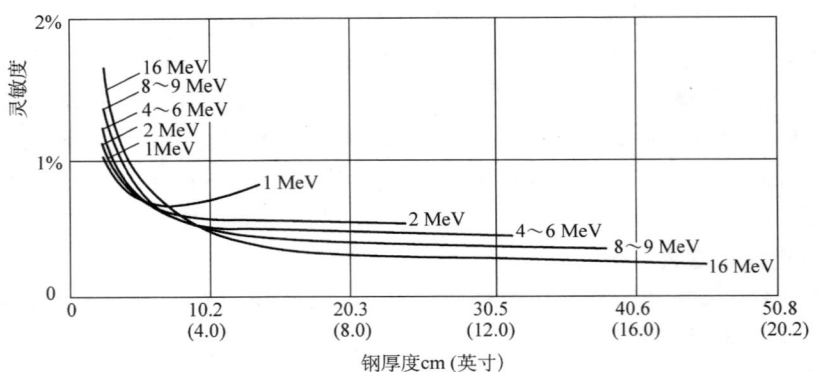

图 8—3　钢的高能射线照相的线型像质计的灵敏度

表 8—2　　　　　　　　　　　增感屏的选择

MeV	1	2	4	8	16
最大增感时前铅屏厚度（mm）	0.12	0.25	0.51	1.02	1.52
最佳影像时前铅屏厚度（mm）	0.05～0.13	0.13～0.25	0.25	0.51～0.76	0.76～1.27

8.1.4　直线加速器的结构、原理及操作

现以 Varian 公司的直线加速器为例，介绍直线加速器的结构、原理和操作。

1. 结构和原理

直线加速器由电流调整系统、控制操作台和主机三个部分组成。

（1）电流调整系统　380 V 的三相电经过稳压系统稳压后，经高压供电系统（H.V.P 系统）并通过调制解调器提供整个加速器各部分的电源。

（2）控制操作台　在控制操作台面板上可以预置摄片曝光时间和剂量（Gy数）。在透照过程中，若曝光时间与剂量数有一项已达到预置数时设备即停止射线输出。面板上还设有自锁控制故障的指示系统。如高压、真空、氟利昂真空、调制器门限位、挡板钥匙等联锁系统，只要有一个故障指示灯亮着，就无法使射线输出，必须排除故障以后才能输出射线。

（3）主机　主机是该设备的核心部分。主要由电子枪、加速管、靶、波导管、磁控管、自动频率调整系统、剂量测试系统、均整器、准直器及高真空系统、激光对焦系统组成。

直线加速器的总体布置如图 8—4 所示，其工作原理如图 8—5 所示。

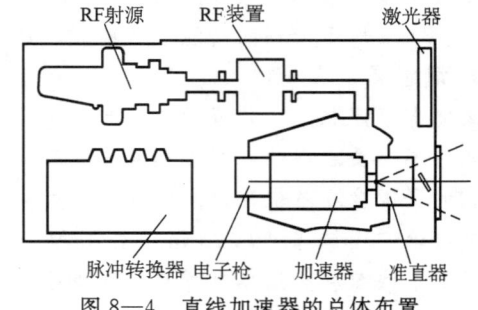

图 8—4　直线加速器的总体布置

加速管是由若干微波谐振腔组成的耦合谐振腔列，为了减少电子在加速过程中的阻力，其表面粗糙度要求很高，而且真空度要求达到 10^{-8}～10^{-9} mmHg，要比普通 X 光机高

出 2 个数量级，这样的真空度是无法用机械泵来达到的。所以加速器使用了钛泵，并要求钛泵连续工作，以保证加速管内的高真空度。

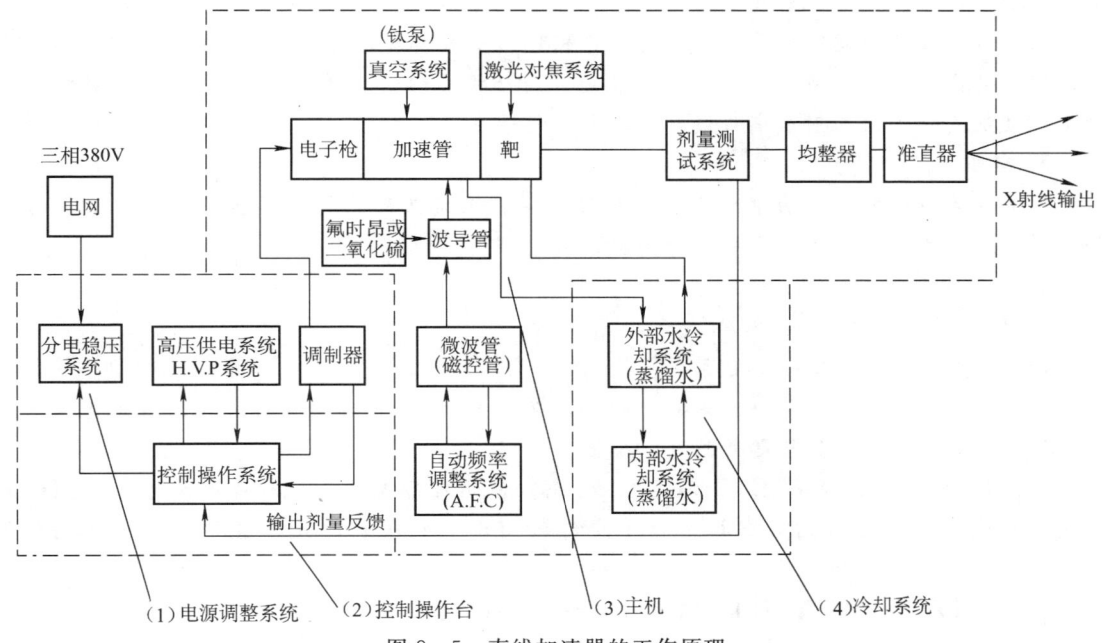

图 8—5　直线加速器的工作原理

因为电子能量很高，靶散热十分重要，故加速器采用了散热性能好而原子序数并不太大的铜为靶材。

自动频率调整系统，即 A.F.C 系统，对整个机器的正常工作是十分重要的。当环境温度变化时会引起加速管结构尺寸的变化，此时工作频率也应随之变化使之保持谐振，否则将引起射频电压和强度的波动，甚至能导致整个机器不工作。A.F.C 系统的主要作用就是用来实现自动跟踪，以使磁控管的工作频率始终等于加速管结构谐振频率，从而使整个机器正常工作。

射线剂量测试系统是放在靶前的电离式的计量仪器，用于测试射线的强度，并反馈到总控制台，以计算总的曝光剂量。

由加速器中产生的 X 射线辐射场，在横断面上的辐射强度很不均匀，线束中心的强度比中心以外部位的强度高出很多，射线能量越高，这种情况越显著。为了使射线束具有足够大的比较均匀的辐照场，工业高能 X 射线照相装置中经常采用均整器。均整器是一个用铅、钨等用重金属制作的挡块，整机出厂前已校正好。均整器

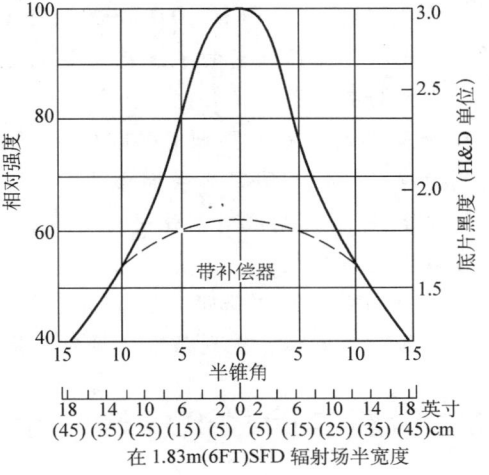

图 8—6　Varian 2000 型 Linatron 机 X 射线强度分布

改变辐射场均匀度的情况如图 8—6 所示。

准直器也由重金属做成,其作用是限制射出的射线束范围,使射线束更加集中,只照射需要照射的部位,减少散射线。

该设备还设有激光对焦系统,在射线照相时,可用该系统使射线中心束对准被照工件中心。使摄片操作更加方便、可靠。其原理是:用一镜面的金属薄平板,45°放置于射线中心线上,使反射激光束与射线中心线重合,来达到对焦的目的。

2. 操作

首先应按该机器的说明书编制操作规程。操作人员必须熟悉该设备工作原理及操作程序。并经过严格培训后方可上机进行操作。

拍片的操作程序:

(1) 按 RESET 待机键⇒ON 指示灯亮。

(2) 按 ON 开机键⇒ON 指示灯亮。

(3) 根据摄片曝光条件(可查曝光曲线)在时间设置和剂量设置手轮上设置曝光条件。

(4) 打开 X—RAYS 钥匙开关到 ON 挡。

(5) 按 RAED/COMPLETE⇒READ 灯亮,说明准备就绪。此时观察总控制台上的故障指示灯是否全部熄灭。若有指示灯亮应对该指示灯所代表的故障进行排除,使之全部熄灭。

(6) 按 BEAM.ON 键⇒BEAM.ON 指示灯亮并产生高能 X 射线。

(7) 工作完毕必须按 STADBY 键使处于"备用状态",即该机器其他部分已停止工作,只有钛泵还在工作,以保证该加速管内的高真空度。

8.1.5 高能射线的辐射防护

加速器产生的高能射线,不但能量高,而且强度也很大。以美国 Varian 公司生产的 Linatron400 型为例,该设备在距离靶 1 m 处每分钟射线输出的剂量是 4 Gy,能量为 4 MeV。而人体全身辐射的半致死剂量就是 4 Gy。若人员被该设备误照是十分危险的,因此,必须做好安全防护工作。

1. 加速器的防护主要采用屏蔽保护,加速器屏蔽室必须进行专门的安全防护设计,室外的剂量率必须低于国家卫生标准。

2. 因为高能 X 射线对空气进行电离后产生的臭氧和氮氧化物对人体有害,故室内必须安装通风机进行换气。

3. 对于直线加速器来说,除了高能 X 射线的误伤害防护之外,还应进行微波辐射防护,同时还要预防高电压、氟利昂气体等对人体的危害。

8.2 射线实时成像检测技术

所谓射线实时成像检测技术,是指在曝光的同时就可观察到所产生的图像的检测技术。这就要求图像能随着成像物体的变化迅速改变,一般要求图像的采集速度至少达到 25 帧/s

(PAL 制)。能达到这一要求的装置有较早使用的 X 射线荧光检测系统,以及目前正在应用的图像增强器工业射线实时成像检测系统。

8.2.1 射线实时成像检测系统的进展

早期的射线实时成像检测系统是 X 射线荧光检测系统,它采用荧光屏将 X 射线照相的强度分布转换为可见光图像,20 世纪 50 年代引入了电视系统,通过电视摄像,在监视器上观察图像。荧光屏图像由于存在图像亮度低(仅为 0.3×10^{-3} cd/m² 左右)、颗粒粗和对比度低的缺点,所以其细节显示不清,灵敏度远低于胶片图像。20 世纪 70 年代以后,科技的发展使得射线实时成像检测质量得到了很大改进,这主要包括:

1. 采用图像增强器代替简单的荧光屏,实现图像亮度和对比度增强。
2. 采用微焦点或小焦点射线源,以投影放大方式进行射线照相。
3. 引入数字图像处理技术,改进图像质量。

目前,射线实时成像检测灵敏度已基本上能满足工业检测要求,在中等厚度范围其灵敏度已接近胶片射线照相的水平。

图 8—7 所示为目前在工业中应用较广泛的采用图像增强器的工业射线实时成像检测系统。

图像增强器是系统最重要的部件,其基本结构如图 8—8 所示,它由外壳、射线窗口、输入屏、聚焦电极和输出屏组成。射线窗口由钛板制成,既具有一定的强度,又可以减少对射线的吸收。输入屏包括输入转换屏和光电层。输入转换屏采用 CsI 晶体制做,其发射的可见光处于蓝色和紫外谱范围,以与光电层的谱灵敏度相匹配,输入转换屏吸收入射射线,将其能量转换为可见光发射。光电层将可见光能量转换为电子发射。聚焦电极加有 25~30 kV 的高压,加速电子,并将其聚集到输出屏。输出屏将电子能量转换为可见光发射。在图像增强器中实现下述的转换过程:

射线 → 可见光 → 电子 → 可见光

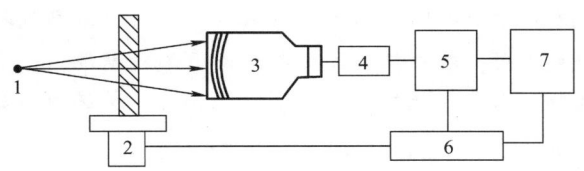 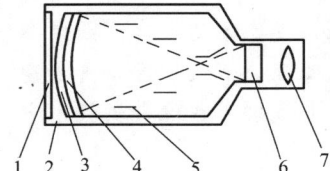

图 8—7 图像增强器的工业射线实时成像检测系统
1—射线源 2—工件与机械驱动系统 3—图像增强器 4—摄像机
5—图像处理器 6—计算机 7—显示器

图 8—8 图像增强器基本结构
1—射线窗口 2—外壳 3—输入转换屏
4—光电层 5—聚焦电极 6—输出屏 7—透镜

经过图像增强器所得到的可见光图像亮度,比简单的荧光屏图像亮度可提高 30 倍至 10 000 倍。图像增强器输出屏上的可见光图像,由数字式摄像机摄取,将模拟信号转换为数字信号,然后送入图像处理器,进行各种图像处理以改善图像质量,处理后的图像送入显示器显示。

8.2.2 射线实时成像检测系统的图像特性

1. 射线实时成像系统图像的构成要素

射线实时成像系统的图像构成要素包括像素和灰度。

(1) 像素　像素是构成数字图像的基本单元。如果把数字图像放大许多倍，会发现这些连续图像其实是由小点组成，这些小点就是构成影像的最小单位"像素"（Pixel）。对一幅图来说，像素越多，单个像素的尺寸越小，图像的分辨率就越高。

图像增强器射线实时成像系统的图像像素与多个因素有关：CRT显示器图像的像素取决于扫描密度，例如，由1 024行水平扫描和768行垂直扫描构成的图像，包含有1 024×768个像素。在摄像系统以及液晶显示器中，图像像素取决于CCD/CMOS光电传感器上的光敏元件数目，一个光敏元件就对应一个像素。此外在存储器中，图像像素还与和图像存储方式有关。

(2) 灰度　像素的亮度称为灰度，其变化范围取决于模/数转换位数，用二进制数bit表示。如果是8位模/数转换，则亮度（灰度）可分为$2^8=256$个级别。

2. 射线实时成像系统图像的质量指标

射线实时成像检测系统图像质量的主要指标有三项，即图像分辨率、图像不清晰度和对比灵敏度。这三项指标大致可对应于胶片照相的颗粒度、不清晰度和对比度，但由于实时成像与胶片照相的成像原理、方法和器材均有所不同，因此，两者的定义和实质内容是有区别的。

(1) 图像分辨率　图像分辨率（又称空间分辨率）定义为显示器屏幕图像可识别线条分离的最小间距，单位是L_p/mm（线对/毫米）。射线实时成像检测系统的图像分辨率可采用线对测试卡测定。线对测试卡由高密度材料（常用铅箔）制成的栅条排列构成，栅条和间距形成占空比为1∶1的线对图样，密封在低密度材料（常用透明塑料薄板）中。在显示屏上观察测试卡的影像，观察到栅条刚好分离的一组线对，则该组线对即为图像分辨率。除线对测试卡外，铂—钨双丝像质计也可用来测定图像分辨率。

(2) 图像不清晰度　图像不清晰度定义为一个边界明锐的器件成像后，其影像边界模糊区域的宽度。影响图像不清晰度的因素主要是几何不清晰度和荧光屏的固有不清晰度。

在射线实时成像检测技术中，几何不清晰度除了相关于焦点尺寸，还相关于所选用的放大倍数。

射线实时成像检验一般采用放大透照布置（见图8—9）。在成像平面（图像增强器输入屏）得到的缺陷图像将产生一定程度的放大，放大程度决定于所选用的射线源与工件的距离f和射线源与成像平面的距离F。定义放大倍数M为：

$$M = F/f \qquad (8-1)$$

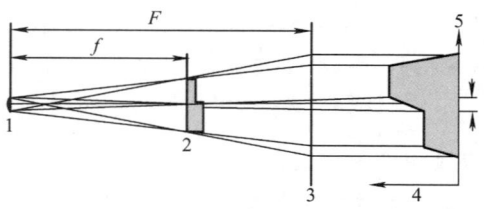

图8—9　射线实时成像采用放大透照布置
1—焦点　2—工件　3—检测器　4—强度　5—位置

则可导出几何不清晰度 U_g 为

$$U_g = d_f(M-1) \tag{8—2}$$

式中　d_f——射线源的焦点尺寸。

荧光屏的固有不清晰度决定于荧光物质的性质和颗粒、荧光屏的厚度和荧光屏的结构，也相关于射线的能量。对于一种荧光屏可认为具有一固定的不清晰度。总的不清晰度 U_o 由几何不清晰度 U_g 和屏的固有不清晰度 U_s 决定，一般写为：

$$U_o^3 = U_g^3 + U_s^3 \tag{8—3}$$

图像不清晰度可采用线对测试卡测定。也可用双丝像质计测量。

射线实时成像检测系统的图像，容易实现较高的对比度，但却往往不能得到满意的清晰度。

(3) 对比灵敏度　对比灵敏度定义为从显示器图像中可识别的透照厚度百分比，即 $\Delta T/T$。在射线实时成像检测系统显示器上所观察到的图像对比度 C 与主因对比度和荧光屏的亮度有关。

对比度是物体对射线衰减的直接结果，基于射线的衰减规律导出的主因对比度为：

$$\Delta I/I = (-\mu \Delta T)/(1+n) \tag{8—4}$$

荧光屏的亮度 B 与射线强度 I 的关系一般可写为：

$$B = mI \tag{8—5}$$

这样，相应的亮度对比度为：

$$\Delta B/B = (-\mu \Delta T)/(1+n) \tag{8—6}$$

在显示器上所观察到的图像对比度 C 与亮度对比度的关系为：

$$C = \gamma(\Delta B/B) = \gamma[(-\mu \Delta T)/(1+n)] \tag{8—7}$$

式中　I——射线强度；
　　　μ——射线的线衰减系数；
　　　n——散射比；
　　　B——荧光屏亮度；
　　　γ——实时系统的灰度系数；
　　　m——比例系数。

灰度系数定义为输出屏图像亮度对比度与入射射线强度对比度的比值。实时系统的灰度系数，是系统各个成像单元的综合结果，近似有 $\gamma=1.0$。可通过软件功能调整灰度系数使图像对比度增强。

对比灵敏度可用阶梯试块测定。

8.2.3　射线实时成像检测技术的工艺要点

射线实时成像检测技术有一些与常规射线照相不同的特殊要求，其工艺特点如下：

1. 最佳放大倍数

在射线实时成像检测技术中一般采用放大透照布置。图像放大后缺陷尺寸也放大了，这

射线检测

有利于细小缺陷的识别。但另一方面，随着放大倍数的增大，几何不清晰度也增大，这将导致影像模糊，不利于缺陷识别。因此，射线实时成像检验技术存在最佳放大倍数。

设在成像平面处的射线照相总的不清晰度为工件处的射线照相总的不清晰度放大 M 倍的像，则最佳放大倍数应使工件处射线照相总的不清晰度为最小值，因此，采用微分方法可求出最佳放大倍数 M_0。

$$M_0 = 1 + (U_s/d_f)^{3/2} \qquad (8-8)$$

式中 U_s——转换屏的不清晰度。

从最佳放大倍数的表示式可以看出，最佳放大倍数是由成像平面（荧光屏）的固有不清晰度和射线源的尺寸决定。由于荧光屏的固有不清晰度较大，所以使用常规焦点的射线源时，不可能采用较大的放大倍数。不同射线源尺寸可选用的放大倍数见表8—3。

表8—3　　　　　　　　　射线源尺寸与可选用的放大倍数

射线源尺寸 d_f	≥1 mm	0.4 m～1 mm	0.1～0.4 mm	10 μm
可用放大倍数	1	～2	～6	～100

2. 扫描速度和定位精度

射线实时成像检测过程包含动态检验和静态检验。对动态检验，除了按规定选取扫描面、扫描方位和移动范围等外，必须正确选取扫描速度，即检验时工件相对于射线源的移动速度，它直接相关于图像的噪声。所能采用的扫描速度与射线源的强度相关。射线源的强度高时，图像增强器在单位时间接受的光量子数量多，图像噪声降低，扫描速度可高些。对静态检验，机械驱动装置必须具有一定的定位精度，一般要求定位误差不应超过 10 mm。在连续检验过程中应注意累积的定位偏差，并做出修正。

3. 图像处理

在射线实时成像检测技术采用的数字图像处理技术包括对比度增强（灰度增强）、图像平滑（多帧平均法降噪）、图像锐化（边界锐化）和伪彩色显示等。

对比度增强是一种简便但十分重要的图像增强技术，它逐点修改输入图像每一像素的灰度，扩大图像的灰度范围，提高图像的对比度。

当图像的噪声大时，可采用图像多帧叠加平滑处理，降低图像的噪声水平，提高信噪比。

图像锐化是通过勾边、滤波等处理方法，使图像的轮廓突出。

伪彩色处理是把灰度级转换为对应的彩色显示出来。眼睛可区分的色度达数千种，但可区分的灰度级仅为20多级，伪彩色处理可提高对图像的识别性。

4. 系统性能校验

为保证检验结果可靠，必须对系统的性能进行定期校验。校验方法有静态校验和动态校验两种。静态校验项目包括图像分辨率和对比灵敏度等，校验的周期和间隔应符合有关要求。用带缺陷的试样进行动态校验时，所用透照参数和试件移动速度应与实际检测相同，像质计的选择、数目、放置等应符合标准和工艺的规定。

8.2.4 图像增强器射线实时成像系统的优点和局限性

与常规射线照相相比，图像增强器射线实时成像系统有以下优点和局限性：

1. 工件一送到检测位置就可以立即获得透视图像，检测速度快，工作效率比射线照相高数十倍。
2. 不使用胶片，不需处理胶片的化学药品，运行成本低，且不造成环境污染。
3. 检测结果可转化为数字化图像用光盘等存储器存放，存储、调用、传送比底片方便。
4. 图像质量，尤其空间分辨率和清晰度低于胶片射线照相。
5. 图像增强器体积较大，检测系统应用的灵活性和适用性不如普通射线照相装置。
6. 设备一次投资较大。
7. 显示器视域有局限，图像的边沿容易出现扭曲失真。

8.3 数字化射线成像技术

一般认为，数字化射线成像技术包括计算机X射线照相技术（CR）、线阵列扫描成像技术（LDA）以及数字平板技术（DR），后者包括非晶硅（a—Si）数字平板、非晶硒（a—Se）数字平板和CMOS数字平板。

8.3.1 计算机射线照相技术（CR）

计算机射线照相（computed radiography），是指将X射线透过工件后的信息记录在成像板（image plate，IP）上，经扫描装置读取，再由计算机生出数字化图像的技术。整个系统由成像板、激光扫描读出器、数字图像处理和储存系统组成。

计算机射线照相的工作过程如下：

用普通X射线机对装于暗盒内的成像板曝光，射线穿过工件到达成像板，成像板上的荧光发射物质具有保留潜在图像信息的能力，即形成潜影。

成像板上的潜影是由荧光物质在较高能带俘获的电子形成光激发射荧光中心构成，在激光照射下，光激发射荧光中心的电子将返回它们的初始能级，并以发射可见光的形式输出能量。所发射的可见光强度与原来接收的射线剂量成比例。因此，可用激光扫描仪逐点逐行扫描，将存储在成像板上的射线影像转换为可见光信号，通过具有光电倍增和模数转换功能的读出器将其转换成数字信号存入到计算机中（见图8—10）。激光扫描读出图像的速度：对 $100\ mm \times 420\ mm$ 的成像板，完成扫描读出过程不超过 $1\ min$。读出器有多槽自动排列读出和单槽读出两种，前者可在相同时间内处理更多成像板。

数字信号被计算机重建为可视影像在显示器上显示，根据需要对图像进行数字处理。在完成对影像的读取后，可对成像板上的残留信号进行消影处理，为下次使用做好准备，成像板的寿命可达数千次。

CR技术的优点和局限性：

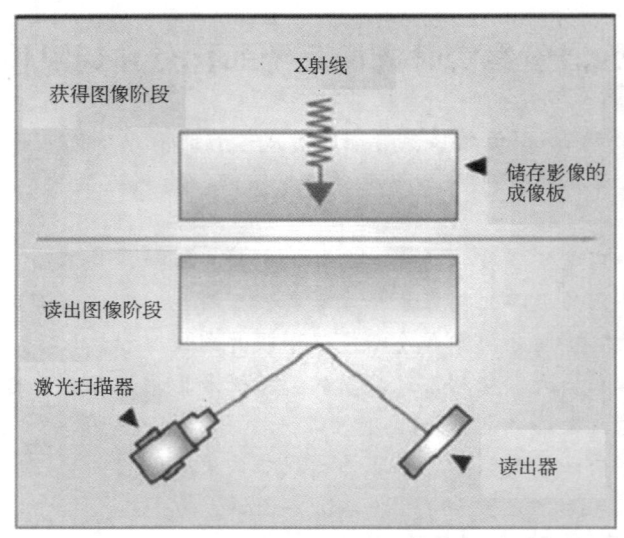

图 8—10　计算机射线照相（CR）原理示意图

1. 原有的 X 射线设备不需要更换或改造，可以直接使用。
2. 宽容度大，曝光条件易选择。对曝光不足或过度的胶片可通过影像处理进行补救。
3. 可减小照相曝光量。CR 技术可对成像板获取的信息进行放大增益，从而可大幅度地减少 X 射线曝光量。
4. CR 技术产生的数字图像存储、传输、提取、观察方便。
5. 成像板与胶片一样，有不同的规格，能够分割和弯曲，成像板可重复使用几千次，其寿命决定于机械磨损程度。虽然单板的价格昂贵，但实际比胶片更便宜。
6. CR 成像的空间分辨率可达到 5 线对/毫米（即 100 μm），稍低于胶片水平。
7. 虽然比胶片照相速度快一些，但是不能直接获得图像，必须将 CR 屏放入读取器中才能得到图像。
8. CR 成像板与胶片一样，对使用条件有一定要求，不能在潮湿的环境中和极端的温度条件下使用。

8.3.2　线阵列扫描成像技术（LDA）

线阵列扫描数字成像系统工作原理如图 8—11 所示。由 X 射线机发出的经准直为扇形的一束 X 射线，穿过被检测工件，被线扫描成像器（LDA 探测器）接收，将 X 射线直接转换成数字信号，然后传送到图像采集控制器和计算机中。每次扫描 LDA 探测器所生成的图像仅仅是很窄的一条线，为了获得完整的图像，就必须使被检测工件作匀速运动，同时反复进行扫描。计算机将多次扫描获得的线形图像进行组合，最后在显示器上显示出完整的图像，从而完成整个的成像过程。

以下介绍一种应用光电二极管探测器的线阵列扫描数字成像系统。

1. 线阵列扫描器的制造工艺和特点

线阵列扫描数字成像系统的关键设备是 LDA 线阵列成像器，其制造工艺及参数的选

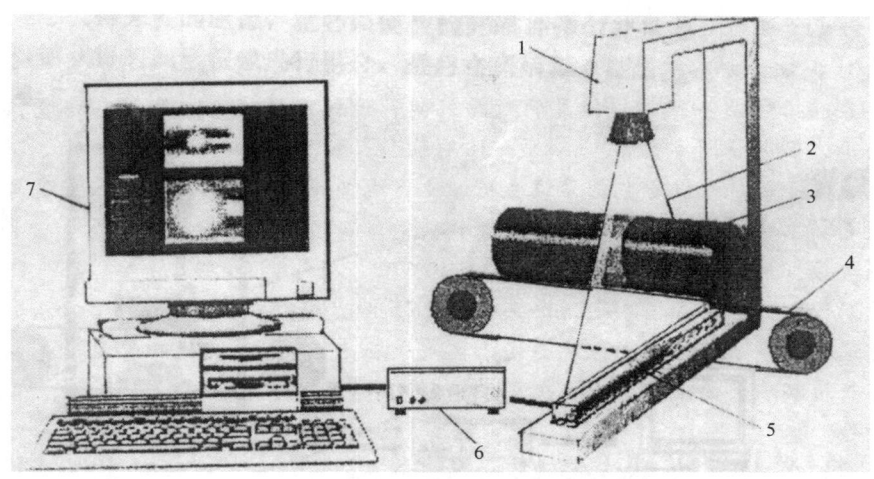

图 8—11 LDA 线阵列扫描数字成像系统
1—X 射线管　2—准直后的 X 射线束　3—工件　4—传送装置
5—LDA 探测器　6—数据采集和控制系统　7—显示器

择,对成像器的质量有很大的影响。

典型 LDA 成像器由以下几个主要部分组成:闪烁体,光电二极管阵列,探测器前端和数据采集系统、控制单元、机械装置、辅助设备、软件等。其特点如下:

(1) 闪烁体　LDA 数字成像器需要使用闪烁体来把 X 射线转化为可见光,这是因为一般的光电二极管在 30 kV 以上的 X 射线照射下无法达到要求的吸收率,以致无法实现检测。最常用的闪烁体是由掺有铊(Tl)的碘化铯(CsI)和钨酸镉($CdWO_4$)构成。新型的闪烁体材料包括钆陶瓷闪烁体,如 Gd_2O_2S(GOS)和 $Y_2O_3Gd_2O_3$(YGO)等。

闪烁体有三个重要的特性,第一个特性是吸收效率。由闪烁体材料的原子序数和密度决定。第二个特性是余辉,余辉是停止照射后仍滞留在闪烁体中余光的百分比。第三个特性就是光输出特性,包括光的波长、发射光子的数量及均匀性。闪烁体发出的光中只有波长在 500 nm 以上的光才能被光电二极管接受并转换成电信号。

(2) 光电二极管阵列　光电二极管阵列(LDA)由大量二极管排列组合而成,可以设计成各种形状,其性能不仅取决于二极管特性,与阵列结构也有关。LDA 主要性能指标有光反应性、二极管尺寸及填充系数。光反应性是指二极管的光电转换能力,不同光电二极管对光波长的适应性有所不同,所以光电二极管的型号应根据闪烁体和 X 射线源来选择,以达到最佳光反应。光电二极管尺寸越小,制造出的 LDA 分辨率越高,价格也越高。填充系数是指 LDA 成像面积中活性区域占总表面的百分比。由于相邻光电二极管间存在死区,所以像素的间距并不等于光电二极管的尺寸,填充系数越大,LDA 性能越好。

(3) 数据采集系统　数据采集系统包括探测器前端和放大转换电路。

探测器前端部分为预放大电路,用来收集和放大光电二极管阵输出的弱电流(在几百微安之内),以提高信噪比。放大转换电路的主要功能是信号的放大和模数(A/D)转换。预放大后的信号仍然很小,需通过增益调节放大器进一步放大,才能符合模数转换条件。探测器前端与放大转换电路集成在同一个单元中,这样由 LDA 线阵列扫描器中输出的就是数字信号，从而避免了在传输过程中引入噪声。

（4）控制单元　控制单元包括数字信号处理电路和图像采集接口电路。这部分的工作内容是通过计算机指令控制光电二极管的数据采集、传输及转换，此外还要完成积分时间控制、动态校正、标定等逻辑功能。

（5）机械设备　机械设备包括系统主机、X射线机和准直器、X射线入射窗口，以及工件传送装置等。系统主机将前端器件、放大转换电路及控制电路安装在一个金属壳内，金属壳起到电磁屏蔽作用。

（6）辅助设备　在实际检测中，如果被检工件运动速度不恒定或LDA的扫描速度和工件的运动速度不同步，产生的图像就会发生变形（拉长或缩短），此时需要用光电旋转编码等辅助设备来检测工件的位移，以保证图像不失真。

（7）软件

软件由两部分组成，控制软件和成像软件。前者的主要功能是控制LDA扫描，以及积分时间、动态校正等。后者的主要功能是将采集到的数据还原成图像，并对图像进行各种各样的处理。

2. 线扫描成像器的技术特性

（1）空间分辨率　空间分辨率主要由像素的尺寸和排列决定。像素间距越小，其空间分辨率就越高。实际用光电二极管制造的LDA的像素尺寸在 $80\sim250~\mu m$。

（2）动态范围　动态范围是指成像器可以识别的由X射线转换成数字图像的灰度等级。一般情况下，动态范围的理论值应该是成像器A/D转换器的Bit数（通常是12 Bit，即4 096级灰度）。在实际使用过程中，由于转换器件（光电二极管）的非线形特性，使得动态范围要低于理论值。

（3）动态校准　校准在很大程度上影响着光电二极管阵列的工作性能，校准可以在模拟的部分进行，也可以在数字部分进行，或者是同时进行。基本校准包括补偿和放大。它们可分别针对每一个像素进行，像素之间的补偿偏差由光电二极管的溢出电流和放大补偿水平确定。而放大变化则是由闪烁体材质的不均匀性引起的。另外，光电二极管的转换不一致性及非线形特性也是需要动态校准的原因。当温度变化时，会引起光电二极管转换偏差，需根据预设的补偿模式给予校准。

（4）扫描速度　影响扫描速度的主要因素是系统信号的处理速度和X射线光通量的大小。现在计算机及电子线路的处理速度都很高，即使扫描线较长的LDA，也能在很短的时间内处理完毕。因此系统的扫描速度取决于X射线光通量的大小。只有当X射线在LDA上的累积剂量达到一定数量时才能有较好质量的图像，否则信号会被系统固有噪声淹没，使得成像质量大大降低。

（5）与射线源相关的设计　针对不同射线源，在LDA的设计上会有显著的差异。首先要解决的是优化闪烁体，实现闪烁体与X射线的能量匹配。当使用能量较高的X射线时，必须保证闪烁体能承受高能光子的轰击。目前LDA成像器具有承受450 kV X射线直接照射的能力。其次是X射线的屏蔽和准直，X射线会增加电子线路的噪声，所以屏蔽和准直很重要。

8.3.3 数字平板直接成像技术（DR）

数字平板直接成像，（Director Digital Panel Radigraphy）是近几年才发展起来的全新的数字化成像技术。数字平板技术与胶片或 CR 的处理过程不同，在两次照射期间，不必更换胶片和存储荧光板，仅仅需要几秒钟的数据采集，就可以观察到图像，检测速度和效率大大高于胶片和 CR 技术。除了不能进行分割外和弯曲外，数字平板与胶片和 CR 具有几乎相同的适应性和应用范围。数字平板的成像质量比图像增强器射线实时成像系统好很多，不仅成像区均匀，没有边缘几何变形，而且空间分辨率和灵敏度要高得多，其图像质量已接近或达到胶片照相水平。与 LDA 线阵列扫描相比，数字平板可做成大面积平板一次曝光形成图像，而不需要通过移动或旋转工件，经过多次线扫描才获得图像。

数字平板技术有非晶硅（a—Si）和非晶硒（a—Se）和 CMOS 三种。

1. 非晶硅和非晶硒平板

非晶硅数字平板结构如下：由玻璃衬底的非结晶硅阵列板，表面涂有闪烁体——碘化铯，其下方是按阵列方式排列的薄膜晶体管电路（TFT）组成。TFT 像素单元的大小直接影响图像的空间分辨率，每一个单元具有电荷接收电极信号储存电容与信号传输器。通过数据网线与扫描电路连接。非晶硒数字平板结构与非晶硅有所不同，其表面不用碘化铯闪烁体而直接用硒涂层。

两种数字平板成像原理有所不同，非晶硅平板成像可称为间接成像：X 射线首先撞击其板上的闪烁层，该闪烁层以与所撞击的射线能量成正比的关系发出光电子，这些光电子被下面的硅光电二极管阵列采集到，并且将它们转化成电荷，X 射线转换为光线需要中间媒体——闪烁层。而非晶硒平板成像可称为直接成像：X 射线撞击硒层，硒层直接将 X 射线转化成电荷（见图 8—12）。

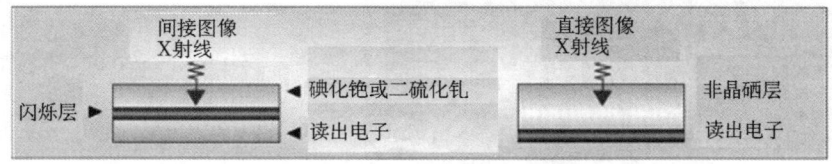

图 8—12 数字平板技术成像原理示意图

硒或硅元件按吸收射线量的多少产生正比例的正负电荷对，储存于薄膜晶体管内的电容器中，所存的电荷与其后产生的影像黑度成正比。扫描控制器读取电路将光电信号转换为数字信号，数据经处理后获得的数字化图像在影像监视器上显示。图像采集和处理包括图像的选择、图像校正、噪声处理、动态范围，灰阶重建，输出匹配等过程，在计算机控制下完全自动化。上述过程完成后，扫描控制器自动对平板内的感应介质进行恢复。上述曝光和获取图像整个过程一般仅需几秒钟至十几秒。

目前非晶硅和非晶硒的空间分辨率尚不如胶片。非晶硒与非晶硅相比，前者能提供更好的空间分辨率，这是因为间接系统的闪烁层产生的光线，在到达光电探测器前，会出现轻微的散射，因此，效果不好。对于硒板成像系统，电子是由 X 射线直接撞击平板，产生的散

射线检测

射很小,因此,图像精度较高。当要求分辨率小于 200 μm 时应使用非晶硒板。而当允许分辨率大于 200 μm 时,可考虑使用非晶硅。非晶硅板的另一优点是获取图像速度比非晶硒板更快,最快可达到每秒 30 幅图像,在某些场合可以替代图像增强器使用。

非晶硅和非晶硒可以做成大面积平板,目前使用的平板的成像面积可达 400 mm×300 mm。

2. CMOS 数字平板

CMOS 数字平板由集成的 CMOS 记忆芯片构成,所谓的"CMOS"(Complementary Metal Oxide Silicon)是互补金属氧化物硅半导体。

CMOS 数字平板有三种类型:(1)小尺寸平板,规格有 50 mm×100 mm,100 mm×100 mm;(2)扫描式平板,可以制作很大尺寸,规格有 75 mm×200 mm~600 mm×900 mm;(3)棒状(或条状)分割相扫描器,可以检测尺寸达 2 000 mm 的大试件。

"活性像元探头技术"是指把所有的电子控制和放大电路放置于每一个图像探头上,取代一般探测器在边沿布线的结构。这种结构使 CMOS 探测器比其他探测器的抗震性更强,寿命更长(见图 8—13)。

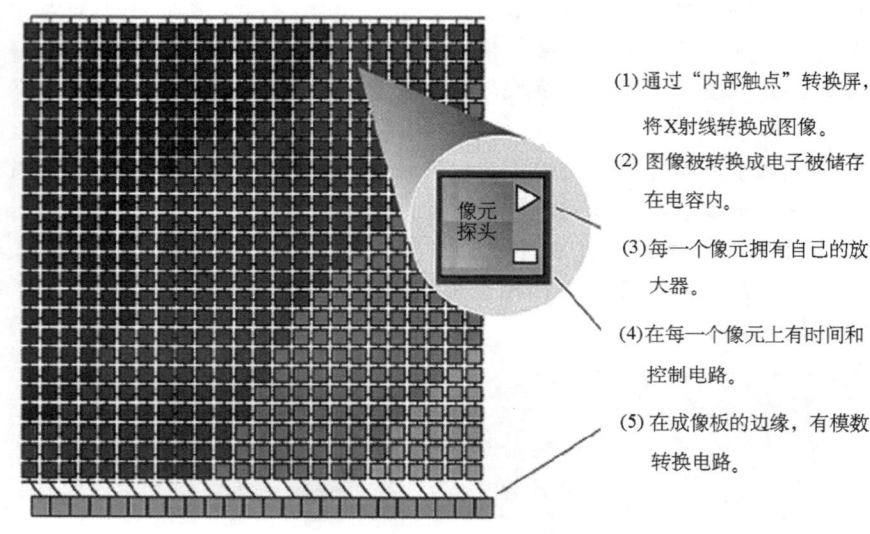

图 8—13　CMOS 数字平板结构及工作示意图

扫描式图像接收板从外部看是一个平板,该板厚约 75 mm,其内部有一个类似于目前的扫描仪的移动系统,采用精确的螺纹螺杆技术传动。CMOS 的工作温度范围很宽。几乎所有的数字探测器的电子噪声都会随温度增加而增大,但是 CMOS 受温度影响却非常小。非晶硅面板在温度变化 10 ℃ 时,需要再标定。CMOS 探测器在 31 ℉(0.55 ℃)到 110(43.3 ℃)温度变化范围内都不需要标定。

探测器的填充系数是活性区域表面的百分比,是表征器件探测光电子的能力的指标,填充系数越高,其灵敏度也就越高。CMOS 探测器的填充系数高达 90% 以上,高出非晶硅探测器约 60%。

轴外检测是指一种使探测器避免受 X 射线的直接照射的设计。扫描式图像接收板的轴外检测结构如图8—14所示。X射线通过一个狭槽触发光纤一端的闪烁材料，光纤的另一端与COMS探测器连接，该CMOS线性阵列探测器由厚的铅板或钨板屏蔽以防止辐射。这种特有的探测器设计有三大优点：消除散射（不希望的信号），减少辐射对探测器的直接冲击（辐射噪声），延长探测器寿命。由于主要的辐射束被屏蔽了，CMOS探测器可以有很高的信噪比。

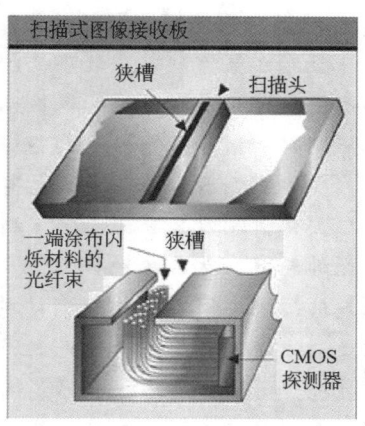

图8—14 轴外检测结构示意图

对于一般的探测器，当其单个的像素被直接的辐射过度照射时，将产生图像浮散，原因是：像素把信号传输给每行和每列的电子放大器，当一个或更多的像素被过度照射后，同行和同列其他像素会其受影响产生浮散或拖影现象。而CMOS在很高的能量辐射情况下也能够很好的工作，这是由于CMOS探测器的每一个像素是被独立放大的，不受相邻像素的影响，因而能够消除或减少这种现象。

CMOS探测器上可以使用任何X射线源：脉冲的、整流的、恒压的，电流从几微安培到30安培时。扫描式探测器要求恒压X射线机、能量从20 keV到300 keV的电压及任何大小的电流。改进的CMOS探测器也可以接收450 keV到20 MeV能量。

空间（立体）分辨率是在指成像系统上能够被辨认的最小结构尺寸，主要受到探测器像素尺寸的限制。小型CMOS探测器的像素尺寸为39～48 μm，扫描式CMOS线阵探测器的像素为80 μm，在没有经过几何放大的情况下，要比非晶硅或硒接收板的空间分辨率精度约高30%。应用微焦点X射线源结合使用几何放大技术，空间分辨率可达到几微米。

使用小型CMOS系统，曝光时间约为0.5～3 s，把数据修正并把图像传输到计算机工作站上，并显示出来约需要10 s。采使用扫描式系统，如果精度为80 μm，图像接收板的扫描速度最高可达2.5 m/min。

8.3.4 关于数字化射线成像技术的进一步知识

1. 其他获取数字图像的方法

除了上述CR、DR、LDA等数字化射线成像技术外，还有其他方法可以获得射线检测数字化图像。例如对底片进行扫描，可将底片上的图像转换为数字图像；工业射线实时成像系统中通过数字式摄像机也能获得数字图像。但上述两种方法均不划入数字化射线成像技术范畴，因为这两种方法的数字图像是在模拟图像基础上加工而获得的：前者是对已完成的射线照相产品——底片进行一次再加工；后者仅是在最后阶段通过数字式摄像机才变成数字信号图像，而其成像过程的大部分信号传递变换，从射线作用于输入转换屏以及图像增强器信号的输入输出，均是模拟信号。以上两种方法获取数字图像均存在缺点：底片数字扫描的缺点是扫描转换需要花费较长时间和添加额外设备，图形质量也可能因扫描出现某种程度的退化；而在射线实时成像系统中，由于成像阶段经过模拟信号的多次转换，造成信噪比降低和图像质量劣化，最终获得的数字图像质量是不高的。

2. 数字成像探测器的分类

数字成像探测器是数字化成像系统的关键元器件。各种数字成像探测器都是由集成的数字元件排列而成的阵列。根据光电转换装置的原理和器件不同，数字成像探测器可以分为气体探测器和固体探测器两大类。

气体探测器包括高压微电离室和多丝正比室，它们可以将辐射粒子转换为电流或电压。

固体探测器又分为间接探测和直接探测两类。所谓间接探测是指系统先要完成射线到可见光的转换，然后才能将可见光转换为电流或电压输出。根据将可见光转化为电流（或电压）的器件不同，间接探测结构可分为光电二极管、CCD、CMOS 三种形式。所谓直接探测是指系统直接将射线转换数字电信号输出，依据使用的半导体材料不同，直接探测结构可分非晶硒（a—Se）和碲化镉（CdTe）两种形式。

根据尺寸不同，可将数字成像探测器分为线阵列和数字平板。

3. 气体探测器简介

受制作技术和工艺的限制，气体探测器只能做成线阵列，不能做成平板，其成像质量和价格目前还不能被使用者接受，所以应用不多，但该类探测器也有其优点。

（1）高压微电离室　高压微电离室属于气体电离辐射探测器，通过测定单位时间内入射的粒子在电离室内产生的平均电离电流来探测辐射，如图 8—15 所示。高压微电离室由射线入射窗口、高压电极、收集电极和惰性气体密封室组成。

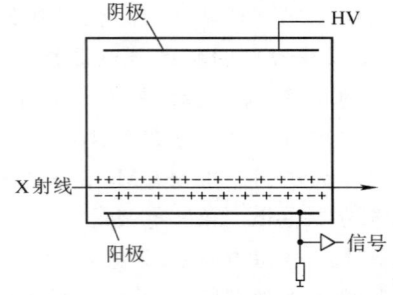

图 8—15　高压微电离室结构

粒子由窗口入射进电离室，在电离室的工作气体中产生正负离子对，在正负电极上产生电离电流。形成的平均电离电流（即饱和电流）与入射粒子产生的数量和能量成正比。存在以下关系：

$$I_{饱和} = n_\lambda (E_0/W) e \tag{8—9}$$

式中　e——电子电量；

n_λ——单位时间内入射的粒子数；

E_0——粒子在电离室内平均损失的能量；

W——在电离室的工作气体中产生一对离子的平均电离能。

高压微电离室的输出电流非常微弱，一般为 10^{-10} A 量级。用微电离室制造的扫描阵列目前可以达到 1 024 个通道甚至 2 048 通道，空间分辨率可以达到 0.2～0.4 mm，即 1.25～2.5 Lp/mm。吸收 X 射线能量转换为电离电流的效率大约为 30% 左右。微电离室一般使用氪气、氙气或二者混合作为工作气体，需要 1 000 V 左右的工作电压和与通道数配套的微弱电流放大器和一系列的选通开关。整体结构属于分离结构，系统调试和制造相对复杂，但具有极高的抗辐射能力和工作可靠性，使用寿命较长。

（2）多丝正比室　该探测器可以看成由许多独立的正比计数管组合而成。其基本结构是在两块平行的大面积金属板之间平行地并列许多条金属丝。这些金属丝彼此绝缘，形成许多阳极，阳极上各施加一定的正电压（1 000 V 左右）。而接地的阴极是公共的。室内充以惰性气体（如氩气）或有机气体，室壁装有薄金属（如铝）窗。

当外部辐射经金属窗射入正比室后,在气体介质中产生电离。电离电子在金属丝与金属板之间的电场作用下向金属丝移动,并与气体分子互相碰撞,当两次碰撞间电子从电场获得的能量大于电离能量时,就会引起进一步电离。在每根金属丝附近,电子越接近金属丝,电场越强,因而导致电荷雪崩式地增加,结果在金属丝上收集到的电荷比原始电离电荷增加了 A 倍。阳极上产生的电压增量为:

$$\Delta U = -ANe/C \tag{8—10}$$

式中　N ——初始电离对数;
　　　A ——正比室放大系数($A=10^2 \sim 10^4$);
　　　C ——金属丝对地电容;
　　　e ——电子电荷。

由于正比室对电离电荷有放大作用,故具有较高的探测灵敏度。每根金属丝上收集的电荷正比于其附近的初始电离电荷,亦即正比于该处的入射辐射强度。

多丝正比室探测器的制作:采用微带加工工艺在绝缘板上蒸发出阳极收集极,解决了金属丝的排列间距问题。采用该工艺,阳极通道间距最小可做到 $35\ \mu m$,已推出的 2 048 通道的探测器,系统空间分辨率可达到 $2.5 \sim 3.2$ Lp/mm,在不久的将来有可能出现 4 096 通道的新型探测器,系统空间分辨率将达到 $5.0 \sim 6.20$ Lp/mm。

4. 有关固体探测器的进一步知识

(1) 用于间接转换探测器的闪烁体材料　间接转换探测器必须通过闪烁体材料先将射线转换为可见光,然后利用光敏元件进行接收,因此,闪烁体材料的性能十分重要。

闪烁体材料有无机物闪烁体和有机物闪烁体两大类。射线检测经常使用的是无机物闪烁体材料。为了提高 X 射线的转换和接收效率,闪烁体材料一般使用原子序数和密度较大的元素。其中发光效率最高的材料是碘化铯;分辨率最高的材料是钨酸镉。

碘化铯是光谱特性如图 8—16 所示。在几组中,采用最多的是 CsI (T1)。钨酸镉(CdWO4)是应用最早、最广泛的闪烁体材料,发射波长 $350 \sim 750$ nm,但发光效率较低。极限分辨率可以达到 7.0 Lp/mm 以上。图 8—17 所示为其发光特性。

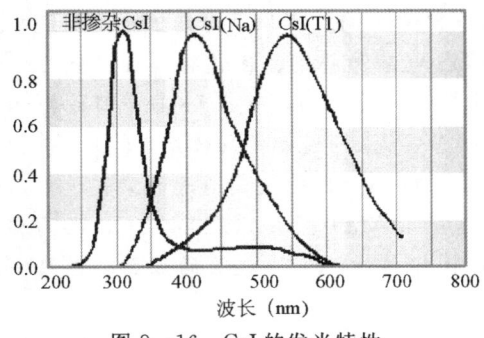

图 8—16　CsI 的发光特性

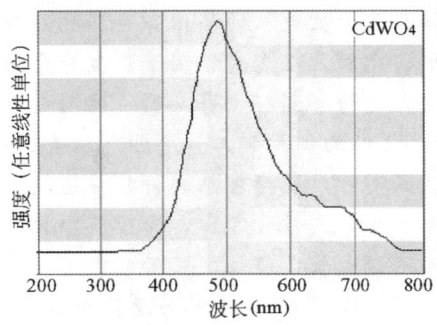

图 8—17　CdWO4 的发光特性

(2) 用于间接转换探测器的图像传感器　在间接转换探测器中,闪烁体材料完成射线到可见光的转换,然后图像传感器实现可见光转换为电流或电压输出的过程。图像传感器有光电二极管、CCD 与 CMOS 多种类型。光电二极管是早期使用的产品,受制造工艺的限制,其分辨率不高，目前已很少应用。近年来，图像传感器的主要发展方向是采用分辨率更高、价格更低的 CCD 和 CMOS。

1) CCD 图像传感器。CCD 即电荷耦合器件，基本组成单元是 MOS 结构，其工作过程主要是信号电荷的产生、存储、转移和检测。CCD 突出的特点是以电荷的形式对信号进行存储、转移和检测，而不同于其他以电流或电压为信号的器件。

图 8—18 所示为 CCD 工作原理示意图。CCD 的结构就像一排排输送带上并列放置的小桶，光线就像雨滴撒入各个小桶中，每个小桶代表一个像素。按一定的顺序测量某一短暂的时间中，小桶中落进了多少"光滴"，即可形成相应的数据文件。图 8—19 所示表现了 MOS（金属—氧化物—半导体）结构的电荷形成和收集过程。

当完成光敏元件阵列的扫描后，CCD 将光电荷转移到屏蔽存储区域，然后，光电荷被按顺序转移到读出寄存器。CCD 中势阱及电荷的位置转移是通过按照一定的时序改变施加在电极上的高低电平来实现的。图 8—20 所示为三相 CCD 的电荷转移过程。

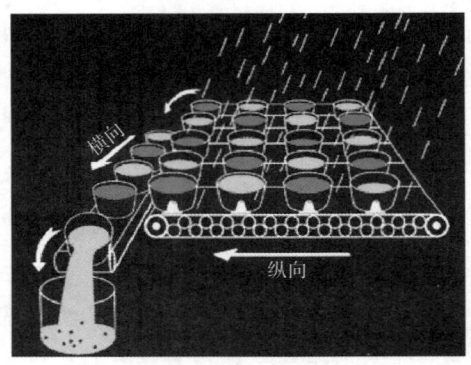

图 8—18　CCD 工作原理示意图

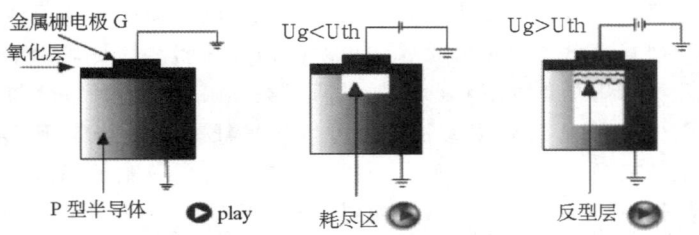

图 8—19　CCD 的 MOS 结构和电荷收集过程

CCD 可以直接将一维光信息转变为视频信号输出，一般采用双沟道结构来提高转移效率。转移区由被遮挡的移位寄存器构成并位于光敏阵列的两侧。在积分周期里，光栅电极为高电平，光敏区在光的作用下产生光生电荷存于 MOS 电容势阱中；通过转移栅控制光电荷从势阱并行转移到移位寄存器；在时钟脉冲的控制下，一位一位地移出 CCD，形成视频信号。从 CCD 的结构和工作原理可以看出：采用 N 型 MOS 双沟道结构的阵列 CCD 电荷转移效率最高，可以获得理想的行扫描速度；电荷经过多次转移后才能达到通道的末端，最后转化为电压或电流信号输出，为了获得较好的调制传递函数 MTF、减小噪声，CCD 的转移沟道长度不能太长，移位次数不宜太多，这就是 CCD 图像传感器不能做长的原因。在目前技术条件下，阵列 CCD 图像传感器一般不超过 30 mm。

2) CMOS 图像传感器　CMOS 图像传感器从原理划分，可分为无源像素传感器（PPS）和有源像素传感器（APS）两大类。从结构上区分，可分为光敏二极管型无源、有源像素图像传感器和光电栅型有源像素图像传感器等几类。

最基本的 CMOS 图像传感器是以一块杂质浓度较低的 P 型硅片做衬底，用扩散的方法在其表面制作两个高掺杂的 N＋型区作为电极，即场效应管的源极和漏极，再在硅的表面用

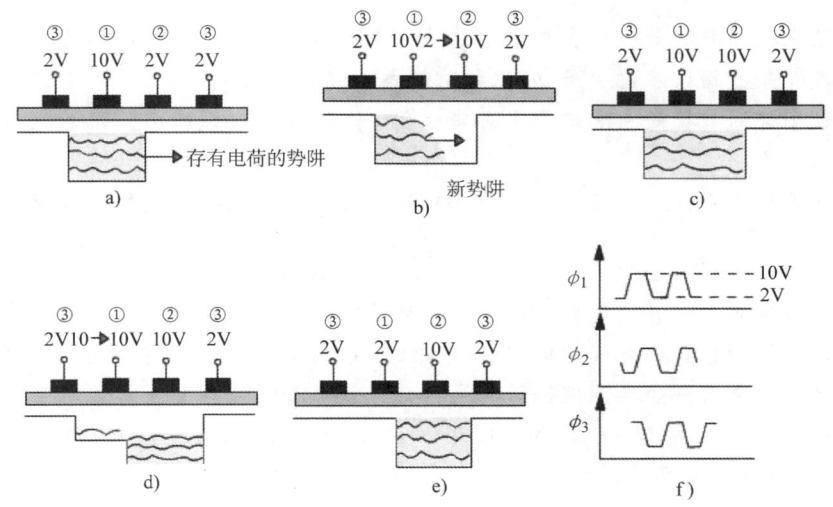

图 8—20 CCD 的电荷转移过程

a) 初始状态 b) 电荷由①电极向②电极转移 c) 电荷在①,②电极下均匀分布
d) 电荷继续由①电极向②电极转移 e) 电荷完全转移到②电极 f) 三相交叠脉冲

高温氧化的方法覆盖一层二氧化硅（SiO_2）的绝缘层，关在源极和漏极之间的绝缘层的上方蒸镀一层金属铝，作为场效应管的栅极。最后，在金属铝的上方放置一光电二极管，这就构成了最基本的 CMOS 图像传感器。

为使 CMOS 图像传感器工作，必须在 P 型硅衬底和源极接电源负极，漏极接电源正极。当无光信号照射到光敏二极管上时，源极和漏极之间无电流通过，因此，无信号输出；当有光信号照射到光敏二极管上时，光敏元件的带价电子获得能量激发跃迁到导带而形成图像光电子，因而在源极和漏极之间形成电流通路而输出图像电信号。显然，入射光信号越强，在光敏材料中激发的导电粒子（电子与空穴）越多，从而使源、漏极之间的电流越大，因而输出信号越大。所以，输出信号的大小直接反映了入射光信号的强弱。

(3) 直接转换探测器的转换效率 直接转换探测器有两种，一种是上节介绍的非晶硒探测器（a—Se），另一种是采用碲化镉（CdTe）制作的探测器。直接转换探测器的转换效率与电荷有关，其工作原理是：在射线照射下，辐射光子在半导体材料中产生电荷，并采用高压偏压来移动光子所产生的电荷，最后通过 TFT 薄膜晶体管进行读取。图 8—21 所示为两种材料接收相同曝光量时产生电荷的情况，可以看出，CdTe 比 a—Se 具有更高的转换效率。

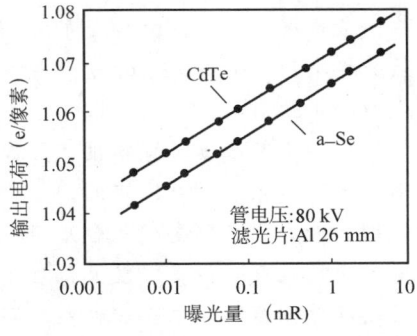

图 8—21 不同半导体材料的转换效率

5. 数字成像系统的技术特性

(1) 数字成像系统的信噪比 信噪比，又称信号噪声比，是指有用信号电压与噪声电压之比，记为 S/N，通常用分贝值表示。信噪比越

大，图像质量越好。

数字成像探测器系统是一个多级复杂系统，包括模拟电路和数字电路两大部分。射线接收与光电转换部分（指数字化 A/D 转化之前的各个组成部分）统称为模拟电路；A/D 转换可以归结为数字部分。提高系统信噪比需要综合考虑上述两方面的影响，系统的信噪比最终由最薄弱的部分来决定。

模拟部分的信噪比，可以通过测量信号电压的标称值和随机杂波的有效值来计算。

$$S/N = 20 \lg \frac{亮度信号幅度标称值}{随机杂波幅度有效值} \text{(dB)} \tag{8—11}$$

测量的方法不同，计算后得到的模拟部分的信噪比有所差异，经过大量试验，目前国内外扫描阵列的图像传感器部分模拟电路的信噪比一般在 60～65 dB 范围内。

数字电路的信噪比一般按照理论计算来得到，计算公式为：

$$S/N = 6.02N + 1.76 + 10 \lg (f_s/2B) \text{ (dB)} \tag{8—12}$$

式中　N——A/D 转换器的位数；

　　　f_s——采样频率；

　　　B——模拟输入信号的带宽。

上式显示，增加 A/D 的位数、采样频率可以提高系统数字部分的信噪比。比如：采用 12 BIT A/D 转换器，10 MHz 采样频率的阵列系统数字部分的信噪比可以达到 75～80 dB。

软件降噪也是有效的提高信噪比的方法，提高的程度受原始图像质量的影响。常用的方法是多帧叠加技术。

(2) 数字成像系统的分辨率　探测器的空间分辨率主要是由图像传感器的像素尺寸决定。因为制造工艺的原因，光电二极管阵列的分辨率仅能达到 200 μm，TFT 阵列适合的分辨率为 20～200 μm，CCD 阵列的分辨率可达到 20 μm。CMOS 图像传感器具有很高的适用范围，上述所有分辨率的阵列都可以用 CMOS 技术来制造。

分辨率越高，就要求相同尺寸阵列的像素数目越多，其价格就越昂贵。而图像是通过显示器观察的，当阵列的像素数量超过显示器分辨率时，对在线检测设备来讲就不匹配。但如果需要在屏幕上放大观察，则采用更高分辨率的阵列是有意义的。

一般情况下，50 μm 以下的分辨率适合于集成电路检测；50～125 μm 的分辨率适合焊接接头检测，100～200 μm 分辨率适合铸造和锻造零件检测；200～400 μm 分辨率只适合医疗诊断和工业 CT。

(3) 对比灵敏度与宽容度　图像的对比度和宽容度实际上是由射线剂量、光电转换装置的动态范围和系统增益决定的。其中，对比度与宽容度成为一对矛盾。

增加射线剂量（毫安＊分）、降低图像传感器动态范围和增加信号增益可以大幅度提高图像对比灵敏度，但宽容度大幅度下降，反之亦然。从应用的角度考虑，焊接接头检测选择高对比度探测器，而复杂零件检测则应选择宽容度大的探测器。

6. 数字化射线成像技术特点总结

各种数字化射线成像技术的共同特点是：检测过程容易实现自动化，工作效率高，成像质量好，数字图像的处理、存储、传输、提取、观察应用十分方便。

从成像速度来说，各种数字化射线成像技术均比不上图像增强器实时成像，但比胶片照相或 CR 技术快得多。胶片照相或 CR 技术在两次照射期间需更换胶片和存储荧光板,曝光后需冲洗或放入专门装置读取,需要花费许多时间。而数字化射线成像技术仅仅需要几秒钟到几十秒的数据采集时间,就可以观察到图像。

数字化射线成像技术成像的速度与成像精度有关,其中最快的非晶硅平板可以每秒 30 幅的速度显示图像,甚至可以替代图像增强器,然而,成像速度越快,所获得的图像的质量就越低。

除了不能进行分割外和弯曲。数字平板能够与胶片和 CR 同样的应用范围,可以被放置在机械或传送带位置,检测通过的零件,也可以采用多角度配置进行多视域的检测。

数字化射线成像技术的图像质量比图像增强器射线实时成像系统高得多。各种成像技术比较:使用几何放大的图像增强器线性的空间分辨率约为 300 μm,二极管阵列(LDA)的空间分辨率约为 250 μm,非晶硅/硒接收板的空间分辨率约为 130 μm,CR 平板的空间分辨率约为 100 μm。小型 CMOS 探测器的像素尺寸约为 50 μm,扫描式 CMOS 阵列探测器的像素为 80 μm,使用几何放大的扫描式 CMOS 阵列探测器的空间分辨率可达到几微米。

数字平板的共同缺点是其价格昂贵,而胶片和 CR 的成本相对较低,此外,数字平板需要连接电源和电缆;非晶硅/硒接收板数字板易碎;其灵敏度会随温度变化。

8.4 X 射线层析照相(X-CT)

X 射线计算机层析(computed tomography)是近 20 年来迅速发展起来的计算机与 X 射线相结合的检测技术。该技术最早应用于医学,工业 CT 检测技术在近年来逐步进入实际应用阶段。

工业 CT 用经过高度准直的窄束 X 射线对工件分层进行扫描。X 射线管与探测器作为同步转动的整体,分别位于工件两侧的相对位置。检查中 X 射线束从各个方向对被探查的断面进行扫描,位于对侧的探测器接收透过断面的 X 射线,然后将这些 X 射线信息转变为电信号,再由模拟/数字转换器转换为数字信号输入计算机进行处理,最后由图像显示器用不同的灰度等级显示出来,就成为一幅 X-CT 图像。

工业 CT 检测的特点是准确率高。以往的传统射线检测,是把工件全厚度重量投影在一张底片上,无法分清楚各部分结构。工业 CT 是工件的分层断面图像,可给出工件任一平面层的图像,可以发现平面内任何方向分布的缺陷,它具有不重叠、层次分明、对比度高和分辨率高等特点,容易准确地确定缺陷的位置和性质。工业 CT 产生的数字化图像信号贮存、转录均十分方便。但 CT 技术完整地检测一个工件比常规射线照相需要长得多的时间,费用也要高很多。

工业 CT 技术目前主要应用在下列方面:

(1) 缺陷检测　主要用于检验小型、复杂、精密的铸件和锻件以及大型固体火箭发动机。检验大型固体火箭发动机的 CT 系统,使用电子直线加速器 X 射线源,能量高达 25 MeV,可检验直径达 3 m 的大型固体火箭发动机。

(2) 尺寸测量　如精密铸造的飞机发动机叶片的尺寸测量,尺寸误差应不大于 0.1 mm。

（3）结构和密度分布检查　在航空工业中 CT 技术用于检验与评价复合材料和复合结构，以及某些复合件的制造过程。这种检测与评价过程与取样破坏分析过程相比，不仅简化了生产过程、降低了成本，而且可靠性也大大提高。CT 技术还可用于检查工程陶瓷和粉末冶金产品制造过程中材料或成分变化，特别是对高强度、形状复杂的产品更有意义。

8.5　中子射线照相

8.5.1　中子射线照相的原理

1. 中子射线的物理基本知识

中子是一种不带电荷的基本粒子，其静止质量为 1.008 665 原子质量单位。中子射线与 X 射线和 γ 射线唯一的相同点是都属于不带电粒子束流，具有很强的穿透物质能力。在其他方面，中子射线与 X 射线和 γ 射线的性质迥然不同。

中子与物质相互作用时有如下特点：中子穿过物质时主要是与物质的原子核发生作用，与核外电子几乎没有作用。因此，中子的吸收概率主要决定于核的性质。X 射线和 γ 射线与物质作用时其衰减随物质原子序数的增大而增大，而对中子来说，却完全不具有这样的规律性，原子序数相邻的两种元素对中子的吸收可能相差悬殊，序数小的元素吸收热中子可能比序数大的元素吸收热中子更强。图 8—22 所示是 X 射线（125 kV）和热中子（0.025 eV）与物质作用衰减的对比结果。由图中可以知道，有些轻元素，例如氢（H）、硼（B）、锂（Li）对中子的衰减系数很大，而许多重元素的中子衰减系数甚至小于 125 kV 的 X 射线，例如铅（Pb）、铀（U）、金（Au）、铁（Fe）等。表 8—4 列出部分元素对热中子的质量吸收系数。

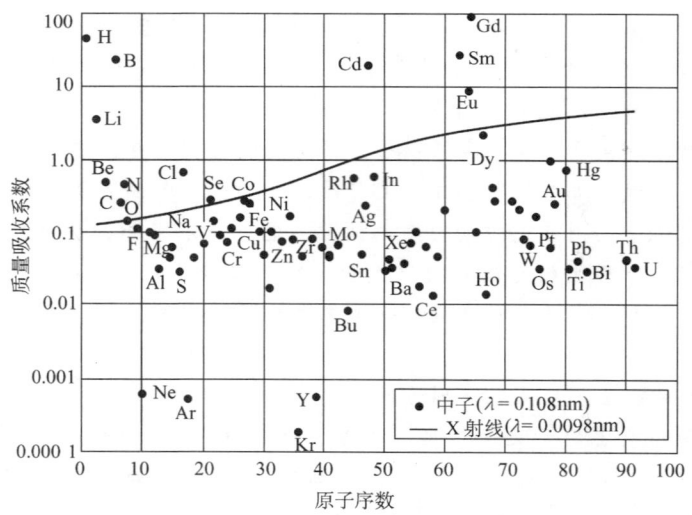

图 8—22　不同元素的热中子质量吸收系数

表 8—4　　　　　　　部分元素对热中子的质量吸收系数 μ　　　　　　　cm²/g

元素	氢	硼	铝	铁	镉	钆	铅	铀
吸收系数	48.5	12.1	0.036	0.141	11.2	84	0.034	0.033

中子与物质相互作用的强度减弱服从指数衰减规律，即：

$$I = I_0 e^{-\mu T} \tag{8—13}$$

式中　μ——衰减系数；

　　　T——物质的厚度。

衰减系数大小是由该元素的中子截面决定的，中子在某些较轻的元素中具有很大的截面，而在某些较重的元素中截面却很小。

描述中子射线的参数有强度和能量，强度是中子源单位时间里发射出来的中子数目，对于每次核反应释放一个中子的过程，中子强度等于单位时间内靶物质中所发生的核反应数。能量与中子的速度有关，中子的速度不同即能量不同。中子能量常用的单位是电子伏（eV），常见中子能量区域是 $10^{-3} \sim 10^7$ eV。习惯上把 0.1 MeV 以上的中子叫快中子，把 1 keV 以下的中子叫慢中子，介于其间的叫中能中子。在"eV～keV"能区的中子，由于它们与物质相互作用的截面常呈共振结构，所以又称为共振中子。10^{-2} eV 左右的中子，由于它相当于分子、原子晶格处于热运动平衡的能量，所以又叫热中子。比热中子能量更低的，就叫冷中子。各种中子能量的划分并不十分严格。

目前无损检测广泛应用的是热中子射线照相检验技术，这主要是因为对不同元素或不同物质，热中子质量吸收系数的差异最大，因此，热中子的检测灵敏度较高。此外，热中子源相对容易得到。

2. 中子射线照相原理

中子射线照相与 X 射线和 γ 射线照相原理十分相近，如图 8—23 所示，中子源发出的中子束射向被检测的物体，由于物体的吸收和散射，中子的能量被衰减，衰减的程度则取决于物体的成分。穿过物体的中子束被影像记录仪所接收而形成物体的射线照片。在实际使用中，热中子是最普遍的，但它不能直接从有关反应中制得，必须由快中子减速得到，因此，任何

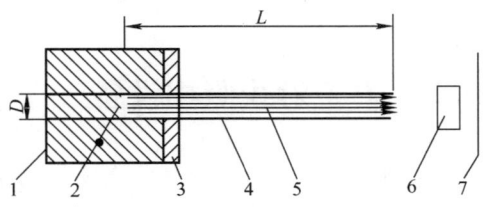

图 8—23　中子射线照相的基本透照布置
1—慢化剂　2—快中子源　3—中子吸收层
4—准直器　5—中子束　6—工件　7—胶片

类型的中子源几乎都使用体积庞大的慢化剂。对热中子来说，还需要进行准直，准直的目的是限制到达物体的中子束发散。

中子还有一个重要的性质，即其本身几乎不具有直接使胶片感光的能力，但它能产生某些容易被胶片记录下来的二次辐射，如带电粒子、光子等。因此，要在感光胶片上记录中子的信息，必须使用某些类型的转换屏。转换屏在中子照射下发生核反应产生 α 粒子、β 粒子和 γ 光子使胶片感光。

中子照相按照转换方式的不同可以分为两种。一种是直接曝光法，胶片夹在两层屏之间，中子穿过物体落在屏上，使屏产生辐射而使胶片感光，产生的辐射通常是 β 射线或 γ 射

线,如图 8—24a 所示。另一种是间接曝光法(又称转换曝光法),穿过物体的中子束首先使转换屏曝光而使其具有放射性,然后将转换屏与胶片紧密接触地放在一起,转换屏发出的射线使胶片曝光而产生影像,如图 8—24b 所示。

在直接曝光法中,胶片与转换屏同时装入暗盒置于中子束中进行透照,胶片直接记录转换屏在中子照射下所产生的瞬时图像。直接曝光法可以在低通量下进行长时间曝光,完成射线照相。直接曝光法的缺点是胶片将同时受到从工件及周围物体产生的射线的照射,导致图像质量降低。

在间接曝光法中,首先是工件与转换屏在中子束下进行透照,在转换屏中形成工件的放射性影像。透照后,将转换屏移至暗盒中,置于胶片之上使胶片感光,形成工件的射线照相影像。由于在转换屏中放射性活度的积累服从指数规律,因此,在长时间中子照射下,转换屏的放射性活度将趋于饱和。所以,间接曝光法应注意正确选取曝光时间。这种方法的优点是能对具有放射性的物质进行照相。

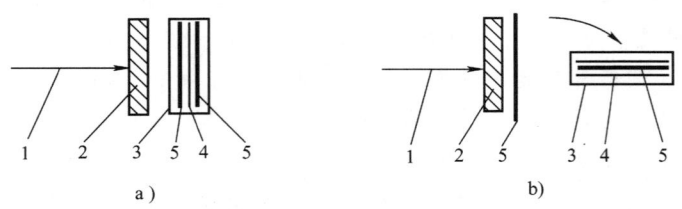

图 8—24 热中子射线照相检验方法
a)直接曝光法 b)间接曝光法
1—中子束 2—工件 3—暗盒 4—胶片 5—转换屏

8.5.2 中子射线照相设备

如上所述,大多数中子源发射出来的中子需经减速器慢化后变成热中子,然后通过准直器限制中子束的发射角,使它成为束照射,再透过被检工件,记录图像。所以中子探伤设备应包括中子源、减速器(或慢化剂)、准直器和记录设备。下面进行简单介绍。

1. 中子源

产生中子的方法很多,但目前能用于探伤的中子源有四种:同位素中子源、加速器中子源、反应堆中子源、中子管式中子源。前两种产生的中子是快中子,需要通过慢化剂变成热中子才能使用。热中子反应堆产生出来的中子是热中子,一般强度为 10^6 个中子/$(s \cdot cm^2)$,可直接用于探伤。中子管式中子源是属于加速器中子源的另一种形式,它的体积小,价格低,可用作移动式中子检测装置。

2. 慢化剂

当快中子进入物质后,与物质原子核发生弹性散射和非弹性散射,造成能量损失而被减速。非弹性散射只发生在减速过程开始,减速主要由弹性散射过程实现。通过减速使快中子慢化。快中子慢化采用减速剂实现,通过减速使中子的平均能量达到与减速剂原子核的平均动能相同。描述减速剂材料的主要参数是慢化能力和减速比。慢化能力是在慢化剂的单位行程内中子能量的对数平均降低量。减速比是慢化能力与宏观吸收截面之比。选择减速剂材料时，不仅要考虑它的慢化能力，而且更要考虑它的减速比。慢化能力大但减速比小的材料，由于宏观吸收截面大，不适宜作慢化剂材料。表8—5列出了一些慢化剂的减速特性。由表中数据可知，重水是中子慢化最好的减速剂。

表8—5　　　　　　　　　　　　　　慢化剂的特性

慢化剂	慢化能力（cm^{-1}）	减速比
水与其他含氢物质	1.53	60
重水	0.18	6 000～20 000
铍	0.16	135
石墨	0.063	175

3. 准直器

准直器用铝或不锈钢等材料制成，是一个双层壁的圆筒，两壁间填充了强烈吸收热中子的物质（硼及硼的化合物或水泥），热中子通过准直器后，其能量减少为原来的1%。

4. 记录设备

中子射线检测使用的中子转换屏的作用是吸收入射的中子，然后直接发射能够被检测的某种射线，如带电粒子或光子。中子检测中常用的转换屏是闪烁转换屏，它在中子照射下产生荧光使胶片感光。常用的屏材料有钆（Gd）和镉（Cd），这种曝光法要求屏受照射后产生的放射性具有较长的半衰期，常用的屏材料有铟（In，半衰期0.9 h）和镝（Dy，半衰期2.35 h）。

5. 转换屏

中子本身几乎不能使胶片感光，因此，在热中子射线照相中必须采用转换屏。转换屏在中子的照射下可以发射α射线、β射线或γ射线等，利用这些射线使胶片感光，记录透射中子分布图像，完成中子β射线照相。

转换屏分为两类：一类是钆、锂、硼、镉等，其中使用最多的是钆屏，它们在中子照射下瞬时发射射线，可用于直接曝光法；另一类是用于间接曝光法的铟、镝、铑转换屏，它们在受到中子的照射时，可以俘获中子，形成具有一定寿命的放射性核，在以后的放射性衰变中放射出γ射线。表8—6给出的是部分转换屏的特性。

表8—6　　　　　　　　　　热中子射线照相常用的转换屏

转换屏	热中子截面（$10^{-21}\ m^2$）	半衰期	发射粒子	发射粒子的最大能量（Mev）
镉	20 000	瞬时	γ	9
钆	58 000	瞬时	E	0.14
	240 000	瞬时	E	0.13
铑	144	43 s	γ	2.41
	144	57 min	X	0.02
	11	4.4 min	γ	0.5
铟	45	14 s	β	3.3
	154	54 min	β	0.42

8.5.3 中子射线照相应用简介

中子射线照相检验技术是常规X射线、γ射线照相检验技术的补充，对一些特殊领域和特殊结构，中子射线照相检验技术具有特殊的意义。中子射线照相检验技术的主要缺点是中子源价格昂贵，使用时需特别注意中子的安全与防护问题，这就限制了中子射线照相检验技术的应用。

中子射线照相可应用于核工业装置、爆炸装置、汽轮机叶片、电子器件及航空结构件（包括金属蜂窝结构和组件）等。

1. 核工业装置

中子射线照相在核工业中用来检验高辐射性材料的核燃料，测定其尺寸，显示燃料的情况，观察冷却液泄漏或氧化物和同位素的分布情况。

2. 爆炸装置和火箭燃料装置

爆炸装置和火箭燃料装置的检测是中子射线照相的重要应用方面。这种装置通常是在铅或不锈钢等金属制成的外壳中装有含氢的炸药或燃料。中子照相不仅能透过金属外壳，显示出里面装载的炸药或燃料，还能观察到其密度是否均匀、有无空隙等。

3. 汽轮机叶片

对蜡模铸造制成的汽轮机叶片，要确定其清理后没有残余陶芯留在冷却空腔的内部，可用中子照相进行检验。

4. 电子器件

某些电子器件含有异物（如纸、布等）将不能工作，中子射线可将此显示出来。

5. 航空结构件

用于航空和其他设备上的蜂窝结构可用中子进行检测，中子照相能显示制造或维修过程结构的黏结质量或黏结树脂的分布，对金属组件（如铝金属易于氢化而腐蚀）可检测腐蚀；对在役结构可检测其中存在的水分。

第 9 章 射线检测的质量管理

9.1 全面质量管理

质量管理是现代企业管理的重要组成部分。20世纪以来,随着生产力的不断发展,市场竞争日趋激烈,人们越来越清楚地认识到,在市场竞争中制胜的最重要的法宝就是产品(或服务)的优良质量。因此,作为提高质量的有效手段,全面质量管理越来越为人们所重视。

全面质量管理的主要内容可概括为"三全",即:
1. 全面质量,即不仅包括产品质量,而且包括服务质量和工作质量等在内的广义质量。
2. 全过程,即不仅包括生产过程,而且包括市场调研、产品开发设计、生产技术准备、制造、检验、销售、售后服务等质量环节的全过程。
3. 全员参加,即不仅包括领导和管理干部,而是全体工作人员都要参加。

无损检测的质量管理涵盖了两个方面内容,一是作为产品质量体系的一个环节,如何通过无损检测的实施对产品质量控制起到保证作用;二是作为一项技术业务工作,如何努力提高无损检测自身的质量。

概括地说,全面质量管理涉及五个方面的因素:①人的因素,②设备的因素,③材料的因素,④方法的因素,⑤环境的因素。即通常所称的"人,机,料,法,环"五大要素。本章将从这五个方面说明射线检测质量管理的有关内容与要求。

9.2 射线检测人员的管理

射线检测人员的管理包括人力资源配备和储备,人员培训与考核、人员技术业绩档案建立与管理等。

9.2.1 人力资源配备和储备

应根据企业生产、检测工作需求配备足够的、能胜任工作的无损检测管理人员、技术人员和检测作业人员;所配备的无损检测人员资格等级、数量应满足有关资格认可基本条件的要求;应根据工作情况的变化,及时进行人员的调整和补充;应根据技术业务发展的需要,制订人员发展和人力资源储备规划。

9.2.2 人员资格管理

凡从事承压特种设备无损检测的人员必须按照"特种设备无损检测人员资格考核规则"的规定，通过资格考核并取得特种设备安全监察机构颁发的资格证书，才能从事资格范围内的检测工作。无损检测资格分为Ⅰ级（初级）、Ⅱ级（中级）、Ⅲ（高级）三个等级。取得无损检测资格的人员需按规定的时间进行定期复考。

9.2.3 人员培训与考核

应定期对射线检测人员进行培训与考核，保证其知识及时更新，以满足工作的需要。新上岗人员应经考核合格，符合其岗位任职条件后才能上岗工作。

培训可分为外部培训和内部培训两类。外部培训主要指无损检测人员资格考核和复考规定的培训内容，一般由经考核部门认定的专业培训机构组织实施；内部培训是企业组织的对自己员工的培训，培训内容一般有：与特种设备有关的法规的学习，新的材料焊接等无损检测相关知识学习、无损检测新技术新工艺学习，无损检测新技术标准学习、仪器设备操作培训，质量手册规章制度学习、安全教育、新进人员上岗教育等。培训内容应根据外部情况和企业自身需要选择，尤其在标准更新、质量手册修改，以及应用新技术工艺和新仪器设备时，应及时安排培训。

企业应明确负责培训教育工作的部门，应按年度制订培训计划，并认真组织实施。

培训完成后应进行考核，外部培训的考核一般由规定的考核部门进行，内部培训由企业的负责培训教育工作的部门组织。

所有培训考核均应有记录，并记入档案。

9.2.4 人员技术业绩档案

所有无损检测人员均应有技术业绩档案，档案内容应能反映无损检测人员的基本情况、工作经历，从事无损检测工作的经历、无损检测资格持证与复考情况、培训情况、检测质量方面的奖惩情况等。其内容至少包括：

1. 技术工作简历表。
2. 学历、资格、技能等级证书。
3. 上岗培训考核记录。
4. 历年工作考核记录。
5. 历年培训记录和考核记录。
6. 技术业绩的资料：事故处理、制定标准、发表论文、研究成果等。
7. 检测质量方面的奖惩记录。

9.3 射线检测设备及器材的管理

9.3.1 仪器设备材料采购管理

为保证检测项目所使用的仪器设备、标准物质、消耗材料符合规定的质量要求，满足检测工作的需要，对设备和物质的采购应实施全过程的管理和控制。

1. 建立合格供应商名录

通过调查、考察、对比，选择资质合格、信誉良好、质量管理完善、供货及时、价格合理、服务好的单位作为供货方。考察至少包括以下方面：

(1) 资质；
(2) 资信；
(3) 性能；
(4) 质量保证能力和质量信誉；
(5) 以往供货业绩；
(6) 价格；
(7) 服务情况。

2. 采购管理

仪器设备材料采购管理一般程序包括：购置申请、批准、选择供方、签订采购合同、到货验收、入库。

设备和材料的验收至少包括内容：

(1) 开箱点数　按说明书和设备清单清点仪器主件和附件，核查所购仪器设备名称、型号、数量与订单是否一致，是否损坏或有缺件。对材料还应检查生产日期、有效期和质量要求。

(2) 技术性能验收　按合同规定技术条款核查仪器设备主要技术性能，进行必要的测试、校准、检定。

(3) 技术资料归档　收集有关技术资料，包括合格证、质量证明书、使用说明书等，及时归档。

9.3.2 仪器设备档案

为保证检测设备的基本情况、使用情况、检定情况、维修情况、故障情况等能得到及时、准确的记录。主要仪器设备应建立档案，档案内容至少应包括以下内容：

1. 仪器设备名称。
2. 制造商名称、型号、编号。
3. 接受和启用日期。
4. 放置地点。

5. 接收时的状态及验收记录。
6. 使用说明书或其复印件。
7. 鉴定/校准日期和结果以及下次鉴定/校准日期。
8. 维护记录和维护计划。
9. 损坏、故障及修理记录。

9.3.3 仪器设备使用管理

1. 标识

应对仪器设备的状态进行标识，设备的状态可分为三种：合格、准用、停用。

仪器设备的标识牌上应标明编号、下次检定或校准日期、鉴定者或校准者等内容。

2. 仪器设备的保管、使用与维护

仪器设备应由设备管理员统一保管，应根据不同仪器设备要求创造保管环境。

其中γ射线源的保管储存应满足以下要求：

（1）γ射线源的存放场所必须经当地环保、公安、卫生进行环境评估、审定批准。

（2）应放在专用的储藏箱内，不得与易燃、易爆腐蚀性物品一起存放。

（3）γ射线储藏箱或容器箱的存放室，不得设置在人员密集施工（交通）道两旁。

（4）施工现场不得存放射线源，工作完毕应及时把γ射线机运送到储存室内。

（5）射线源存放后，应指定专人保管，严格实行领用制度，射线源存放场所必须设有两道安全锁的防盗门。

领用仪器设备时应办理借用手续并做好记录。归还时，设备借用人员将所借设备清理干净，与设备管理员共同对设备状态进行验证后办理设备仪器归还手续。

操作人员每次操作仪器设备前均应鉴查其校准状态和环境要求（需要时），并做好记录，当仪器设备校准状态和环境（符合设备仪器使用操作规程规定的环境）符合规定要求时，方能开机操作。

操作人员应严格执行操作规程，按仪器设备操作规程正确操作仪器设备。当检测过程中仪器设备发生异常况时，须按操作规程的有关规定处理，并将情况予以记录。

设备管理员应对损坏的设备及时维修、校准、鉴定。

设备管理员应根据仪器设备性能和使用情况制定仪器设备维护措施，操作人员应熟悉仪器设备的保养知识，并根据规定定期保养。需要充电的设备仪器，设备管理员应经常鉴查该设备仪器的状况，至少每月对该类设备充电一次，以保证该类设备完好。对使用干电池的设备仪器，设备管理员应在设备仪器入库时将电池取出。

仪器设备经过多年使用或因事故损坏致使无法满足检验要求而又无法修复的，可申请报废，报废仪器设备应按规定处理，明确标识、隔离存放或送废品站处理。

暂不使用的仪器设备，应按规定办理手续并在设备上贴停用标识；停用的仪器设备重新启用，应按规定办理手续，经检定合格并贴上合格标识后方可投入使用。

需使用外部仪器设备时，应对所租用（借用）的仪器设备进行评定，确保仪器设备性能满足检测工作的需要。

9.3.4　仪器设备的检定校准

为了保证检测结果的准确有效和可追溯性，应对仪器设备定期检定校准。

应根据检验仪器设备的情况编制检定计划表，对仪器设备状态发生变化的（包括新购、停用、重新启用和报废）情况，所有需检定的仪器设备，一律送法定计量检定机构进行检定。

对无检定规程、标准、相关技术资料或无法溯源到国家基准而需自校的仪器设备，应编写自校规程，若某些仪器设备测量不可能溯源到国家基准，应按制定的比对和验证计划进行比对和验证试验，并出具比对和验证试验报告。

仪器设备检定完毕后，应将有关校准、检定（验证）的记录及检定证书放入设备档案。所有检验设备在使用时，必须具有有效的检定（校核、比对）证书，如发现所使用的设备未经检定或检定不合格时，应立即停止使用并对该次检测数据有效性做出相应处理。

射线检测设备一般至少每年检定一次，应制定规程并严格按照规程进行检定。

X射线机的年度检定内容，一般包括焦点测试、曝光曲线校验、最大透照厚度的测定、整机绝缘电阻的测试、电流表、电压表校验等。

对黑度计进行校验时，其测量黑度的允许误差值一般控制在±0.05。校验周期规定每六个月至少校验一次。校验黑度计的标准黑度片应有计量部门出具的计量合格证书。

像质计生产厂家应为经国家计量部门认可的专业生产厂，像质计必须有出厂质量证明书。

9.3.5　消耗材料的管理

射线检测消耗材料主要是射线胶片和显影、定影用的化学用品等。

消耗材料采购应严格按照质量管理规定的"采购"过程进行。材料的进货检验、登记、保管、领用等应严格执行程序规定。

胶片的进货检验应特别注意生产日期和有效期。入库后应在恒温恒湿条件下存放。胶片应随用随领，不应大量领用长期存放在暗室，以防变质。

显影、定影用的化学药品，应确认其具有质量合格证明，并检查药品实物与证书是否相符。在使用时，应按规定的比例和顺序配制显影液、定影液。对使用中的显影液、定影液应注意检查，当其效力下降时应及时补充或更换。

9.4　射线检测工艺的管理

检测工艺管理包括工艺的制定，包括编写工艺规程和工艺卡，工艺的执行和监督，新工艺的鉴定，例外检测的专用工艺制定等。

检测工艺管理十分重要，一方面，错误的工艺文件可能造成大批量的不合格产品，导致严重后果。另一方面，错误的工艺参数或偏离正确工艺文件的错误操作可能引起无法察觉的失误：例如，选择了不合适的很小的焦距值，虽然底片上的像质计灵敏度满足要求，但细小裂纹却可能漏检。又如未按工艺规定使主射线束垂直于工件表面，透照角度过大，可能底片上看不出异常，但裂纹漏检的可能性却增大了。因此，正确制定工艺和严格执行工艺都是十分重要的。

9.4.1　工艺规程的制定

无损检测通用工艺规程应根据相关法规、技术规范标准的要求，并针对本单位机构的特点和设备技术条件进行编制。无损检测通用工艺规程应涵盖本单位（制造、安装或检测单位）产品的检测范围。通用工艺规程应详细、明确、便于操作，检测的操作人员应严格执行工艺规程。

工艺规程应有编制、审核和批准人员三级签字。编制通用工艺规程的人员应当是本单位无损检测最高技术等级人员，这样才能保证通用工艺规程达到最高质量水平。现行法规和技术规范均规定：通用工艺规程必须由该专业Ⅲ级资格人员编制，因此，射线检测的通用工艺规程就必须由射线Ⅲ级人员编制。工艺规程的批准，一般应为企业或单位的技术负责人。

射线检测工艺规程通常包括以下内容：

1. 适用范围（依据的法规标准、透照质量等级、透照母材厚度范围、工件种类、焊接方法和类型等）。
2. 对检测人员的要求（资格、视力等）。
3. 检测准备要求（检测时机、工件表面状况、钢印标方法等）。
4. 设备、器材要求（射线源和能量的选择、胶片牌号和类型、增感屏、像质计、暗盒、铅字等）。
5. 透照方法及相关要求（100%透照或局部透照的要求，焦距选择，一次透照长度，编号方法，像质计和标记的摆放，散射线的屏蔽等）。
6. 曝光参数及曝光曲线（管电压、管电流、曝光时间等）。
7. 暗室处理（洗片方法、胶片处理程序、条件及要求等）。
8. 底片评定（评片条件、验收标准、像质鉴定、级别评定、返修规定）。
9. 记录报告（记录报告内容及要求，资料、档案管理要求等）。
10. 安全管理规定。
11. 其他必要的说明。

9.4.2　检测工艺卡

工艺卡是以表卡形式出现的，针对具体产品或结构的具体检测工序做出的具体参数和技术措施的规定性工艺文件。在通用工艺规程覆盖的范围的工艺卡内可由Ⅱ级人员填写，由Ⅲ级人员审核；超出通用工艺规程范围的工艺卡则应由Ⅲ级人员编制。工艺卡的批准按单位的质量管理体系的有关规定执行，一般由无损检测负责人批准。

工艺卡的具体形式和主要内容可参见第4章4.5.2节。

9.4.3 工艺纪律的监督与管理

无损检测工艺文件是无损检测工作的准则和命令，必须严格认真执行。除了制定详细的工艺纪律，对操作人员进行严格执行工艺纪律的教育外，对现场工作的工艺纪律进行监督和检查也是十分必要的。由于不可能对每次射线检测操作的每一步骤实施监督检查，因此，采用定期或不定期的抽查方法来检查工艺纪律是适宜的。有关检查结果应纳入个人工作业绩考核，并依此实行奖励与处罚。

9.4.4 新技术、新工艺的鉴定

随着无损检测技术的发展，各种无损检测新技术、新工艺不断出现。新技术、新工艺能否在日常的无损检测工作中应用，成为一种规定的工艺方法，通过必要的工艺评定或鉴定，以确保新技术、新工艺检测结果的可靠性。

对于常规无损检测方法中一般性的新技术、新工艺以及特殊产品（超出现行标准适用范围的特殊零部件）的射线检测工艺，须经过工艺评定。工艺评定应由具有高级资格的技术人员主持进行，主要是验证所评定的新工艺新技术的可靠性、正确性。经实际检测验证后，由有关人员写出工艺评定报告，质控负责人认可，最后再按工艺评定中经验证合适的工艺方法和参数，制定工艺规程。

对于超出常规方法的新技术、新工艺、新方法、新设备，例如，计算机实时成像检测技术，管子管板角焊缝射线照相技术等，可能既无方法标准、等级评定标准，也无验收标准。在此情况下，就需要制定方法标准、等级评定标准或验收标准，这要经过一个较长时期的技术开发过程。一般的程序是：先进行新技术的开发，然后经过反复试验验证，在某一个或几个单位试用一个较长的阶段，待新技术较为成熟后，经过专家鉴定，然后由国内相关的权威部门认可，组织编制标准案例，包括方法、等级评定等内容，并报有关部门组织对新标准案例进行评审和批准。

9.4.5 例外检测专用工艺的制定

例外检测是指检测工程中受现场具体情况或工件结构的制约，某些检测条件不能满足技术标准或产品设计工艺文件的要求，不能应用规定的检测方法、工艺、工艺参数或工艺措施实施检测，而又没有其他更好的替代方法时，所进行的一种特殊性质检测工作。

对射线检测来说，需要考虑进行例外检测的情况有：受现场条件或工件结构限制，焦距不能满足最小几何不清晰度的要求；工件透照厚度差过大导致底片黑度和灵敏度不能满足标准要求；工件厚度大而射线检测设备穿透力不够导致底片黑度和灵敏度不能满足标准要求；工件厚度小于γ射线透照厚度下限而导致底片灵敏度不能满足标准要求等。

由于例外检测可能影响检测灵敏度和缺陷检出可靠性，所以对此必须加以控制。对例外检测应制定一套内部管理程序，包括例外检测申请、方案的制定、专用工艺编制、实施的批准等。此外，进行例外检测应及时告知客户，并应在检测报告中注明，必要时应向有关部门备案。

制定例外检测的方案和工艺时，应考虑以下几个方面问题：

1. 申请例外许可的理由是否成立？是否需要进行例外检测？现场条件是否确实无法满足技术标准或产品设计工艺文件？
2. 是否一定要应用该方法进行检测？有没有其他更好的替代方法？
3. 例外检测方案是否周密完整？
4. 例外检测工艺中，是否针对存在的具体情况制定了针对性补偿措施？是否能保证检测质量不降低或使这种降低减小到最低程度？

射线检测例外许可工艺中，应特别注意针对那些不能满足技术标准或产品设计工艺文件的检测条件来采取补偿措施：例如，使用更高等级的胶片、提高底片黑度、采用双胶片技术、采取有效的屏蔽散射线的措施等。

9.5 射线检测报告、底片及原始记录控制和档案管理

射线检测报告应由具有特种设备无损检测射线专业Ⅱ级或Ⅲ级资格人员出具，应按照有关规定经过审核和批准签字，并盖单位印章。对检测报告的编制、审核、批准、发放、修改、存档应在有关管理文件中作出规定。

检测报告应采用规定格式，报告的格式须经批准后方可使用，其内容应完整。

检测报告应逐项填写，要求字迹清楚，表达明确，用数字表达的检测项目应填写实测数据，计量单位均应采用法定计量单位。

原始记录的填写应保证真实性，透照条件记录必须是实际操作的数据，不得抄录工艺卡上规定的数据。原始记录和检测报告应具有一致性。

检测报告、评片记录及其他原始记录和工艺卡等资料应按规定的方式归入档案室，由专人进行管理。并建立台账以便查询。

底片评定后应理顺编号存入档案室。应按照档案管理的要求分类，并建立台账以便查找。底片的存放一般是将底片垂直置放于架子上，不得平放或堆叠，以防受压变形变质。室内的温度和湿度应适宜。

9.6 射线检测环境的管理

射线检测的环境包括透照场地、办公场地、暗室、评片室等。

透照室设计应符合国家放射安全和环保的有关规定，启用前应进行安全剂量测试合格并应报送卫生环保部门备案后方可投入使用。透照室应设置各种安全防护装置，包括报警装置、工作信号灯，以及安全联锁装置等。入口处必须设置放射性标志。

在现场使用 X 射线或 γ 射线装置进行透照时，应设定控制区和监督管理区。控制区边界应悬挂清晰可见的"禁止进入放射性工作场所"标牌。未经许可人员不得进入该范围边界，可采用绳索、链条和类似的方法或安排监督人员实施人工管理。管理区或监督区允许相

关人员在此区活动,培训人员或探访者也可进入该区域,边界线应有"当心,电离辐射!"标牌,公众不得进入该区域。应配备剂量测试设备以测定工作环境射线剂量水平。

暗室、评片室等环境要求已在第 5 章、第 6 章叙述,在管理方面应经常检查,及时维护。

9.7　放射防护安全管理

这里所述的放射防护管理是指射线应用单位及其主管部门根据有关放射卫生防护法规与标准,所进行的自主管理。

9.7.1　放射防护法规与标准

法规泛指国家机关制定的一切规范性文件,包括法律、法令、条例、规定、规则、决议、决定、命令等。放射防护法规是指国务院及有关部委颁布的监督管理放射安全的行政法规。

与工业射线照相有关的放射卫生防护法规有:
1. 《放射性同位素与射线装置放射防护条例》,1989 年 10 月 24 日国务院发布。
2. 《中华人民共和国放射性污染防治法》,自 2003 年 10 月 1 日起施行。
3. 《放射事故管理规定》,2001 年 8 月 26 日卫生部、公安部公布。
4. 《放射工作卫生防护管理办法》,2001 年 10 月 23 日卫生部令第 17 号公布。
5. 《中华人民共和国职业病防治法》,自 2002 年 5 月 1 日起施行。

标准是对重复性事物和概念所作的统一规定。它以科学技术和实践经验的综合成果为基础,经有关方面协商一致,由主管机构批准,以特定形式发布,作为共同遵守的准则和依据。放射防护标准属于一种技术性规范,包括基本标准和派生的次级标准,与工业射线照相有关的放射防护标准有:
1. GB 18871—2002 电离辐射防护及辐射源安全基本标准。
2. GB 16357—1996 工业 X 射线探伤放射卫生防护标准。
3. GB 18465—2001 工业 γ 射线探伤放射卫生防护要求。

9.7.2　放射防护管理责任部门

凡使用射线装置的单位,应根据装置的数量和复杂程度,指定防护安全管理责任部门或任命专(兼)职防护安全员,其职责如下:
1. 根据有关防护法规与标准,结合本单位的实际情况,制定实施细则与规章制度,并监督执行。
2. 负责对放射工作人员进行有关放射防护安全方面的教育和训练。
3. 根据有关防护法规与标准的规定,负责放射源的购买、使用、存放、回收等方面的具体管理工作。

4. 定期检查放射安全防护设施，定期向本单位负责人报告监测结果，并提出放射安全评价和改进意见。

5. 划分现场工作区和监督区，监测放射水平，控制放射危害，将必要情况通知操作人员。

6. 对异常情况有责任及时报告本单位负责人。由于放射安全方面的原因，有权停止射线装置的运行。

7. 参与和配合放射事故的调查和处理，提供有关资料，反映情况。

8. 接受放射防护监督、监测部门的指导和检查，配合进行防护监测监督。

9.7.3　射线装置申请许可制度

使用射线装置的单位，凡属下列条件之一者，均需办理申请许可手续：

1. 新从事射线检测工作的单位。
2. 射线装置转让、调拨的接受单位。
3. 购置新的射线装置的单位。
4. 新建、改建或扩建射线装置工作场所的单位。

申请开展射线装置工作的单位必须具备下列基本条件：

1. 具有与所从事的放射工作相适应的场所、设施和装备，并提供相应的资料。
2. 从事放射工作的人员必须具备相应的专业及防护知识和健康条件，并提供相应的证明材料。
3. 有专职、兼职放射防护管理机构或者人员以及必要的防护用品和监测仪器，并提交人员名单和设备清单。
4. 提交严格的有关安全防护管理规章制度的文件。

具备上述基本条件的单位，按有关规定办理申请许可手续。分别送省级、地（市）级和县级卫生行政部门放射防护机构审核，审核合格后发放许可证。

申请单位取得"射线装置工作许可证"后，方可从事经许可的射线装置工作。

放射工作许可登记证每1～2年进行一次核查，核查情况由原审批部门记录在许可登记证上。

放射工作单位在需要改变许可登记的内容时，需持许可登记证件到原审批部门办理变更手续。终止放射工作时必须向原审批部门办理注销许可登记手续。

9.7.4　放射防护培训

放射防护培训是为了提高放射工作人员对放射安全重要性的认识，增强防护意识，掌握防护技术，最大限度地减少不必要的照射，避免事故发生，保障工作人员和公众的健康与安全必要措施。

放射工作人员就业前必须接受放射防护培训，经考试合格之后才有资格参加相应的工作，就业后应定期接受再培训。

9.7.5 放射工作人员证的管理

放射工作人员上岗前，必须由所在单位负责向当地卫生行政部门申请《放射工作人员证》，工作人员持证后方可从事所限定的放射工作。

申领《放射工作人员证》的人员，必须具备下列基本条件：

1. 年满18周岁，经检查健康，符合放射工作职业的要求。
2. 遵守放射防护法规和规章制度，接受个人剂量监督。
3. 掌握放射防护知识和有关法规，经培训、考核合格。
4. 具有高中以上文化水平和相应专业技术知识和能力。

《放射工作人员证》每年复核一次，每5年换发一次。超过2年未申请复核的，需重新办证。

9.7.6 放射工作人员的健康管理

1. 体检

放射工作人员就业前必须进行体格检查，体检合格者方可从事放射工作。放射工作人员就业后必须进行定期体格检查。

放射工作人员体检应在省级卫生行政部门指定的卫生医疗单位进行。在甲种条件下工作者，每年进行全面医学检查1次；乙种条件下工作者，每2~3年体检1次。

放射工作人员所在单位应为每位放射工作人员建立健康档案，详细记录历次医学检查结果和评价处理意见，并保存至脱离放射工作以后20年。

2. 放射工作人员健康要求

放射工作人员必须具有在正常、异常和紧急情况下能正确、安全地履行其职责的健康条件，他们应具有：

（1）正常的呼吸、循环、消化、内分泌、免疫、泌尿生殖系统以及正常的皮肤、黏膜、毛发、物质代谢功能等。

（2）正常的造血功能，如红细胞系、粒细胞系、巨核细胞系等，均在正常范围内。

（3）正常的神经系统功能、精神状态和稳定的情绪。

（4）正常的视觉、听觉、嗅觉和触觉，以及正常的语言表达和书写能力。

（5）外周血淋巴细胞染色体畸变率和微核率正常。

（6）尿和精液常规检查正常。

3. 不宜从事放射工作的条件

凡存在以下条件（或情况）之一者，不应（或不宜）从事放射工作：

（1）严重的呼吸系统、循环系统、消化系统、造血系统、神经和精神系统、泌尿生殖系统、内分泌系统、免疫系统疾病以及皮肤疾病。

（2）严重的视听障碍、听力障碍。

（3）恶性肿瘤，有碍于工作的巨大的、复发性良性肿瘤。

（4）严重的、有碍于工作的残疾、先天畸形和遗传性疾病。
（5）手术后不能恢复正常功能者。
（6）未完全恢复的放射性疾病（指就业后）或其他职业病等。
（7）其他器质性或功能性疾病、未能控制的细菌性或病毒性感染。
（8）有吸毒、酗酒或其他恶习而不能改正者。
（9）未满18周岁，不宜在甲种工作条件下工作；16～17岁允许接受为培训而安排的乙种工作条件下的照射。
（10）已从事放射工作的孕妇、哺乳期妇女不应在甲种工作条件下工作。妊娠6个月内不应接触射线。
（11）以前已接受过5倍于年剂量限值照射的放射工作人员，不应再接受事先计划的特殊照射。
（12）对经验丰富的放射学专家和技术人员，若有不符合健康条件者，应慎重对待他们的去留。

4. 医学随访

对符合下列条件之一者每2年对其进行一次医学随访观察：
（1）从事放射工作累计工龄20年以上。
（2）一次或几天内的照射当量剂量在0.1 Sv以上。
（3）一年全身累计照射当量剂量在1.0 Sv以上。
（4）确诊的职业放射病者。

5. 保健津贴

放射工作人员的保健津贴按照国家和地方的有关规定执行。临时调离放射工作岗位者，可继续享受保健津贴，但最长不超过3个月。正式调离放射工作岗位者，可继续享受保健津贴1个月，从第2月起停发。

6. 休假

根据工作场所类别与从事放射时间的长短，在国家规定其他休假外，从事放射工作人员每年可享受保健休假2～4周。对从事放射工作满20年的在岗人员，可由所在单位利用休假时间安排2～4周的健康疗养。享受寒、暑假的放射工作人员不再享受保健休假。

9.7.7 放射事故管理

放射事故按其性质可分为责任事故、技术事故和其他事故；按类别可分为人员受超剂量照射事故、放射性物质污染事故和丢失放射性物质事故。

人员受超剂量照射事故发生后，肇事单位应立即将事故情况报告主管部门和所在地区的卫生、公安部门。并及时采取妥善措施，尽量减少和消除事故的危害和影响，接受当地放射卫生防护机构的监督及有关部门的指导。

对事故中受照人员，可通过个人剂量计、模拟实验等方法迅速估算其受照剂量。对一次受照的有效剂量超过0.05 Sv者，应给予医学检查；对一次受照有效剂量超过0.25 Sv者，应及时给予医学检查和必要的医学处理。

放射事故应按《放射事故管理规定》处理。

附录 I

JB/T 4730 标准中的确定焦距的最小值的诺模图

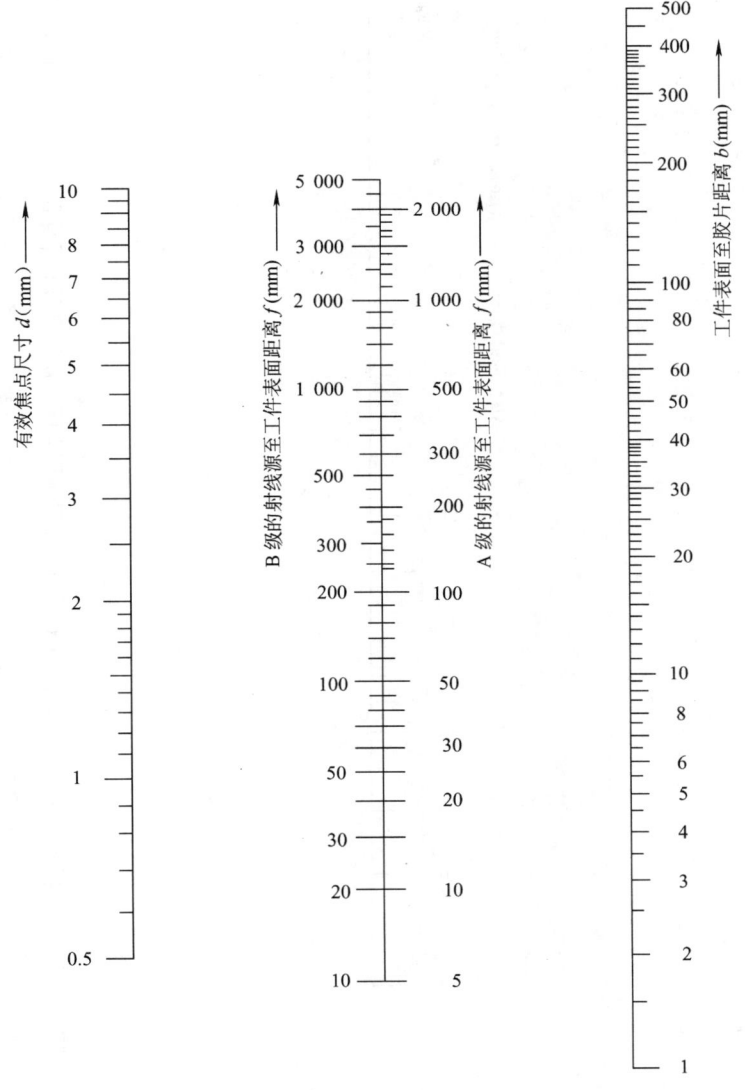

图 I—1 A 级和 B 级射线检测技术确定焦点至工件表面距离的诺模图

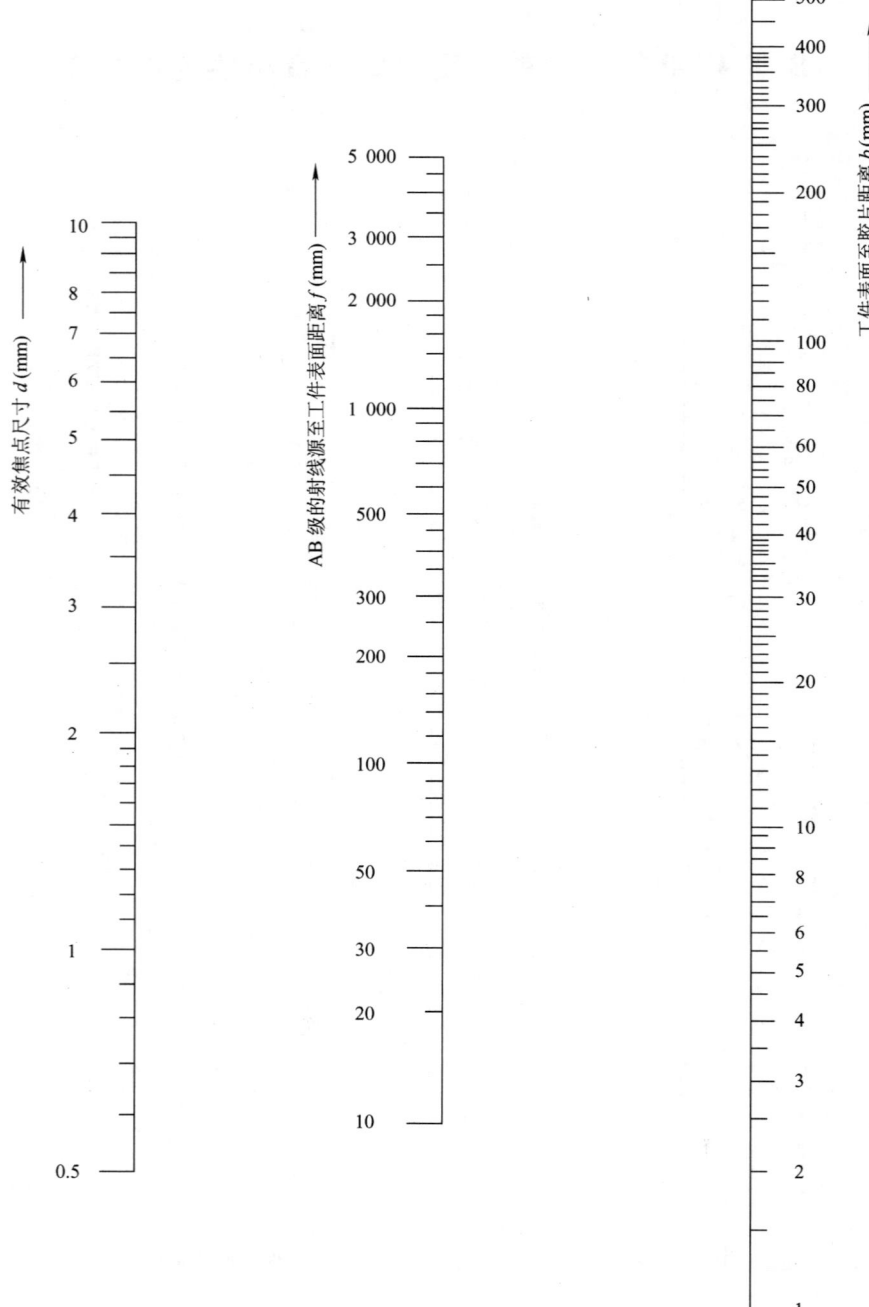

图Ⅰ—2　AB级射线检测技术确定焦点至工件表面距离的诺模图

附录Ⅱ

JB/T 4730 标准中的环向对接焊接接头的透照次数图

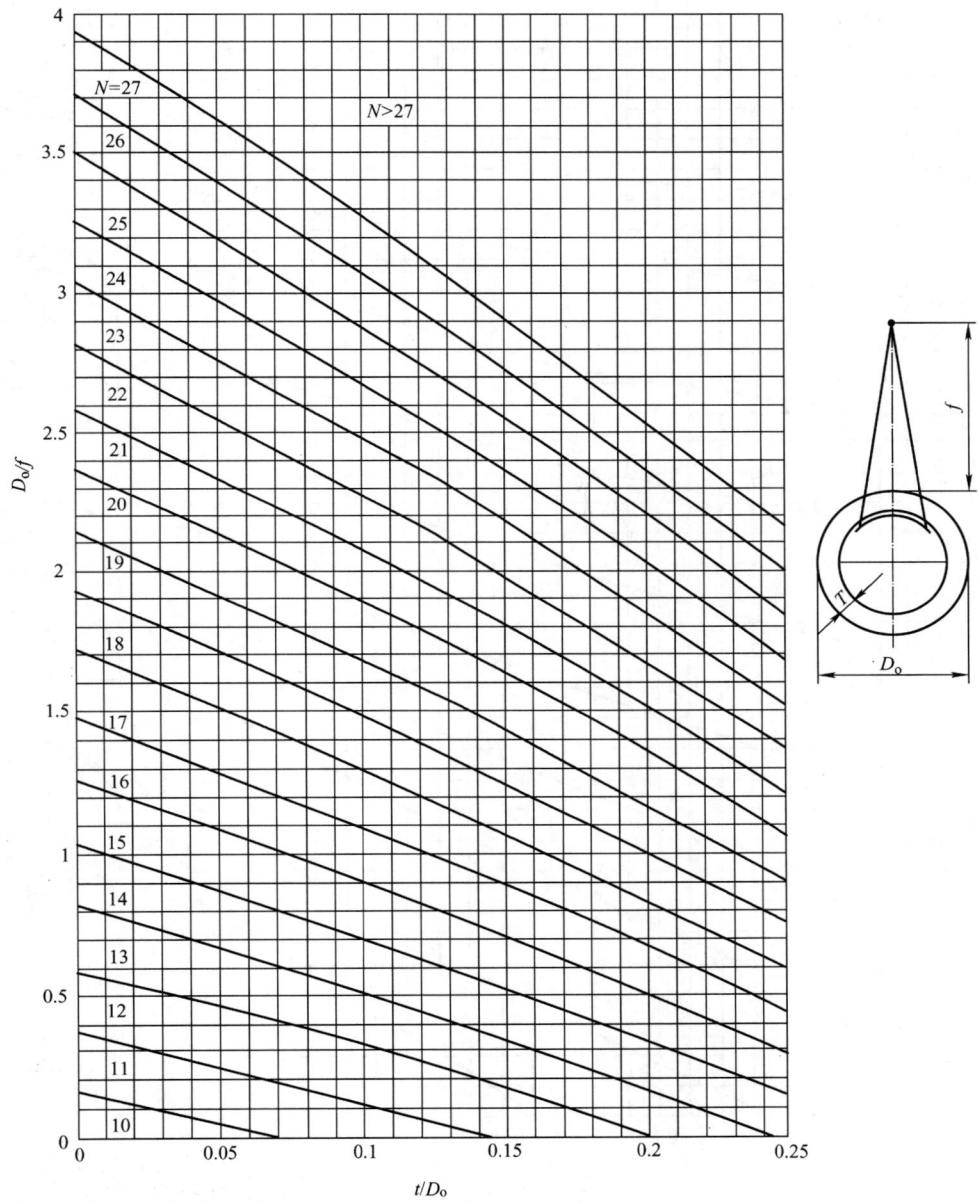

图Ⅱ—1　源在外单壁透照环向对接焊接接头，透照厚度比 $K=1.06$ 时的透照次数图

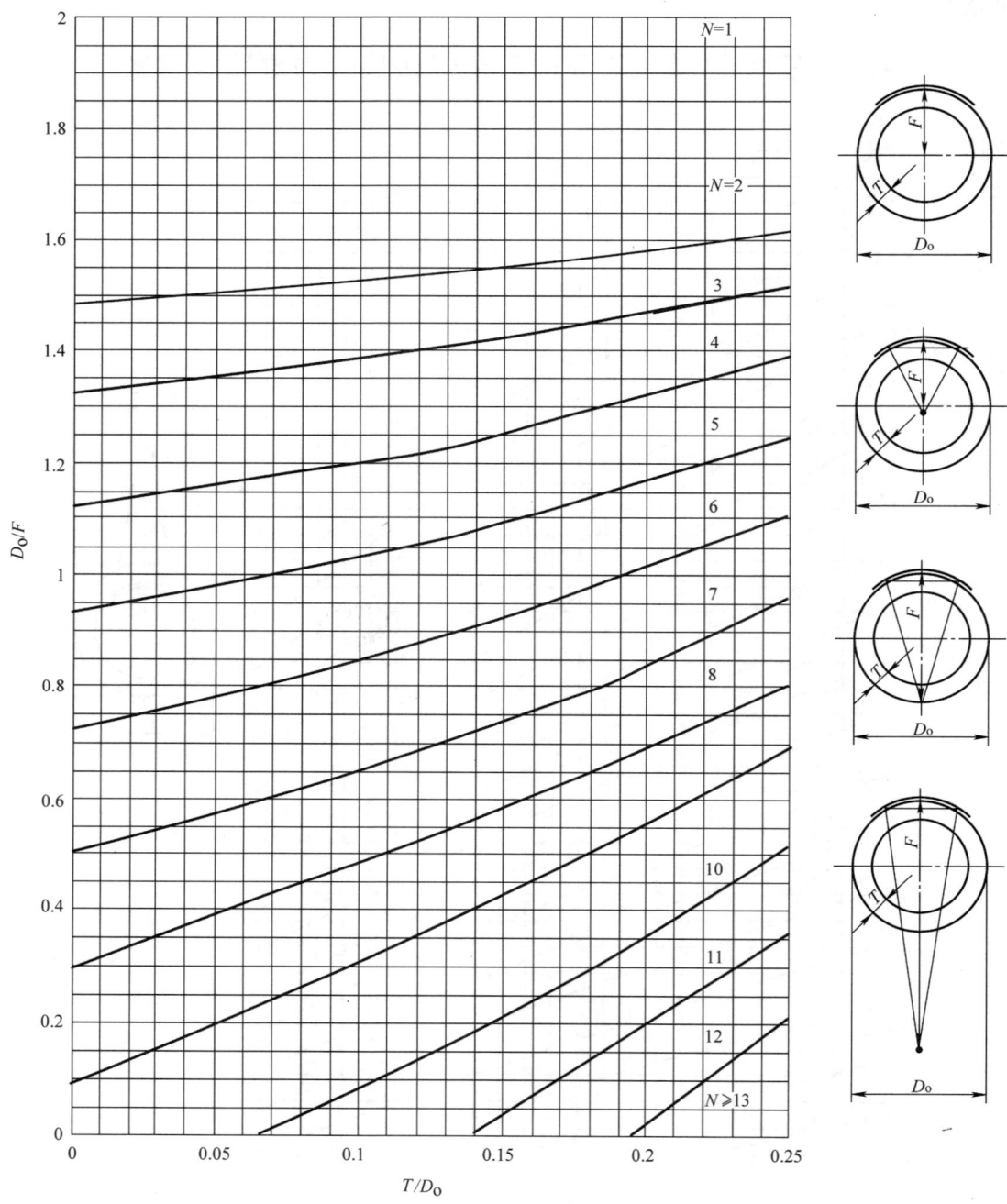

图 Ⅱ—2　其他方式透照环向对接焊接接头,透照厚度比 $K=1.06$ 时的透照次数

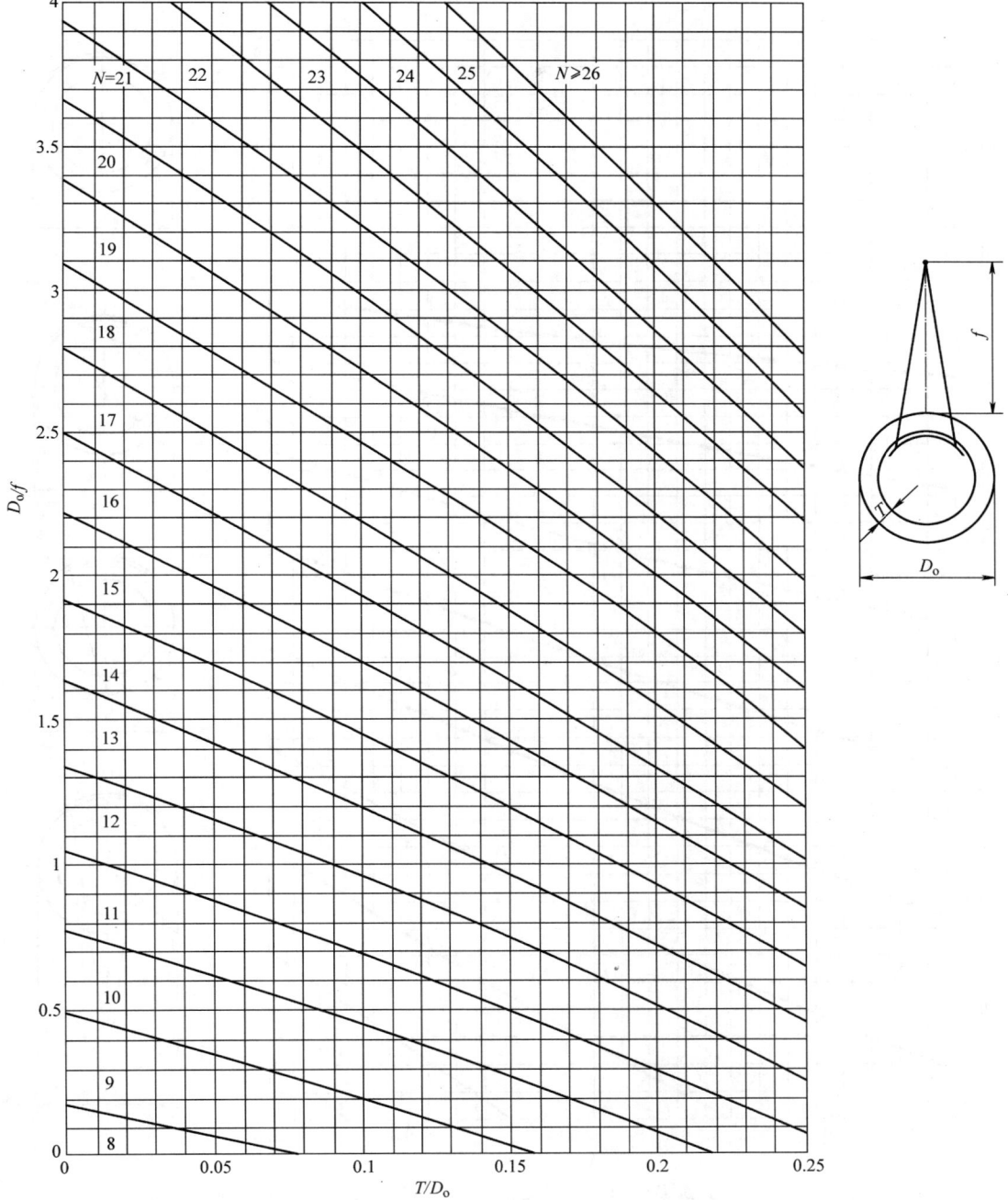

图Ⅱ—3 源在外单壁透照环向对接焊接接头，透照厚度比 $K=1.1$ 时的透照次数

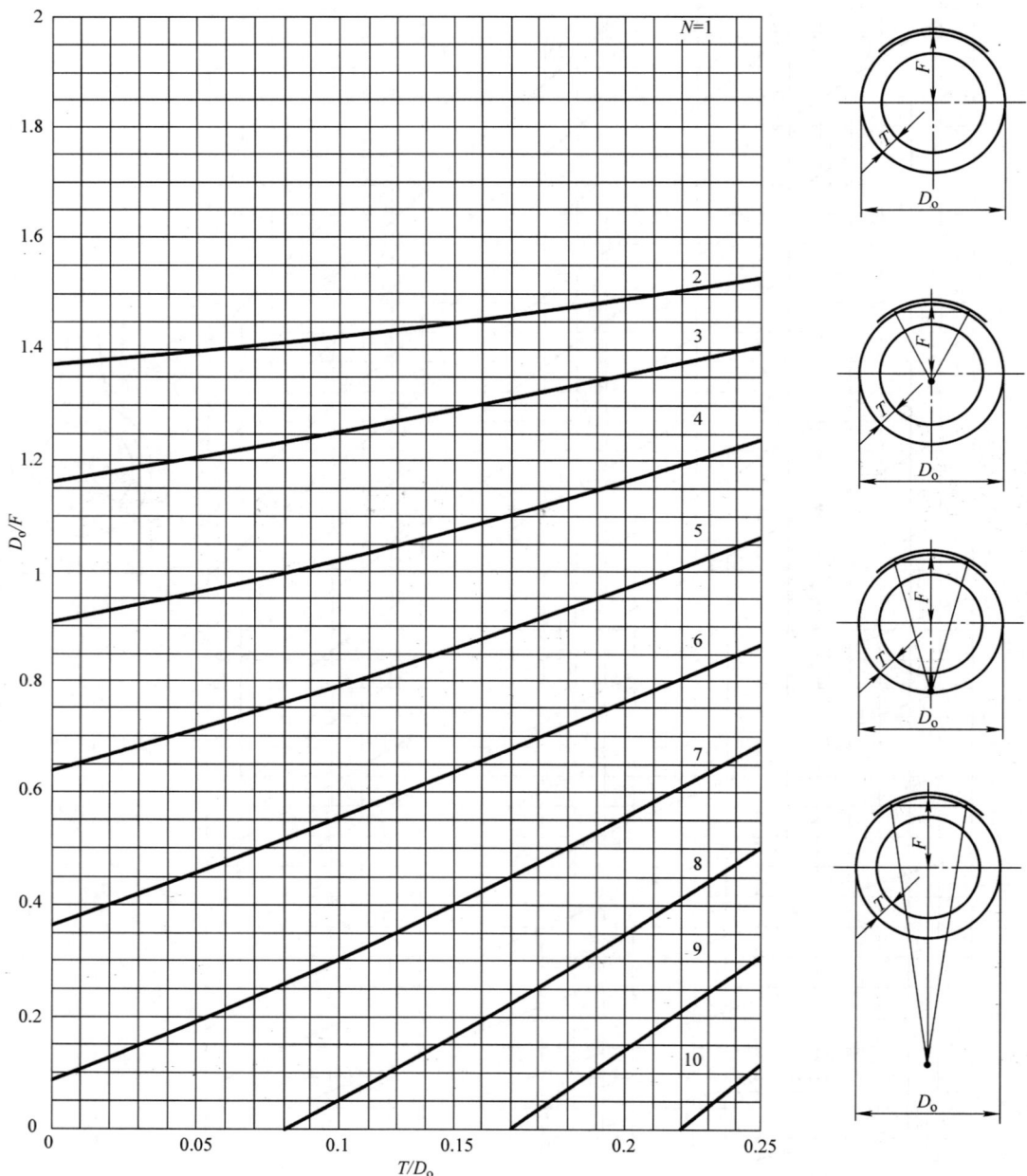

图 Ⅱ—4　其他方式透照环向对接焊接接头，透照厚度比 $K=1.1$ 时的透照次数

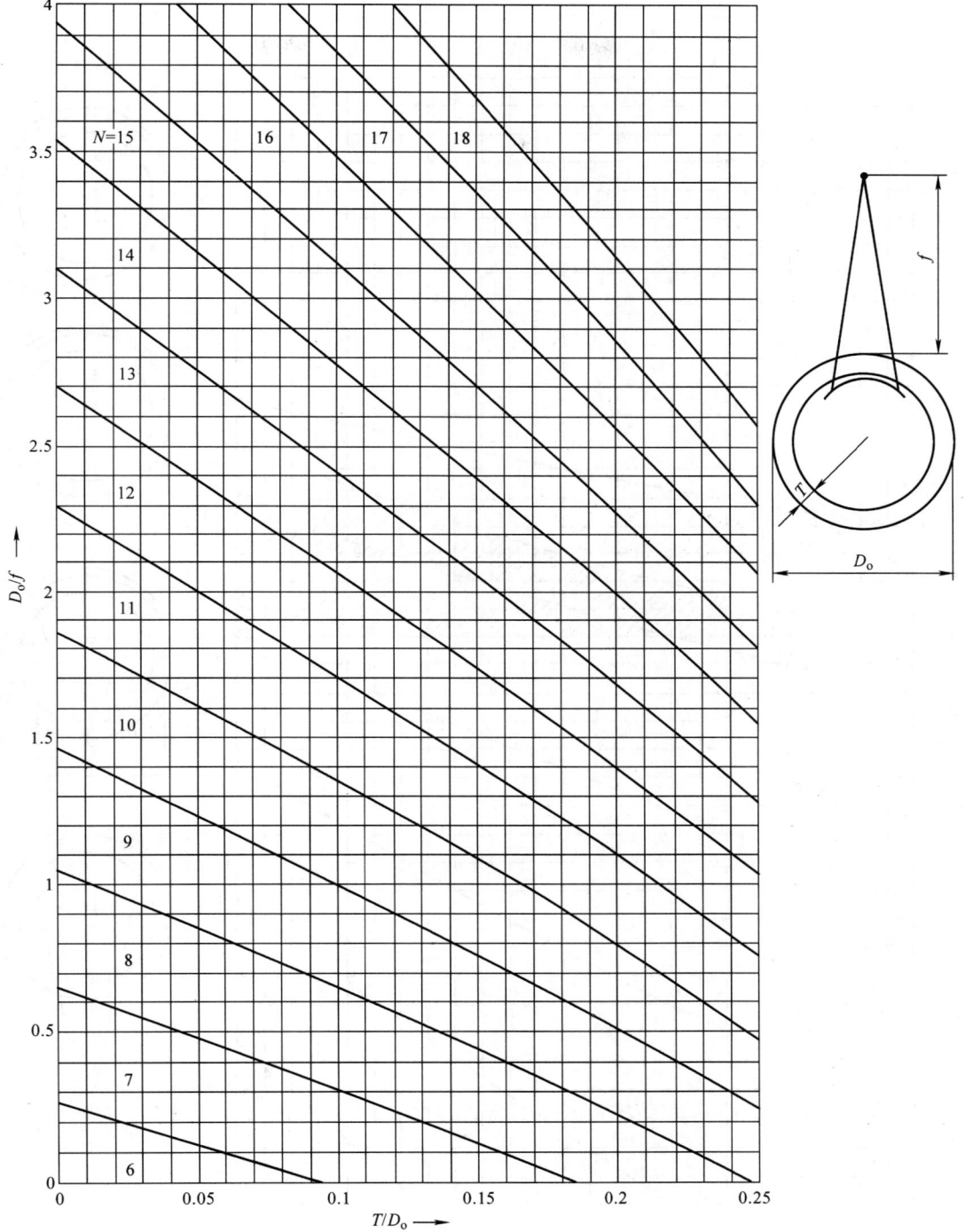

图Ⅱ—5 源在外单壁透照环向对接焊接接头,透照厚度比 $K=1.2$ 时的透照次数

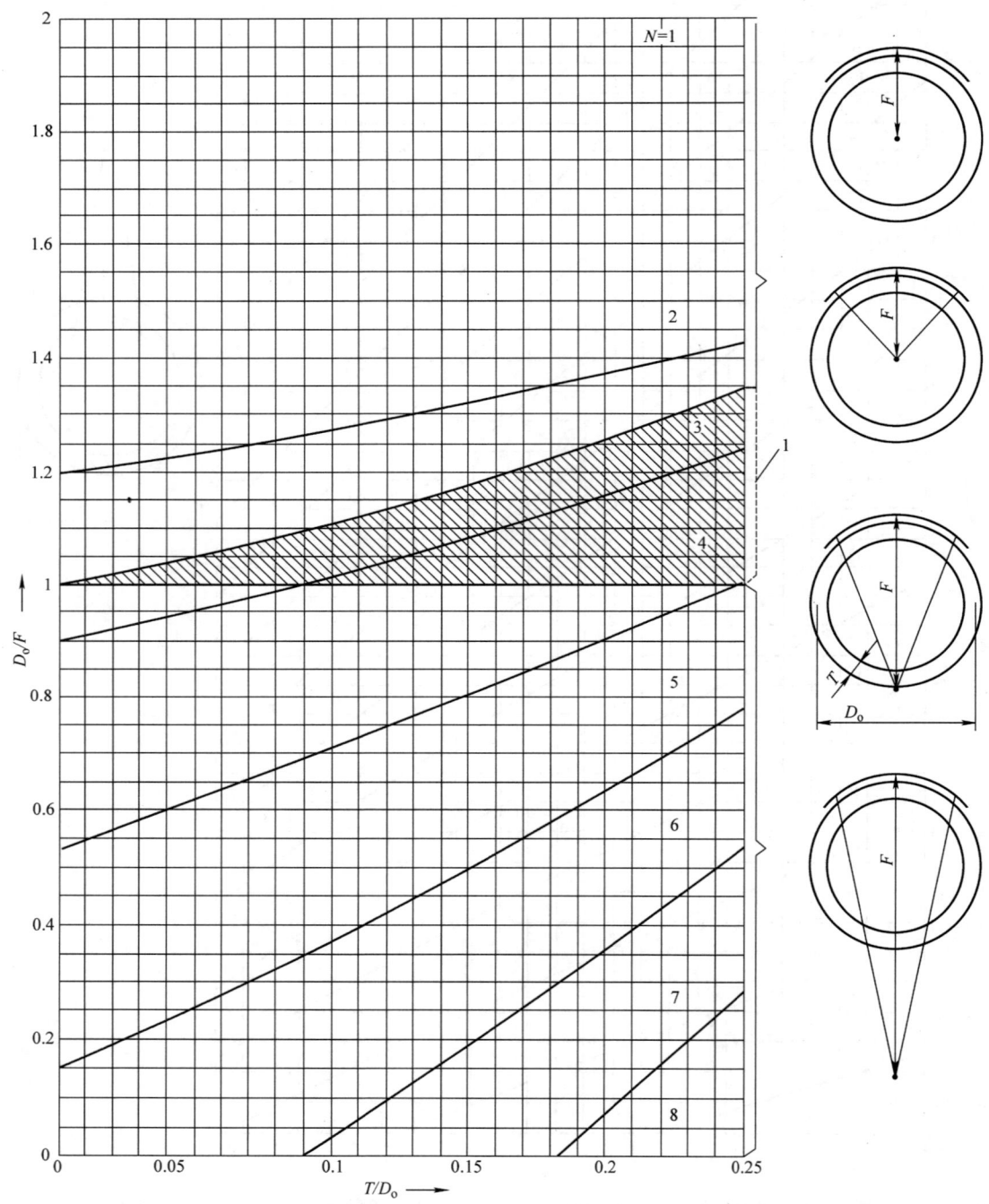

图 Ⅱ—6　其他方式透照环向对接焊接接头，透照厚度比 $K=1.2$ 时的透照次数

附录 III

JB/T 4730 标准规定的像质计灵敏度值

表 III—1 像质计灵敏度值——单壁透照、像质计置于源侧

应识别丝号 (丝径, mm)	公称厚度 (T) 范围 (mm)		
	A 级	AB 级	B 级
18 (0.063)	—	—	≤2.5
17 (0.080)	—	≤2.0	>2.5～4.0
16 (0.100)	≤2.0	>2.0～3.5	>4～6
15 (0.125)	>2.0～3.5	>3.5～5.0	>6～8
14 (0.160)	>3.5～5.0	>5.0～7	>8～12
13 (0.20)	>5.0～7	>7～10	>12～20
12 (0.25)	>7～10	>10～15	>20～30
11 (0.32)	>10～15	>15～25	>30～35
10 (0.40)	>15～25	>25～32	>35～45
9 (0.50)	>25～32	>32～40	>45～65
8 (0.63)	>32～40	>40～55	>65～120
7 (0.80)	>40～55	>55～85	>120～200
6 (1.00)	>55～85	>85～150	>200～350
5 (1.25)	>85～150	>150～250	>350
4 (1.60)	>150～250	>250～350	—
3 (2.00)	>250～350	>350	—
2 (2.50)	>350	—	—

表 III—2 像质计灵敏度值——双壁双影透照、像质计置于源侧

应识别丝号 (丝径, mm)	透照厚度 (W) 范围 (mm)		
	A 级	AB 级	B 级
18 (0.063)	—	—	≤2.5
17 (0.080)	—	≤2.0	>2.5～4.0
16 (0.100)	≤2.0	>2～3.0	>4～6
15 (0.125)	>2.0～3.0	>3.0～4.5	>6～9
14 (0.160)	>3.0～4.5	>4.5～7	>9～15
13 (0.20)	>4.5～7	>7～11	>15～22
12 (0.25)	>7～11	>11～15	>22～31
11 (0.32)	>11～15	>15～22	>31～40
10 (0.40)	>15～22	>22～32	>40～48
9 (0.50)	>22～32	>32～44	>48～56
8 (0.63)	>32～44	>44～54	—
7 (0.80)	>44～54	—	—

表Ⅲ—3　　像质计灵敏度值——双壁单影或双壁双影透照、像质计置于胶片侧

应识别丝号 （丝径，mm）	透照厚度（W）范围（mm）		
	A 级	AB 级	B 级
18　（0.063）	—	—	≤ 2.5
17　（0.080）	—	≤ 2.0	> 2.5～4.0
16（0.100）	≤ 2.0	> 2.0～3.5	> 4～6
15　（0.125）	> 2.0～3.5	> 3.5～5.5	> 6～12
14　（0.160）	> 3.5～5.5	> 5.5～11	> 12～18
13（0.20）	> 5.5～11	> 11～17	> 18～30
12　（0.25）	> 11～17	> 17～26	> 30～42
11　（0.32）	> 17～26	> 26～39	> 42～55
10　（0.40）	> 26～39	> 39～51	> 55～70
9　（0.50）	> 39～51	> 51～64	> 70～100
8　（0.63）	> 51～64	> 64～85	> 100～180
7　（0.80）	> 64～85	> 85～125	> 180～300
6　（1.00）	> 85～125	> 125～225	> 300
5　（1.25）	> 125～225	> 225～375	—
4　（1.60）	> 225～375	> 375	—
3　（2.00）	> 375	—	—

附录 Ⅳ

国内外射线照相检测的部分标准目录

表 Ⅳ—1　　国内部分射线照相检测标准和辐射防护标准目录

标准编号	标准名称
GB/T 3323—2005	金属熔化焊焊接接头射线照相
GB 5677—1985	铸钢件射线照相及底片等级分类方法
GB/T 6417.1—2005	金属熔化焊接头缺欠分类及说明
GB/T 9445—2005	无损检测—人员资格鉴定与认证
GB 9582—1998	工业射线胶片ISO感光度和平均斜率的测定（用X射线和γ射线曝光）
GB/T 12604.2—2005	无损检测—术语—射线照相检测
GB/T 12605—1990	钢管环缝熔化焊对接接头射线透照工艺和质量分级
GB 16357—1996	工业X射线探伤放射卫生防护标准
GB 16387—1996	放射工作人员的健康标准
GB 18465—2001	工业γ射线探伤放射卫生防护要求
GB 18871—2002	电离辐射防护与辐射源安全基本标准
GB/T 19384.1—2003	无损检测—工业射线照相胶片—第1部分：工业射线胶片系统的分类
GB/T 19384.2—2003	无损检测—工业射线照相胶片—第2部分：用参考值方法控制胶片处理
GB/T 19802—2005	无损检测—工业射线照相观片灯—最低要求
GB/T 19803—2005	无损检测—射线照相像质计—原则与标志
GB/T 19938—2005	无损检测—焊缝射线照相和底片观察条件—像质计推荐形式的使用
GB/T 19943—2005	无损检测—金属材料X和γ射线—照相检测—基本规则
JB/T 4730—2005	承压设备无损检测
JB/T 7902—1999	线型像质计
JB/T 7903—1999	工业射线照相底片观灯
GJB 1486—1992	铝及铝合金熔焊对接接头X射线照相检验方法
HB 7684—2000	射线照相用像质计

表 Ⅳ—2　　部分国际标准化组织标准，欧洲标准射线照相检测标准目录

标准编号	标准名称
ISO 5579：1998	无损检测—金属材料的X射线和γ射线检验—基本规则
ISO 5580：1985（E）	无损检测—工业射线照相检验观片灯—最低要求
ISO 11699—1：1998	无损检测—工业射线照相胶片—第1部分：工业射线照相胶片系统分类
ISO 11699—2：1998	无损检测—工业射线照相胶片—第2部分：用基准值检验底片
EN 444：1994	无损检测—金属材料的X射线和γ射线检验—基本规则

射线检测

续表

标准编号	标 准 名 称
EN 462—1：1994	无损检测—射线照相检验的图像质量—第1部分：图像质量指示器（丝型）—图像质量值确定
EN 462—2：1994	无损检测—射线照相检验的图像质量—第2部分：图像质量指示器（丝型）—图像质量值确定
EN 462—3：1997	无损检测—射线照相检验的图像质量—第3部分：用于黑色金属的图像质量分级
EN 462—4：1995	无损检测—射线照相检验的图像质量—第4部分：图像质量值的试验评定和图像质量表
EN 462—5：1996	无损检测—射线照相检验的图像质量—第4部分：图像质量指示器（双丝型），图像不清晰度值确定
EN 584—1：1995	无损检测—工业射线照相胶片—第1部分：工业射线照相胶片系统分类
EN 584—2：1997	无损检测—工业射线照相胶片—第2部分：用参考值控制胶片暗室处理
EN 1435：1997	无损检测—焊接检验—熔焊接头的射线照相检验
EN 25580：1992	无损检测—工业射线照相检验观片灯—最低要求
E 94—00	射线照相检验导则
E 155—00	铝铸件和镁铸件射线照相检验的参考射线照片
E 186—98	厚壁（51～114 mm）钢铸件的参考射线照片
E 192—95（1999）	航空用熔模钢铸件的参考射线照片
E 242—01	参数改变时射线照相影像变化的参考射线照片
E 272—99	高强度铜基和镍铜合金铸件的参考射线照片
E 280—98	厚壁（114～305 mm）钢铸件的参考射线照片
E 310—99	锡青铜铸件的参考射线照片
E 390—01	钢熔化焊焊缝的参考射线照片
E 431—96（2002）	半导体和相关器件射线照片判定导则
E 446—98	厚度不大于51 mm钢铸件的参考射线照片
E 505—01	铝镁压铸件射线照相检验的参考射线照片
E 545—99	热中子射线照相检验直接曝光中确定影像质量的方法
E 592—99	X射线照相检验厚6～51 mm钢板和钴—60射线照相检验厚25～152 mm钢板得到ASTM等价透度计灵敏导则
E 689—95（1999）	可锻铁铸件的参考射线照片
E 746—93（1998）	测定工业射线胶片相对影像质量响应的试验方法
E 747—97	射线检测使用的丝型像质计的设计、制作和材料分组
E 748—95	材料的热中子射线照相方法
E 801—01	控制电子器件射线检验质量的方法
E 802—95（1999）	厚度不大于114 mm灰铸铁件的参考射线照片
E 803—91（2002）	确定中子射线照相射线束L/D比的方法
E 999—99	控制工业射线胶片处理质量的导则

续表

标准编号	标准名称
E 1000—98	射线实时成像检测技术导则
E 1025—98	射线检测使用的孔型像质计的设计、制作和材料分组
E 1030—00	金属铸件射线照相检验方法
E 1032—01	焊接件射线照相检验方法
E 1079—00	校验透射密度计的方法
E 1114—92（1997）	测定 ^{192}Ir 工业射线源焦点尺寸的方法
E 1161—95	半导体和电子组件的射线照相检验方法
E 1165—92（2002）	针孔成像法测定工业 X 射线管焦点尺寸的方法
E 1254—98	未曝光的工业射线胶片和射线照片的储存导则
E 1255—96（2002）	X 射线荧光实时成像检验方法
E 1320—00	钛铸件参考射线照片
E 1390—90（2000）	工业射线照片观察器导则
E 1411—01	X 射线荧光检验系统的鉴定
E 1416—96	焊件的射线实时成像检验方法
E 1441—00	计算机层析（CT）成像导则
E 1453—93（1996）	含有模拟或数字实时成像数据介质的储存导则
E 1475—97	数字射线检验数据计算机传递数据场的原则
E 1496—97	中子射线照相尺寸测量方法
E 1570—00	计算机层（CT）检验方法
E 1647—98	射线实时成像检验测定对比度灵敏度方法
E 1648—95（2001）	铝熔化焊件的参考射线照片
E 1672—95（2001）	计算机层析（CT）系统选择导则
E 1695—95（2001）	计算机层析（CT）系统性能的测试方法
E 1734—98	铸件射线实时成像检验方法
E 1735—95（2000）	确定工业射线胶片对 4～25MeV X 射线曝光的相对图像质量方法
E 1742—00	射线照相检验方法
E 1814—96（2002）	铸件的计算机层析（CT）检验方法
E 1815—96（2001）	工业射线胶片系统分类方法
E 1817—96	使用典型质量指示器（RQIs）控制射线检验质量的方法
E 1931—97	X 射线康普顿散射层析成像技术
E 1935—97	校准和测定 CT 密度的方法
E 1936—97	评定数字化射线照相系统性能的参考射线照片
E 1955—98	用 ASTM E390 分级射线照片检验钢中焊缝完善性的参考射线照片
E 2002—98	射线检测中测定总的不清晰度的方法
E 2003—98	中子射线束纯度指示器的制作方法

射线检测

续表

标准编号	标 准 名 称
E 2007—00	计算机化的射线检测技术［光激发射荧光（PSL）方法］导则
E 2023—99	中子射线照相灵敏度指示器的制作方法
E 2033—99	计算机化的射线检测技术（光激发射荧光方法）
E 2104—01	先进航空和汽轮机材料和组件的射线照相检验方法
E 543—02	实施无损检测机构的要求
E 1212—99	无损检测机构质量控制系统的方法
E 1359—02	评定无损检测机构能力的导则

主要参考文献

1. 杨福家著．原子物理学．上海：上海科技出版社，1985
2. F·W·SEARS 著．大学物理学．郭泰运等译．北京：人民教育出版社，1984
3. 复旦大学，清华大学，北京大学合编．原子核物理实验方法．北京：原子能出版社，1981
4. 郑世才著．射线检测．北京：机械工业出版社，2004
5. 日本无损检测学会编．射线探伤 B．李衍译．北京：机械工业出版社，1988
6. 美国无损检测学会编．美国无损检测手册射线卷．上海：世界图书出版公司，1992
7. 李家伟等著．无损检测手册．北京：机械工业出版社，2002
8. 屠耀元等著．射线检测技术．上海：世界图书出版公司，1997
9. C·E·K·米斯等著．照相过程理论．陶宏等译．北京：科学出版社，1986
10. 张文钺著．金属熔焊原理及工艺．北京：机械工业出版社，1981
11. （美）梅森著．摄影加工化学．何永庆等译．北京：中国电影出版社，1982
12. H·舒尔茨等著．实用辐射防护原理．魏文波译．北京：科学出版社，1984
13. 李迅茹等著．X 线物理与防护．北京：人民卫生出版社，2002
14. 李少林著．核医学与放射防护．北京：人民卫生出版社，2003
15. 石磊著．探伤用射线防护技术．北京：机械工业出版社，1988
16. Siewea TA．Austin MW．X—ray Image quality indicator designed for easy aligmnent．Mater．Eval．，1992；50（9）：1069—1072
17. George L. Becker．Factors governing radiographic crack detectability in steel weld specimens．Mater．Eval．，1972；30（7）：149—152
18. Ciorau P．Critical Comments concerning the use of IQIs for monitoring radiographic sensitivity．Brit．J．NDT，1989；31（12）：671—674
19. PollittCG．Radiographic sensitivity，Brit．j．NDT，1962；4（31）：71—80
20. Halmshaw R．Industrial Radiology．London and New Jersey：Applied Science Publisher，1982；214—221
21. Halmshaw R．Can crack be found by radiography? Brit．J．NDT，1975；May．71—75
22. Halmshaw R．Flaw sensitivity in relation to standards for film radiography．Mater．Eval．，1992；50（6）：678—683
23. WRC BULLETIN 268/JUNE 1981 Review of Wordwide Weld Discontinuty Acceptance．
24. 强天鹏．对 σ 的意义与作用的再认识．无损检测．1995；12
25. 强天鹏等．一种特殊无损检测技术——管子-管板焊缝的射线照相．合肥：压力容器．2004；1
26. 段庆儒．CMOS 数字 X 射线成像技术介绍．第二届（2005）江苏省无损检测新技术论坛
27. 孙忠诚．线扫描 X 射线直接数字成像技术研发与应用现状．第三届（2006）江苏省无损检测新技术论坛